推荐系统
——飞桨深度学习实战

深度学习技术及应用国家工程研究中心
百度技术培训中心　　　　　　　组编

薛　峰　吴　乐　吴志华　张文慧　杨晴虹　编著

U0198020

清華大学出版社
北京

内 容 简 介

本书将推荐系统的理论基础与代码实践相结合,内容涵盖各类非个性化和个性化、经典及先进的推荐算法,以及工业界推荐系统的基本流程、步骤。本书可以作为各高校相关专业智能推荐系统课程教材,也可以作为技术人员的参考书籍。通过本书,读者可以掌握推荐系统的基本概念、评价指标,熟悉推荐系统在工业界应用的具体过程,既可以了解基于传统机器学习的推荐算法,也可以学习基于深度学习的前沿推荐算法,本书的最后一章带领读者熟悉推荐系统领域的关键问题和挑战。

图书在版编目(CIP)数据

推荐系统:飞桨深度学习实战/深度学习技术及应用国家工程研究中心,百度技术培训中心组编;薛峰等编著.—北京:清华大学出版社,2023.4
ISBN 978-7-302-62375-5

Ⅰ.①推… Ⅱ.①深… ②百… ③薛… Ⅲ.①计算机算法 Ⅳ.①TP301.6

中国国家版本馆 CIP 数据核字(2023)第 012948 号

责任编辑:黄　芝　薛　阳
封面设计:刘　键
责任校对:韩天竹
责任印制:沈　露

出版发行:清华大学出版社
　　　　　网　　　址:http://www.tup.com.cn,http://www.wqbook.com
　　　　　地　　　址:北京清华大学学研大厦 A 座　　　　邮　　编:100084
　　　　　社 总 机:010-83470000　　　　　　　　　邮　　购:010-62786544
　　　　　投稿与读者服务:010-62776969,c-service@tup.tsinghua.edu.cn
　　　　　质量反馈:010-62772015,zhiliang@tup.tsinghua.edu.cn
　　　　　课件下载:http://www.tup.com.cn,010-83470236
印 装 者:三河市人民印务有限公司
经　　销:全国新华书店
开　　本:185mm×260mm　　印　　张:16.25　　　　字　　数:399 千字
版　　次:2023 年 6 月第 1 版　　　　　　　　　印　　次:2023 年 6 月第 1 次印刷
印　　数:1~1500
定　　价:69.80 元

产品编号:094994-01

　　回首刚刚开始动意写这本书的时候,当时心里不是很有底,不确定能否如期完成交稿任务。经过和我的学生团队多轮讨论,确定书稿大纲和写作计划,互相监督各种碰会,终于完成了书稿的文字和代码,提交并通过了百度 PaddleRec 团队审核。

　　推荐系统是为解决当前(移动)互联网背景下"信息过载"问题而诞生的一种智能应用,通常以后台服务的形式内置于大型互联网软件中。以新闻资讯类移动应用软件为例,当前网民们每天可以接触成千上万条新闻,上到新发布的国家政策,下至各地日常的奇闻趣事,各式各样的新闻也为用户带来了选择困境问题,这便是"信息过载"。而智能推荐系统能够在用户阅读新闻的过程中不断积累用户阅读历史,通过这些历史记录构建每个用户独特的用户画像,从而在用户下一次进入软件时,有针对性地为他推荐可能会吸引他的资讯,降低用户进入选择困境的可能性,提高用户在使用软件时候的体验。在当下流行的移动互联网应用中,个性化的推荐功能已经占据了核心(首页)模块,无论是出售商品的电子商务平台还是提供信息的新闻、短视频类软件,都希望用户在软件的首页能够快速、方便地发现其感兴趣的内容,从而增加用户使用软件的频次和时长,增强产品的核心竞争力。

　　推荐系统之所以大行其道,原因在于能够为尊贵的 C 端用户提供价值。从 1994 年第一个自动化新闻推荐系统被发明,到如今各种以个性化推荐为主打服务的软件层出不穷,无论是工业界还是学术界都在极力推动个性化推荐算法的研究和发展。在现今的智能推荐领域,"协同过滤"仍然是当之无愧的主流方法,其遵从"协同智慧"思想,认为以往拥有相似偏好的用户在未来也会具有相似的交互行为。早期的协同过滤推荐使用的是基于统计的方法,如 1998 年亚马逊公司上线的基于物品的协同过滤算法,它统计并使用物品两两之间被同一用户交互的相似情况来完成推荐任务,这类方法原理简单,可扩展性强,并且也很适合用于用户冷启动的场景。相比较基于统计的协同过滤方法,基于模型的协同过滤方法效果似乎更好一些,并逐渐成为学术界、工业界研究的主流。基于模型的协同过滤利用了从数据中学习规律这一传统机器学习思想,将系统已经采集到的历史交互数据用于训练推荐模型,后续再让模型来生成推荐结果,一切都是传统的机器学习的手法和思想。其中,最经典的当属矩阵分解方法,这一类方法将用户和物品的交互矩阵分解为低维的、隐语义的用户向量矩阵和物品向量矩阵,在预测评分时,将目标用户和目标物品的低维向量分别抽取出来,通过计算目标用户和目标物品的隐语义向量的内积得出评分。发展到现在,各种基于深度学习的方法、基于图学习的方法也被融入协同过滤方法中,科研学者们热衷于探索计算机科学领域里最先进的技术,并将其用于提高推荐算法的准确性、多样性等各类指标,从而不断优化个性化推荐带给网络用户的体验,这些或经典、或先进,甚至昙花一现的推荐算法,本书都会尽力介绍,让读者尽可能多地了解到推荐系统领域的全貌。

本书将推荐系统的理论基础与代码实践相结合,可以作为推荐系统入门级教程,也可以作为科研工作者的参考书籍。本书内容涵盖各类非个性化和个性化、经典及先进的推荐算法,以及工业界推荐系统的基本流程、步骤。作者试图帮助读者快速了解、理解和掌握推荐系统的方方面面。通过本书,读者可以掌握推荐系统的基本概念、评价指标,熟悉推荐系统在工业界应用的具体过程,既可以了解基于传统机器学习的推荐算法,也可以学习基于深度学习的前沿推荐算法。本书的最后一章带领读者熟悉推荐系统领域的关键问题和挑战。

全书共分为8章,第1章为推荐系统概述,为读者学习推荐系统建立一个基本的理解;第2章介绍生产环境下的推荐系统;第3章介绍机器学习算法基础,作为如今推荐系统所运用的主要技术之一,有助于后续学习具体的推荐算法;第4~6章正式开始介绍各类推荐算法,从最基础的非个性化推荐算法到最前沿的基于深度学习、图学习的算法,将在这几章逐一进行介绍;第7章是一个面向工程实战能力的训练,介绍如何搭建一个简易的推荐系统;第8章介绍推荐系统领域里现存的一些问题与挑战。其中第1、2、3、4、7、8章及6.5节由薛峰编写,第5章和6.1节~6.4节、6.6节~6.8节由吴乐编写,吴志华、张文慧、杨晴虹等也参与编写,并对书稿及对应的实践代码做了审阅和修改。此外,特别感谢周文杰、刘康、盛一城、邵鹏阳、蔡苗苗、杨添、李帅洋、桑胜等对书稿的材料整理和校订工作。

第1章为推荐系统概述,帮助读者熟悉推荐系统这一应用型科学的整体概念,包括推荐系统的背景与价值;推荐系统的基本任务、工作过程和工作原理;推荐系统的发展历史;推荐算法的分类以及如何评价一个推荐系统所用到的评测方法和评价指标。

第2章介绍生产环境下的推荐系统,在学术研究之外,让读者熟悉工业界推荐系统的一些基本方法和流程步骤,包括推荐系统的业务流程、主要业务模块;推荐系统的架构设计和线上系统的A/B测试。

第3章是机器学习算法基础知识,从机器学习算法基本过程和基本分类入手,逐步介绍各个类别的传统机器学习方法,包括线性回归算法、逻辑回归算法、决策树算法、朴素贝叶斯算法、神经网络及深度学习基础知识。虽然本书不是专门讲解机器学习的,但是在本章中,作者试图将机器学习中的一些经典概念借助各种类比的方式讲通讲透,例如,梯度下降的直观理解、正则化的动机、激活函数的作用、深度神经网络为什么有效等。

第4章开始进入推荐算法的学习,介绍近二十年来最经典的推荐算法,包括两种非个性化推荐算法、基于内容的推荐算法、基于邻域的协同过滤算法(基于用户的协同过滤和基于物品的协同过滤)、基础的矩阵分解的推荐方法和它的多种改良变体、两类与基于物品协同过滤方法相关的改良方法:SLIM和FISM算法。

第5章针对推荐系统领域内一个具有代表性的应用场景——点击率(Click Through Rate,CTR)预估进行专门介绍,主要包括CTR的概念和CTR典型算法两方面。其中,

CTR 算法包括逻辑回归模型、因式分解模型、梯度提升树模型、梯度提升树与逻辑回归的组合模型,以及基于深度学习的几种 CTR 模型。

第 6 章重点介绍几种最前沿的基于深度学习技术的推荐算法,首先讲解为什么在推荐系统中引入深度学习的作用与动机,然后介绍几种典型的基于深度学习的推荐算法,包括基于深度学习的矩阵分解推荐算法(DeepMF)、基于深度学习的协同过滤推荐算法(NCF)、基于深度学习的物品协同过滤算法(DeepICF),最后介绍基于图神经网络的协同过滤算法和混合推荐算法。

第 7 章为实战环节,以百度飞桨官方教程中推荐系统案例为参考样例,带领读者以一个公开电影数据集 MovieLens 作为数据集素材,依赖百度飞桨深度学习框架,从零开始搭建一个神经网络推荐模型,并以 B/S 架构将推荐模型部署为网络应用,模拟在线电影推荐的功能,加强读者对推荐系统的理解和运用。

第 8 章介绍推荐系统领域现存的一些问题和挑战,包括推荐系统中的冷启动问题、数据稀疏问题、推荐的可解释性问题、大数据处理与增量计算问题、推荐数据偏差问题、推荐系统的时效性问题、多样性问题和用户意图检测问题。

书中算法章节都采用理论与实践相结合的方式,对算法的描述都提供了相应的实验代码,其中,基于深度学习的多种算法还可以在百度飞桨 AI Studio 上进行部署和运行,链接为 https://aistudio.baidu.com/aistudio/education/group/info/25058/teacher。读者阅读本书的同时,可以进行代码实战,加深对深度学习理论及模型的理解。

本书面向智能推荐系统领域的工程师、研发人员、在校大学生、研究生,以及对个性化推荐系统感兴趣的读者。通过对本书的深入学习,读者将熟悉各种类型的智能推荐算法,针对不同场景,开发合适的推荐应用。作为人工智能大方向下的一个子领域,尽管推荐系统的发展仍存在诸多问题,但其对于如今"信息过载"大背景下的互联网产品具有重要的意义和作用,是产研结合的一门科学,希望本书能为广大读者学习推荐系统开发或推荐算法研究带来价值。

作　者

2022 年 12 月

目 录

第1章

推荐系统概述

"推荐系统是利用电子商务网站向客户提供商品信息和建议,帮助用户决定应该购买什么产品,模拟销售人员帮助客户完成购买过程[1]"。现在,随着科技的发展,推荐系统已经不局限于电子商务网站,在工业界和学术界都非常热门,已经应用在诸如新闻资讯、电影音乐、旅游外卖等几乎所有的面向终端用户的互联网产品中,并取得了显著的成效。

推荐系统,也叫智能推荐系统,是当前面向 C 端用户的(移动)互联网应用的标准功能(或者叫标准配置),也是绝大多数手机 App 应用的首页模块。推荐系统技术自提出以来,因为成功地解决了信息泛滥时代的"信息过载"问题,成为当前人工智能领域中最为成功的应用分支之一,正受到产业界、学术界的热烈关注和追捧。

在深入学习推荐系统这个领域之前,不妨先对它整体有一个粗粒度的了解。本章将从推荐系统的背景与价值、推荐系统的工作方式、推荐系统的历史与分类、推荐系统评测四个方面,对推荐系统这个领域进行概述。

1.1 推荐系统的背景与价值

推荐系统的产生与互联网、移动互联网的发展息息相关。在互联网出现之前,人们的信息没有那么多,很少遇到信息筛选的场景,在互联网出现之后,海量的信息扑面而来,信息过载问题越来越凸显,在这种背景下,智能推荐成为一个非常有用的信息筛选工具。再往后,随着移动互联网的蓬勃发展,手机成为每个人随身携带的信息展现工具,更是加速了这种"千人千面"的个性化推荐技术的发展。

可以说,正是由于科技的进步,网络信息量的增长,才使得推荐系统成为大多数互联网产品的核心模块,本节将对推荐系统诞生和发展的背景进行详细的介绍,再通过一些典型的推荐系统应用,来解读推荐系统背后所蕴藏的价值。

1.1.1 推荐系统的背景

推荐系统是为了解决互联网信息过载而诞生的产物。何为信息过载? 简单来说,就是在互联网时代,人们可接触到的信息量太过巨大,人脑在判定哪些信息比较重要、自己比较感兴趣时都要花费一定的功夫和脑筋,很多人会面临"选择恐惧症问题",处于一种"过载"的状态。21 世纪是(移动)互联网迅速发展的时代,随着科技的进步,只要有一部能联网的设备,人们即使足不出户,也可以完成以往必须长途跋涉才能完成的事情。我们想象一下一个普通人在二十年前与现在分别是如何度过周末生活的。

二十年前的星期天，你早晨七点起床，简单洗漱后去楼下的早点摊吃过早饭，随后去菜市场买了菜，准备周末好好犒劳一下自己，回到家后稍作休息便开始动手为自己和家人准备午餐。下午时间宽裕，于是一家人一起去逛街，顺便在附近的电影院看了一场正在上映的电影，晚餐大家一起去餐馆，吃饭闲聊后回家，打开电视看了一会电视剧便早早入睡。

二十年后（现在）的星期天，你起床后打开手机，在软件上购买中午想做的菜，洗漱后便有快递员送货上门。下午的宽松时间，你可以在计算机上打开电影网站，一家人足不出户就能体验各种风格的电影，忽然想到自己的衣服不够穿了，拿起手机打开网购软件，不仅给自己买了衣服，还给家人各自准备了一件新衣服。到了晚餐时间，想吃点新颖的，也不用去外面寻找平时没吃过的饭馆，打开外卖软件，订了一份三人份的西餐。

由上述可见，移动互联网极大地丰富了人们的生活方式，让以往必须在外出才能做到的事，现在只需要一部手机就能轻松完成。然而凡事有利皆有弊，以往逛街购物时，在一家商场能买到的东西种类是有限的，在楼下的餐馆吃饭时，能挑选的菜系也不会太多，人们面对这些少量的选项可以快速地做出想要的选择。而打开网购软件，光是首页展示出来的商品就五花八门，在外卖软件上，各式各样的店家会让顾客短时间内也难以锁定心仪的晚餐目标，这就是所谓的"信息过载"。在这样一个信息过载的时代，想要高效地在众多信息中做出自我满意的选择，也是一种挑战。一方面，作为信息消费者，我们希望能快速地在五花八门的信息中，挑选出合适的、感兴趣的那一项；另一方面，作为信息提供者，如何让自己的商品从海量信息中脱颖而出，受到用户的关注，也是需要思考的问题。

早期针对信息过载问题的一个解决办法是"搜索引擎"。在国内，最著名的搜索引擎就是百度。"百度一下，你就知道""遇事不决问百度"，这样的顺口溜耳熟能详。通过百度这样的搜索引擎，用户能快速地找到他需要的信息。但是搜索引擎的使用是有前提的，那就是用户必须有明确的主动查找意图和查找对象，用户需要知道此时此刻自己需要找的是什么。并且在使用搜索引擎时，不同用户在使用相同的关键字搜索时一般会得到相同的结果，不会有个性化的结果。信息本身以及它的传播途径都是丰富多样的，通过搜索引擎等方式进行信息检索往往难以得到满足用户的个性化需求的结果，无法满足用户对信息多元、个性化的需求特点，因而无法完全地对信息过载问题进行解决和处理。

在这样的背景之下，解决信息过载问题的另外一个非常有潜力的方案——个性化推荐系统诞生了。个性化推荐系统，也称智能推荐系统，它能根据用户的个人信息（如性别、年龄、职业、地理位置等）、在系统中的历史交互记录等，为每一个用户构建独特的用户画像，分析用户偏好，从而能够判断出哪些信息或者物品是用户最可能感兴趣的，再通过自动推送的方式，增加用户接触优质信息的可能性。和搜索引擎相比，推荐系统会额外地对用户进行画像建模，利用背后的推荐算法挖掘用户潜在的兴趣偏好，在分析得出用户可能感兴趣的内容后以主动推送的方式让用户更方便与之交互。个性化推荐的身影在很多类型的应用中都有所展现，起初主要是以电子商务系统为主，利用友好的推荐功能增加商品的销量，发展到现在，很多流行的资讯、新闻类移动应用已经完全离不开背后的推荐算法了，依靠强大的个性化推荐功能提高软件的用户忠诚度。对于科研型应用的发展，学术界和工业界往往是互相推动，学术界的理论发展有助于工业界的落地实现，工业界中大规模实施时遇到的问题又督促学术界不断对其改进。如今，推荐系统不仅在应用层面比较热门，在学术界也引起了研究人员广泛的兴趣,逐渐成为计算机科学领域下一个独立的人工智能方向。下面就来看一些典型的推荐系统应用,以此来了解它背后所蕴含的价值。

1.1.2　典型的推荐系统应用

推荐系统的成功应用离不开两个必要的条件:一是存在的数据信息是海量的。如果数据信息很少,用户会很容易找到需要的东西,也不需要用推荐系统进行筛选。二是用户的需求不直接、不清晰。如果用户有了明确的信息需求,他完全可以使用搜索引擎进行检索,更快速地查找到所需要的东西。

不同领域的推荐系统都可以拆解为三个模块:数据处理模块、推荐算法模块、用户交互模块。数据处理模块的作用在于收集用户信息、物品信息、用户与物品的交互记录(点击,购买等)。推荐算法模块是推荐系统的核心,目标在于精准建模用户的兴趣偏好。用户交互模块是推荐系统通过 Web 或者移动应用呈现给用户,可与用户交互。以下将举例推荐系统在不同领域中的一些应用[2]。

1. 新闻推荐

每天世界各地会出现各种各样的新闻,这是一股庞大的数据信息,用户不可能把每天发生的所有新闻都一一过目。其次,对于新闻用户的心态一般是浏览消遣,对某篇新闻有明确的兴趣需求的情况较少。用户一般事先也不会知道新闻的内容,只不过是想了解他们感兴趣的领域所发生的新闻动态,例如国家大事,娱乐圈的最新报道,体育圈的最新动态等,新闻领域无疑是很适合推荐系统的应用场景。百度资讯、今日头条就是新闻领域最典型的推荐系统应用。

百度 App 最原始的功能是搜索引擎,随着个性化推荐的发展,App 也在首页提供了推荐的功能,如图 1-1 所示。App 的推荐从多个角度开展,一是根据用户的实时兴趣进行咨询、短视频推荐;二是根据当前网络热点,为用户推荐热门内容;三是为用户推荐与用户所在位置有关的信息,例如同城新闻、附近用户等。通过算法检测用户的阅读行为,预测用户阅读习惯,给每个用户进行个性化推荐。这种个性化的新闻资讯推荐丰富了用户的阅读体验,提升了阅读兴趣。

2. 电子商务

推荐系统另一个应用的成功领域是电子商务。在电商领域,亚马逊于 1998 年首次推出了基于物品的协同过滤算法[3],当时的推荐系统已经能够做到在具有上百万物品规模的电商系统里为同等甚至更大规模的用户群提供个性化推荐,以当时的计算机性能来说,是十分伟大的。具有个性化推荐功能的亚马逊,相当于为每个用户量身定制了一个在线商城,用户访问亚马逊的网站,会发现排在页面前面的大部分都是自己感兴趣的商品,自然而然地会增加对商城的喜爱程度,从而愿意为自己的爱好买单,如图 1-2 所示。

这种推荐算法会向用户推荐与他们之前喜欢过的物品相似的物品,当你在亚马逊网站上浏览一个物品时,推荐系统将会查询它的相关物品,其相关的物品列表会呈现在你的面前,这是你未曾浏览过或购买过的物品形成的推荐列表。例如,一个用户喜欢《数据结构》,则推荐系统可能会向其推荐《算法分析》这本书。亚马逊主页会根据用户以前的购买记录和在商店浏览的商品,突出显示推荐结果。此外,搜索结果页面会推荐与用户搜索关键词相关的商品。在购物车页面,系统也会向用户推荐他可能添加到购物车的其他商品,在订单结束

图 1-1　百度 App 首页推荐

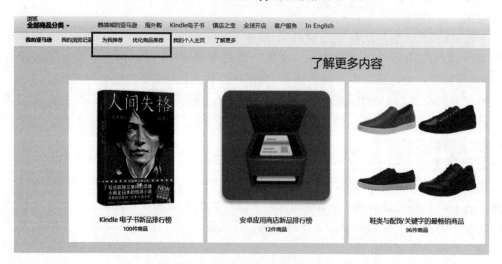

图 1-2　亚马逊网站个性化推荐

时也会出现更多的推荐。这种推荐是可以通过查询生成来实时完成的,对于大部分计算(构建相关物品列表)是离线完成的,推荐质量较高,推荐结果都是可直观解释的,因为它都是基于用户曾经购买或点击的商品列表计算的。

在电商领域,推荐系统的引入带来了巨大的利益提升,据统计,亚马逊有 $30\%\sim40\%$ 的销售额归功于个性化推荐,可见推荐系统的作用是十分庞大的。

3. 电影和音乐

电影和音乐种类繁多,为了给用户推荐适合的电影和音乐来满足他们的需求,解决他们观影听歌时的"选择恐惧症"问题,这两个领域同样需要推荐系统来发挥作用。豆瓣电影点评在中国具有很大的影响力,豆瓣的电影个性化推荐会根据用户的收藏和评价自动得出,形成个性化推荐清单。当你看完一部电影后,会出现"喜欢这部电影的人也喜欢……"字样,系统通过当前这部电影,将你与其他的用户进行了关联,再通过其他用户将你与其他电影进行了关联,从而向你推荐与你兴趣相似的用户喜欢的,并且你还没有看过的电影,如图1-3所示。

图 1-3 豆瓣电影的个性化推荐

音乐网站的个性化推荐系统和电影推荐过程相似。以网易云音乐为例,推荐系统会计算歌曲(物品)之间的相似度(可能会根据歌曲风格、类别,也可能根据歌词或者歌曲的音调),给用户推荐相似度较高的歌曲。用户也可以对每一首歌曲进行反馈,例如,点赞、收藏,或将歌曲放到"垃圾桶"等操作。经过一段时间的数据积累沉淀,音乐平台会通过机器学习算法学习得到用户的兴趣模型,给用户推荐更符合其兴趣的音乐。

1.2 推荐系统是如何工作的

在1.1节里,我们看到现在许多领域的互联网产品中都有个性化推荐的身影,通常所说的推荐系统并不是一个完整的应用,而是作为软件应用的一个服务模块,布局在业务模块之上,在软件里扮演类似"过滤器"的角色。现在的互联网产品中,个性化推荐模块不仅是标配模块,更是"首页模块",其重要性不言而喻。通俗来说,推荐系统的实质就是"猜你喜欢"。一个使用了推荐系统的软件平台会维护一张用户数据表,记录每个用户的一些基本信息。同时,每一个用户在该软件平台的历史交互记录也会被存储下来,这些历史交互记录一定程度上反映了用户独特的偏好。平台使用的推荐算法会通过用户的基本信息、使用记录等构建出每位用户独特的用户画像,通过用户画像,能分析出用户可能对哪些物品感兴趣,从而将其推送给用户。上述工作流程如图 1-4 所示。

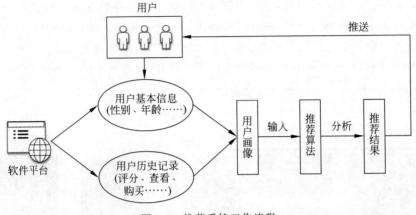

图 1-4　推荐系统工作流程

1.2.1 推荐系统的基本任务

之前提过,推荐系统诞生的背景是作为一种信息过载的处理方案,它最根本的任务就是为用户过滤掉不会感兴趣的信息内容。可见,推荐系统要负责联系用户和信息,通过自己背后的算法在用户和信息之间搭建一条具有筛选功能的桥梁,桥梁的一端面向用户,让用户更快地发现感兴趣的信息;另一端面向信息,让优质信息有更大的机会脱颖而出,从而为用户和商家的共赢打下基础。推荐系统根据用户的点击、浏览、购买、收藏等行为习惯,帮助用户找到合适但是不易找到的信息,满足用户的个性化需求[4]。

从更加细粒度的角度来说,一般可以将推荐系统的任务分成以下两类。

(1) 评分预测任务。评分预测任务是指系统需要代替用户来评估未交互过的物品,根据构建的用户画像,来预测用户对这个物品的喜爱程度,常见的例如影视类应用网站中,系统需要为登录进来的用户推荐电影,通过计算用户对没看过的电影可能给出的评分值,从而判断出这部电影是否适合推荐给用户。

(2) 列表推荐任务。列表推荐任务指的是推荐系统直接给用户生成一个推荐列表,列表由若干个用户最可能感兴趣的物品组成,越排在前面的物品用户越感兴趣。实际上,列表推荐任务也可以先预测全部物品的可能评分,再将评分最高的物品组成备选列表推荐给用户。

之所以对推荐任务做上述两种分类,是因为在推荐算法中存在两种类型的交互数据——显式反馈数据、隐式反馈数据。这里先简单介绍一下这两种交互数据,再给出前面所说的任务分类与交互数据有关的原因。

(1) 显式反馈数据:指能直接体现用户喜好的交互数据,例如,用户对电影、音乐等物品的评分,用户对某个电影打出了高分评价,能表现出这个用户对这一部甚至这一类电影有所偏好,也能通过低分评价体现出用户不喜欢某一部电影。

(2) 隐式反馈数据:指无法直接反映用户喜好的交互数据,最常见的就是物品推荐网站的浏览记录,用户访问过一个物品并不能直接表现出用户对这个物品的喜好,也可能只是随意浏览,不经意间甚至是错误地进入了某个物品的详情页面。

显式反馈数据能更直接、更显式、更准确地反映用户的偏好,但是一般不太容易获取;

隐式反馈数据记录的是用户在平台系统里的行为痕迹,可以部分、隐晦地反映用户的偏好。虽然隐式反馈数据不能直接反映用户偏好,但是相比较于显式反馈数据更容易获取,因此在推荐系统中得到更多的应用。早期学术界针对推荐算法的研究,大多围绕着显式反馈数据,对于算法的优劣评测方法也要通过真实评分与预测评分之间的误差来考量,这就是典型的评分任务。然而,更深入的研究发现,隐式反馈数据虽然无法直接表现出用户对某个物品的喜好程度,但通过将大量的隐式反馈数据综合分析,可以对用户整体的兴趣特征进行较为准确的建模。随着计算机算力的提升,利用数据量更大的隐式反馈数据来做推荐,能一定程度上缓解显式反馈因为数据量少而带来的数据稀疏问题。因此,后续大部分个性化推荐领域的科研人员都转向利用隐式反馈数据进行推荐算法的研究。

1.2.2　推荐系统的工作过程

推荐系统一般是一个大型软件系统的子模块,其输出形式就是一个列表。因此,推荐模块一般和软件系统的业务功能模块会有很好的解耦,可以独立设计、独立研发、独立部署。一个完整的推荐系统模块在设计开发完成后,想要持续地为软件平台提供推荐服务,一般需要若干个步骤和组件联合工作,其中还存在迭代式的改进以及模型更新过程,如图 1-5 所示的流程图给出了一个典型的推荐系统工作过程。

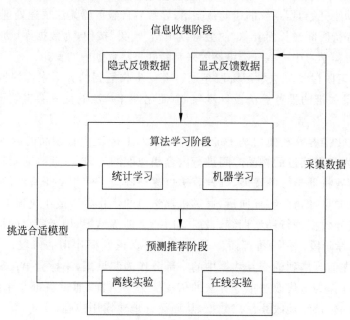

图 1-5　推荐系统工作过程

如图 1-5 所示,推荐系统可以分为以下三个阶段。

(1) **信息收集阶段**。在信息收集阶段,最重要的任务就是帮推荐算法获取数据,智能推荐是一种数据驱动的方法,没有数据空谈推荐是不切实际的,就像谚语中的“巧妇难为无米之炊”。在信息收集阶段中,系统要采用一些特殊的技巧(例如前端埋点等)先取得用户的某些有用信息,这些信息后续将被用来构建推荐预测任务所调用的用户画像特征。举例来说,一些简单的信息可以包含:用户年龄、职业等基本属性、用户的收藏、点击交互行为等。只有得到了具有一定准确度的用户画像后,推荐算法才能发挥应有的效果,想要保证优质的推荐进度,系统必须尽可能多地了解用户,才能更好地发掘用户潜在的兴趣特征,为用户提供准确、合适的推荐结果。

推荐系统可以利用到的数据有很多种类,在训练推荐模型时,最重要的就是用户交互数据,其中最直接的能明显表达用户偏好的是显式反馈数据,例如收藏、购买行为等。同时,一般的推荐系统也需要利用一些隐式反馈数据,例如用户的点击行为,可能无法直接表达用户的偏好,但是也可以作为间接兴趣偏好的一种反映。在有些场景中,显式反馈和隐式反馈的混合使用能得到更好的效果。

当系统部署上线后,软件平台需要实时地记录用户在系统中的行为,不断扩充数据库中的交互数据,然而随着使用软件的用户规模不断增长,后台收集到的数据也会以愈发快速的比率增长,同时可能会存在更多误操作甚至是恶意用户的交互数据,导致收集到的用户数据中夹带了大量的噪声数据,如果不对收集的数据进行处理,直接用于训练推荐模型,一方面增加了训练的时间复杂度,另一方面还有可能因为噪声数据而影响了模型的性能。因此,数据收集阶段中还需要配合一个必不可少的步骤——数据清洗,其核心工作主要是数据减噪。顾名思义,其目的是增加数据的可靠性,由于交互数据主要都是针对用户在使用系统中产生的一系列行为操作,可能存在用户误操作而带来的一些噪声数据,例如,一个在电商推荐系统的促销环节,活动刚开始时,系统的访问量剧增,导致后台服务器无法快速处理请求,响应时间增长,用户因为等待时间过长而着急,便会持续单击"购买"按钮,为数据库增加了大量的点击数据,可以通过机器学习中一些分类策略等来判断并去除数据中的噪声。

(2)算法学习阶段。算法学习阶段是通过上一步收集到的数据来构建推荐算法的预测模型,这一步是最关键的推荐算法设计步骤,个性化推荐算法的优劣会直接影响推荐系统的用户体验。

早期的个性化推荐算法使用基于统计的方法,人工构建所有物品的内容信息并进行匹配,将新物品与用户交互过的物品之间进行内容相似度的比较,以此判断新物品是否适合被推荐给用户。随着机器学习的发展,推荐算法也逐渐倾向于使用基于模型的方法,根据算法来构建用户特征向量和物品特征向量,通过机器学习的优化方法最小化损失函数,使用输入收集到的用户交互数据进行模型训练,最后返回一个训练结果,用于后续的推荐预测。

(3)预测推荐阶段。预测推荐阶段是推荐算法真正发挥作用的阶段,一方面通过离线实验的方法,将先前收集到的交互数据中的一部分作为测试集,来检验第二阶段推荐算法的离线效果,并以此作为迭代改进推荐算法的依据。另一方面,通过将推荐系统部署上线,让真实用户进行体验,持续地收集用户数据,从而更好地建模用户画像。

1.2.3　推荐系统的原理

推荐系统的原理实质上就是其对应的推荐算法原理。不同的推荐算法,虽然具有相同的目标,但是其思想、原理有所不同,这里使用一个最基础的个性化推荐算法——基于内容的推荐[5],来让读者对推荐系统的原理有一个大致的了解。在本书后面的章节中,会讲解更多的推荐算法。基于内容的推荐方法是工业界运用得较为广泛的一种算法,它只需要依赖人工定义的物品属性特征和用户偏好特征,不需要太多的用户交互记录,即使只有一个用户也可以完成推荐功能。基于内容的推荐大致可以分为以下三个步骤,如图1-6所示。

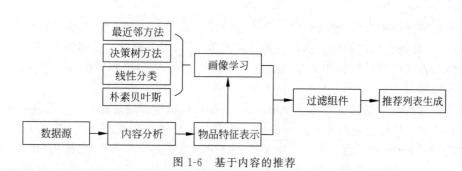

图 1-6　基于内容的推荐

1. 物品特征表示

物品特征表示(Item Representation)的含义是为数据库中的物品生成一些属性特征,用来指代某个物品并用于后续的推荐计算,对应的处理过程叫作内容分析。在系统里,许多物品都天然地带有能对其定性的描述内容,这些内容又可以细分为结构化(Structured)和非结构化的(Unstructured)两种。结构化的意思是某个内容属性较容易通过一定的形式或手段进行表征,并且具有比较明显的含义;而非结构化的内容往往形式各异,难以通过统一的方法对其进行替代。例如,在一个电商平台里,一件衣服有很多的固有特征,如颜色、风格等,这些属于结构化内容属性;而用户对某件衣服的评价,是很多汉字组成的段落,无法直接将所有评价转换为某种统一的格式,而需要进行一些额外的处理。

对于结构化的数据,可能会存在离散型和连续型两种情况。例如,人的性别只有男和女两种,属于离散型数据。对于离散型数据,可以直接将其转换为 One-hot 形式的向量;而用户的身高、体重等数值型数据,属于连续型数据,往往还需要先归一化,或是利用"离散桶化"技术将其转换为离散型数据,再加以利用。

对于非结构化数据,想要从中提取信息会稍微复杂一些。非结构化数据常见的如文本形式的数据,一般需要采用自然语言处理技术对其进行处理,生成文本特征向量。常见的方法有词袋法、TF-IDF 和 Word2Vec 等。

2. 画像学习

画像学习(Profile Learning)是针对推荐系统的用户所做的处理,利用用户与物品的过往交互历史,找到用户感兴趣的物品,并将这些物品的特征进行变换、组合,从而用来代替一个用户的喜好特征(Profile),形成用户画像。假设在已有的物品库中,用户明确地表达了自己更偏好于某些物品,而对另外一部分物品兴趣较低,由于上一步物品特征表示中已经获得了各种物品所具有的特征,那么将用户喜欢的物品所拥有的特征组合起来,可以作为用户的画像表示,从而建模出用户的喜好。也可以将用户的喜好构造为一个分类模型,遇到新的物品时可以利用该模型来预测用户是否会对其感兴趣。如果把预测任务看成一个二分类任务,用户已给出的兴趣可以作为监督信号,那么很多传统的分类机器学习算法都可以用来进行推荐,例如逻辑回归算法、决策树算法等。

3. 推荐列表生成

通过比对前面两个步骤得到的物品特征表示和用户画像,可以为目标用户推荐一组相关性最大的物品,对应的处理过程叫作推荐列表生成(Recommendation Generation)。如果在用户画像学习中构建了用于预测用户喜好的二分类模型(如决策树、逻辑回归和朴素贝叶斯等),对于目标用户来说,数据库的物品会被模型推断为感兴趣和不感兴趣两类,此时推荐结果的生成便比较简单了,只需要从模型预测出的感兴趣的物品集合中选择出一批物品,并根据一些规则排序组合后,便可得到一个推送给用户的推荐列表。如果使用的用户属性的学习方法,模型所提供的是用户和物品的特征向量,那么可以通过余弦相似度等方法计算出用户属性和物品特征之间的相关度,再把与用户(向量的形式)最相关的若干个物品汇总成推荐列表即可。

基于内容的推荐算法虽然思想简单朴素,但是相比较于协同过滤算法有其独特的优势。

(1) 对交互数据依赖程度低。与协同过滤方法的群体智慧思想不同,在基于内容的推荐中,对当前用户的推荐结果完全取决于该用户自身以往的交互历史,它的用户画像是由它以前表现出喜好的物品具有的特征组合而成,与系统内其他用户无关,受到交互数据稀疏问题的影响较小,只要当前用户产生过一次交互,就能通过人工提取的物品特征为用户生成画像。

(2) 新的物品可以有机会立刻得到推荐。只要一个新物品进入数据库,系统就会对其进行特征分析,得到当前物品的内容特征,由于用户画像基于物品内容特征进行构建,不依赖于用户的交互,因此对于一个新的物品,也能够将其与某些用户进行关联,从而有机会立刻将其推荐给某位用户。反观协同过滤方法,对于一个新物品来说,想要将其与用户进行关联是很难的,因为协同过滤方法产生关联的基础是用户交互,没有用户交互相当于河道两岸之间缺少了可以通信的桥梁,只能通过其他的策略积攒一定的用户交互之后,这个物品才有可能被推荐算法发现。

(3) 具有较高的可解释性。由于用户画像的建立得益于他本身交互过的物品,因此我们对推荐物品的理由可以基于对用户画像特征的一些概括,并附加一些生成这些特征时用到的功能物品(用户以往表现出感兴趣的物品),以此让用户更容易接受推荐结果。

1.3 推荐系统的历史与分类

1.3.1 推荐系统的发展历史

推荐系统自从诞生以来,已经经历了二十多年的发展,其中的主要典型阶段如图 1-7 所示。

1992 年,美国 Xerox 公司在 Palo Alto 研究中心设计了一个名为 Tapestry 的电子文档过滤系统[6],这个研究中心的员工每天会收到非常多的电子邮件,但是因为缺少对邮件的分类信息,员工们不知道哪些邮件更加重要,更需要尽快被处理,从而陷入持续的文档查看事务。为了能节约员工们日常处理电子邮件的时间,研究中心实验性地设计了这个系统,并首次提出了"协同过滤"的概念。其工作机制主要步骤如下。

(1) 一个用户根据自己的兴趣输入一些查询语句,其中包含如文档主题、发送日期、发送人等搜索条件。系统收到查询语句后,会进行过滤并产生结果,给用户返回一定数量的电子文档,用户需要在返回的结果中选出至少三份自认为有用的、想看的资料。

(2) 系统将用户提供的查询语句和用户的反馈选择作为一个整体,生成一个过滤器,这个过滤器能被其他用户的邮件系统客户端所访问,其他用户可以在自己的邮件客户端中安装这个过滤器。每个用户的客户端可以安装众多其他用户查询后生成的过滤器,从而在有新文档出现时,满足过滤器条件的文档会优先被送达信箱。

(3) 通过利用其他用户的评价,来为目标用户生成综合过滤后的结果,这种思想被称为协同过滤。

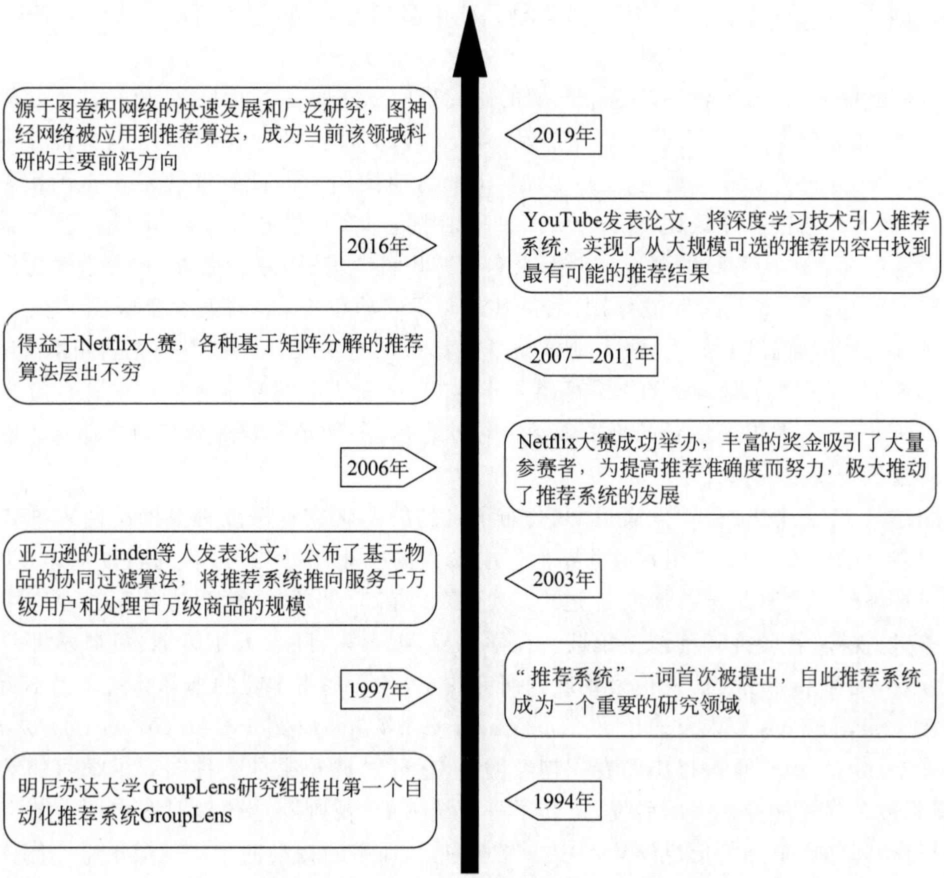

源于图卷积网络的快速发展和广泛研究，图神经网络被应用到推荐算法，成为当前该领域科研的主要前沿方向

2019年

2016年

YouTube发表论文，将深度学习技术引入推荐系统，实现了从大规模可选的推荐内容中找到最有可能的推荐结果

得益于Netflix大赛，各种基于矩阵分解的推荐算法层出不穷

2007—2011年

2006年

Netflix大赛成功举办，丰富的奖金吸引了大量参赛者，为提高推荐准确度而努力，极大推动了推荐系统的发展

亚马逊的Linden等人发表论文，公布了基于物品的协同过滤算法，将推荐系统推向服务千万级用户和处理百万级商品的规模

2003年

1997年

"推荐系统"一词首次被提出，自此推荐系统成为一个重要的研究领域

明尼苏达大学GroupLens研究组推出第一个自动化推荐系统GroupLens

1994年

图 1-7　推荐系统发展历史

　　1994 年，明尼苏达大学的 GroupLens 研究组首次将"协同过滤"技术引入到推荐领域，发明了第一个自动化新闻推荐系统，它能帮助人们在大量可用新闻中找到他们喜欢的内容。整个系统分成功能不同的几个部分：新闻阅读器的客户端在展示新闻时会显示系统对这个新闻预测的分数，用户阅读文章后也可以在阅读器上对文章评分；评级服务器会收集和传播评分，它遵循协同过滤的思想，利用已有的用户给新闻的评分记录，来预测新用户看到这条新闻时可能给出的评分。

　　1997 年，Resnick 和 Varian 在论文 *Recommender systems* 中第一次提出了"推荐系统"这个名词，并给推荐系统下了一个定义：推荐系统是利用电子商务网站向客户提供商品信息和建议，帮助用户决定应该购买什么产品，模拟销售人员帮助客户完成购买过程。自此以后，"推荐系统"一词被广泛引用，并且开始逐渐形成一个独立的、重要的研究领域。早期的推荐系统主要应用在电子商务网站中，其中最成功、最经典的案例是亚马逊的个性化推荐。每个来到亚马逊网站的人看到的首页界面都不一样，因为网站针对他们的个人兴趣做了个性化呈现。1998 年，亚马逊公司上线了基于物品的协同过滤算法，成功地在拥有百万级用户、商品规模的系统中部署了推荐技术，给如今推荐系统的广泛应用打下了基础。2003 年，亚马逊公司研究人员发表论文，公布了这一基于物品的协同过滤推荐算法原理。由于算法具有简单、可扩展、可解释性强等特点，并且在面对用户的新信息时，推荐结果也能立刻被更新,从而吸引了大量的关注和跟踪研究,随后被很多知名公司,包括 YouTube、Netflix 借鉴使用。

值得一提的是,将推荐系统这个领域的研究推向纵深的是 Netflix 公司和其举办的推荐算法大赛。2006 年,Netflix 公司宣布启动一项非常著名的,名为 Netflix 大奖的推荐系统算法竞赛,鼓励全世界的算法研究团队,以 Netflix 目前使用中的推荐系统 Cinematch 为竞争目标,如果参赛的推荐绩效比 Cinematch 提高 10%,那么该算法团队将获得一百万美元的奖励。这项著名的比赛吸引了全球 5 万余名计算机科学家、爱好者等参加,为个性化推荐的研究和推广起到了重大的促进作用。Netflix 大赛成功举办,丰富的奖金吸引了大量参赛者,为提高推荐准确度而努力,极大地推动了推荐系统的发展。比赛中一支名叫 Korbell 的队伍以 8.43% 的推荐准确度的提升赢得了半程奖,这个队伍的参赛者使用矩阵分解方法与其他方法的融合,取得了优异的推荐效果。在此之后,各种基于矩阵分解的推荐算法成为该领域的主流研究技术路线。

2016 年,YouTube 公司发表论文,公布了自己的团队在将深度神经网络引入推荐系统这一方向上的尝试。YouTube 是世界上规模最大的视频网站之一,它的贡献对于规模大、更新快等条件下的物品推荐影响深远[7]。近年来,在工业界,推荐系统被广泛地应用于电子商务、短视频、新闻推荐等诸多领域。在学术界,近年来,随着人工智能、机器学习研究的不断发展,推荐系统成为信息检索领域的研究热点,各种基于学习的推荐算法层出不穷。

2017 年,Thomas 等人发表论文 *Semi-Supervised Classification with Graph Convolutional Networks* (GCN)[8],首次提出图卷积神经网络,它可以被看成是一种图表示学习的网络模型,受到传统卷积神经网络的启发,定义了一种统一的"规则",迭代地对图中所有节点进行聚合操作,将邻居节点的信息聚集到中心节点中,从而不断提高向量的建模水平。同样发表于 2017 年的论文 *Graph Convolutional Matrix Completion* (GC-MC)[9] 首次将图卷积神经网络运用在了推荐领域,构造出一种基于图卷积的自编码器框架,开阔了在推荐算法中使用图卷积方法的思维。2019 年,Wang 等人发表论文 *Neural Graph Collaborative Filtering* (NGCF)[10],利用历史交互记录构建了用户-物品二部图,并在二部图上进行多层图卷积操作,成功地将图卷积神经网络和协同过滤方法结合,有效地提高了推荐算法的准确度,并在一定程度上引领了图卷积推荐的潮流,后续许多学者们在 NGCF 的基础上进行研究,发表了一系列改进的算法和论文。例如,2020 年发表的 LightGCN[11],将传统 GCN 中的权重矩阵和非线性转换的步骤移除,把轻量级 GCN 运用在推荐算法里,不但提高了推荐的准确性,还减少了由于非线性变化带来的时间损耗。2021 年发表的 SGL[12],利用自监督学习的思想,在通用 GCN 推荐的模型基础上,对图的邻接矩阵进行变换,生成带有扰动的图节点向量,通过设计自监督损失函数,补充原有的监督信号,从而提高推荐算法的准确性和鲁棒性。除了利用用户-物品二部图来构建图卷积神经网络外,由于推荐领域天然存在很多图结构数据(如物品与其属性构成的知识图谱、用户与用户之间构成的社交网络),有效地对这些图结构数据进行建模,不仅能提高推荐算法的准确度,还能在一定程度上缓解推荐数据稀疏问题,提高推荐系统的可解释性和多样性。2019 年发表的 KGAT[13],将 GCN 的变体——图注意力网络(Graph Attention Network,GAT)引入推荐领域,利用 GAT 建模物品知识图谱中的语义和结构信息,用于增强学习到的向量的表达能力;同样发表于 2019 年的 DiffNet[14],利用 GCN 建模用户社交网络中的节点信息,认为用户可能与自己的朋友兴趣相似,将社会影响纳入到推荐系统的建模中。可以预测到未来将有更多的研究人员投入精力到图表示学习方法在推荐领域内的运用,这一方向也会逐渐成为推荐领域内一个主流、热门话题。

深度学习能够捕捉非线性的用户—项目关系,能够处理图像、文本等各种类型的数据源,因此基于深度学习的推荐系统得到了越来越多的应用。但是现有的模型大多数建立在静态图的基础上,实现了系统的短期预测结果的最优,而忽略了推荐是一个动态的顺序决策过程,长期的推荐目标没有被明确地解决。

强化学习的本质是让初始化的智能体在环境中探索,通过环境的反馈来不断纠正自己的行动策略,以期得到最大的奖励。在推荐系统中,用户的需求会随时间动态变化,强化学习智能体不断探索的特性正好符合了推荐系统对动态性的要求,并且在不断尝试建模更长期的回报。基于以上,越来越多的研究者将强化学习应用在推荐系统中。

在微软的 DRN 新闻推荐系统[15]中,环境被定义为用户与新闻的集合,状态是用户的特征表示,动作是新闻的特征表示。智能体的输入是用户特征表示(状态)与物品特征表示(待选动作),输出一个新闻列表(动作)并得到用户的反馈,而用户反馈又包含点击率与活跃度两部分。在美团"猜你喜欢"[16]中,状态是由用户实时行为序列得到的。具体来说,把用户实时行为序列的物品表征作为输入,使用一维卷积神经网络学习用户实时意图的表达;使用特征向量特征表达用户所处的时间、地点、场景,以及更长时间周期内用户行为习惯的挖掘,把这部分的输出作为上下文信息。最终把用户实时意图与上下文信息拼接,得到状态。在 DeepPag[17] 的强化学习算法中,状态也是用户的特征表示,不过是由 GRU 得到的。输入给 GRU 的是用户历史上点击过的物品序列,把 GRU 末端输出作为初始状态。

1.3.2 推荐算法的分类

推荐系统的算法根据不同的分类标准有多种不同的类别,需要根据具体的应用场景来选用合适的推荐算法,才能让推荐服务发挥其最好的效果。首先,根据推荐的结果是否与用户特征有关,可以分为非个性化推荐算法和个性化推荐算法。非个性化推荐算法对于不同用户会生成相同的推荐结果,常见的有基于流行度的推荐和基于关联规则的推荐。个性化推荐算法则是工业界和学术界都比较关注的部分,它能分析出不同用户的潜在兴趣偏好,从而为每个人都提供独特的、个性化的推荐结果,也就是所谓的"千人千面"。

个性化推荐算法是目前智能推荐系统的重点核心研究内容,主要又可以分为基于内容推荐、协同过滤推荐和混合推荐[18],如图1-8所示。

(1) 基于内容的推荐。这类方法是工业界用得比较多的基线方法(Baseline),主要依靠针对物品所做的特征工程,划定每个物品所具有的内容属性特征,再基于用户各自的历史交互使用机器学习模型来学习构建每个用户的画像,通过物品内容特征与用户画像之间的匹配来生成推荐结果。

(2) 协同过滤推荐。这类方法遵从"协同智慧"思想,认为以往拥有相似偏好的用户未来也会具有相似的交互行为,通过对所有用户的交互记录进行建模,寻找不同用户的偏好相关性来进行推荐。早期的协同过滤推荐使用的是基于内容的方法,主要有:基于用户的协同过滤、基于物品的协同过滤。基于用户的协同过滤将每个用户的交互记录作为该用户的特征向量,利用特征向量之间的余弦相似度来计算衡量两个用户向量之间的相似性,进而给

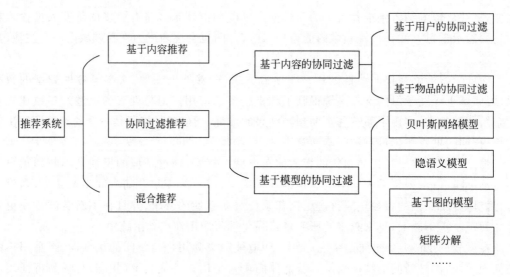

图 1-8　推荐算法分类

目标用户推荐相似用户交互过的物品；基于物品的协同过滤与基于用户的协同过滤类似，但是它的主体是物品，考虑两个不同物品被交互的记录，作为物品的特征向量，再通过相似度方法进行推荐。

　　要注意的是，基于内容的推荐方法中也会用到特征向量之间的相关性，但它使用的是用户特征向量和物品的内容特征向量之间的相关性，而在协同过滤方法中考虑的是同一类特征向量的相似性（用户与用户，或物品与物品之间交互记录的相似性）。此外，除了基于内容的协同过滤方法，还有基于模型的协同过滤方法，这种方法则是利用机器学习的思想，通过设计损失函数和正则项来构建一个推荐模型，将交互数据作为训练数据集送入模型中，使用梯度下降等优化方法来训练模型，直至模型收敛得到一个可进行个性化推荐的预测模型。传统的机器学习分类方法也可以用于推荐任务，例如逻辑回归、决策树、因子分解机等，除此以外基于模型的方法，常见且经典的还有矩阵分解方法、基于深度神经网络的推荐、基于图学习的推荐等。

1.4　推荐系统评测

　　推荐系统作为一门应用性技术，已经广泛应用到各个大规模互联网平台中，这些平台的用户数量动辄数以亿计，因此物品（商品、新闻、音乐、电影）的推荐质量的好坏对平台的影响非常关键。在这些超级互联网平台中，一个质量低的推荐结果可能会带来诸如客户感受差、客户流失等重大事故，甚至影响到巨头互联网平台的生死存亡，因此在一个新的推荐系统上线部署之前，必须经过严格的线下、线上的评测，确保迭代更新的推荐算法的推荐质量只能升高不能降低。

1.4.1　推荐系统的评测方法

　　一个推荐系统的评测方法一般有两种方式：在线实验、离线测评。
　　在线实验是指将推荐系统发布上线，让真实用户体验推荐服务，待用户对系统有真实的使用经历后，请求用户给出反馈意见，或者通过问卷调查等方式收集信息，以便于考核我们设计的推荐系统的表现。为了能有效地比对新使用的推荐服务带来的效果提升，最常用的在线实验方法是 A/B 测试。A/B 测试的思想，就是使用两种方案来达成最终的目的，对拥有的资源进行分流，关联到电子推荐系统上，资源就是用户交互，可以让一部分用户的访问根据 A 方案进行推荐，另一部分用户采用 B 方案得出的结果，比较不同方案中曝光列表的用户平均点击率，看哪个方案更符合设计目标，如图 1-9 所示。

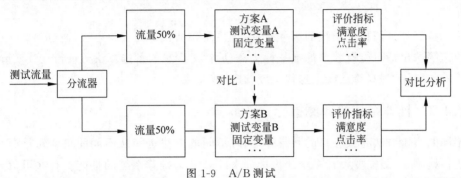

图 1-9　A/B 测试

设计 A/B 测试应注意以下要点。

（1）多个（不一定是 A、B 两个方案，可能还有 C 方案）方案并行测试，与传统生物化学等实验中设置对照组不同，在 A/B 测试里，每个方案既作为测试组也作为对照组。

（2）要规定好能判断不同方案之间优劣的客观评价指标。

（3）确保同一批次测试中不同方案之间有且仅有一个变化的量，A/B 测试必须是单变量，如果不同方案之间存在多个变量，在进行实验时，不同的变量相互也会存在影响和干扰，使得实验者无法根据控制变量法的思想来确定各个变量对算法效果的直接影响，算法工程师也难以通过 A/B 测试积累不同因素变量对推荐效果的经验积累。

需要注意的是，某一个用户在一次浏览过程中，看到的应该一直是同一个方案。如他开始看到的是 A 方案，则在此次会话中应该一直向他展示 A 方案，而不能一个页面来自 A 方案，另一个页面来自 B 方案。同时，还需要注意被分流器分流到不同方案的流量尽量平均，这样后续对不同方案的推荐效果的统计评价才更具参考价值。这种在线测试方式虽然拥有较好的效果，能够直接根据真实用户的反馈得到系统设计的好坏，但是从方案设计到方案实验整个过程所需的成本较高，并且存在一定的风险——上线效果差的推荐系统可能会造成用户流失等问题。所以，在实践中会把平台流量的主体（如 80％）保留给已有推荐算法，把剩下来的 20％流量平均分配给方案 A 和方案 B，然后看方案 A 和方案 B 的模型表现。这样，即使测试的新方案效果很差，也不会影响大局。

另一方面，在学术界大部分推荐算法的研究工作都集中在离线测评上进行，因为大学和研究所很难有 A/B 在线测试的平台环境和足够的测试流量。离线测评是指根据待评价的推荐算法在离线数据集上的表现，通过前期设计好的评价指标来衡量推荐系统的质量。相对于在线实验，离线测评方法更方便、更经济，不需要借助真实用户。对于数量众多的推荐算法，只需要一个处理过的数据集，就可以方便地进行评测。此外，离线评测方法的评价指标不同于在线 A/B 测试的评价指标（关于推荐系统的评价指标会在 1.4.2 节中讲解）。

离线测评虽然具有快捷、经济的特点，但是也面临一些问题。首先，离线评价的结果高度依赖于所选用的离线数据集,又由于交互数据往往比较稀疏,在一些稀疏问题极其严重的数据集上,算法的表现会急剧下降,并不能真实反映出算法的效果;其次是离线测评的结果无法完全与真实用户喜好等同,在进行离线测试时,一定会根据某种方法生成可量化的评测指标,这是客观的,而用户的偏好是具有用户主观性的,离线评价指标的表现和用户在线点击率、购买率等真实反馈之间虽然存在一定的正相关,但也无法认为就是完全一致的,因此即使在离线评测时算法的指标非常高,也无法百分之百地确定用户一定会满意算法的推荐效果。

为了更好地把握推荐系统的服务质量,往往需要结合多种实验方法,通过离线实验的方法先快速筛选出最可能有效果的推荐算法,随后针对少量的备选算法再进行在线实验,降低失败推荐的风险,提高算法线上迭代速度,减少实验成本。

1.4.2 推荐系统的评测指标

不同的实验方法有其各自的利与弊,同时不同的方法也能从不同的角度对推荐算法的性能进行检测,一般需要设计多个评价指标来综合考虑推荐系统的性能。有些可以定量计算的指标,可以将它用于离线实验中,利用离线数据集分析推荐算法的性能,还有些只能定性描述的指标,只能通过部署上线后通过用户反馈得到。一般来说,可以定量计算的指标主要有预测准确度、覆盖率、多样性等,而无法定量计算的指标有用户满意度、新颖性等。下面主要对可以定量计算的评价指标进行详细讲解,并附带给出一些定性指标的定义。

1. 准确度

准确度用来评测一个推荐算法对用户偏好预测的准确性。这个指标是最重要的离线评测指标,在学术界被广泛运用于推荐算法的评测。根据评分预测和列表推荐两种不同的推荐任务,准确度指标的定义和计算也有所差异。

针对评分预测任务,推荐系统的目标是让其产生的预测评分与用户给出的真实评分尽可能接近,因此,这类指标主要考虑的就是计算预测评分和真实评分之间的距离。最经典的有均方根误差(RMSE)和平均绝对误差(MAE),两者都是通过真实值与预测值之间的差距定义准确度。对于测试集中的一个用户 u 和物品 i,令 r_{ui} 是用户 u 对物品 i 的实际评分,r'_{ui} 是推荐算法给出的预测评分,T 是测试集中全部"用户-物品"交互记录对的集合,则准确度的计算方式如下。

$$\text{RMSE} = \frac{\sqrt{\sum_{u,i \in T} (\hat{r}_{ui} - r_{ui})^2}}{|T|} \tag{1.1}$$

$$\text{MAE} = \frac{\sum_{u,i \in T} |\hat{r}_{ui} - r_{ui}|}{|T|} \tag{1.2}$$

可以看出,RMSE 和 MAE 的计算公式稍有差别,但是反映的趋势是一致的,它们的数值越小表明预测评分越接近用户真实评分。

针对列表推荐任务,常见的准确度指标有准确率(Precision)和召回率(Recall)。以 $R(u)$ 表示推荐给用户 u 的物品列表,$T(u)$ 表示用户 u 在测试集上产生交互行为(点击、收藏、购买等)的所有物品列表,准确率和召回率的计算公式分别如下。

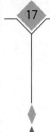

$$\text{Precision} = \frac{\sum\limits_{u \in U} |R(u) \cap T(u)|}{\sum\limits_{u \in U} |R(u)|} \tag{1.3}$$

$$\text{Recall} = \frac{\sum\limits_{u \in U} |R(u) \cap T(u)|}{\sum\limits_{u \in U} |T(u)|} \tag{1.4}$$

从上述两个公式来看,准确率和召回率的计算方式非常接近,两者的分子部分是相同的,都是推荐列表和用户测试集交集的物品数量,区别在于分了部分,不同的分子表现了不同的意义。准确率表示的是进入推荐列表的物品中有多少是用户真正交互的物品,而召回率表示测试集的物品有多少被成功地加入推荐列表。如图 1-10 所示,进入推荐列表中有10 个物品,其中与用户真正交互的物品只有 3 个,所以准确率是 30%;用户在测试集上产生交互行为的物品列表有 100 个,召回率则是 3%。

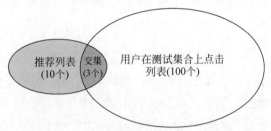

推荐列表
(10个)
交集
(3个)
用户在测试集合上点击
列表(100个)

图 1-10　准确率和召回率示意图

除了准确率和召回率,针对列表推荐任务,现在的研究者更加常用的评价指标还有命中率(Hit Ratio,HR)、归一化折损累计增益(Normalized Discounted Cumulative Gain,NDCG)。这两个指标主要分析的是生成的推荐列表中,是否有推荐项被用户点击,以及这些被用户点击的物品在推荐列表中是否能排到靠前的位置。HR 考核的是用户喜欢的物品算法有没有推荐到。令 N 是测试集中的全部用户数量,$\text{hits}(i)$ 表示给第 i 个用户的推荐中,用户 i 喜欢的物品是否出现在推荐列表中,在则为 1,不在则为 0。综上,HR 的计算公式如下。

$$\text{HR} = \frac{1}{N} \sum_{i=1}^{N} \text{hits}(i) \tag{1.5}$$

HR 只能定性描述推荐列表中是否存在用户满意的结果,无法定量描述出现在推荐列表中的用户喜欢的程度。通常,用户最喜欢的物品不仅应该出现在推荐列表中,更应该出现在推荐列表的前面。因此,需要一个更好的评价指标考虑列表中的顺序性,使用最多的就是NDCG 指标。NDCG 强调用户喜欢的物品不仅要存在于 TOP-K 推荐列表,而且排名要尽量靠前,即强调"顺序性"。要理解 NDCG,首先看 CG(Cumulative Gain,累计增益)。顾名思义,CG 就是将每个推荐结果(与用户兴趣的)相关性的分值累加后作为整个推荐列表的得分。

$$\text{CG}_k = \sum_{i=1}^{k} \text{rel}(i) \tag{1.6}$$

式(1.6)中,k 表示推荐列表的长度,$\text{rel}(i)$ 表示处于推荐列表的第 i 个位置的推荐结果的相关性。具体在显式反馈数据中,相关性指具体的评分值(如五级评分),在隐式反馈数据中,由1和0来表示相关性。需要指出的是,CG没有考虑每个位置的推荐结果关于相关性的差异化,对于用户而言,他们肯定希望最喜欢的物品能够排在推荐列表的最前面,而对于开发者而言,如果将相关性低的物品排在靠前的位置则可能降低用户满意度,因此有必要在CG的基础上引入排序位置因素,这种方法被称为DCG(Discounted Cumulative Gain)。Discounted在英语中表达的是打折过的意思,放到DCG这个指标里,可以理解为使用物品的排名对CG进行某种程度上的规范化处理:

$$DCG_k = \sum_{i=1}^{k} \frac{rel(i)}{\log_2(i+1)} \qquad (1.7)$$

式(1.7)中累加符号里面的分子部分量化了推荐列表中所有物品的相关度,即rel(i)越大,推荐位置i物品的相关性越大,推荐效果越好,DCG也就越大;分母部分则量化了推荐列表中所有物品的位置折扣效应,i表示推荐结果的位置。具体来说,i越大,log函数的结果也越大,作为分母使得整个式子越小,也即推荐结果在推荐列表中排名越靠后,推荐效果越差,DCG也就越小。这里的分母定义为一个以2为底的对数函数,对数衰减因子的使用,主要是为了衰减更加平滑。对于分子部分,DCG还有另一种表达公式:

$$DCG_k = \sum_{i=1}^{k} \frac{2^{rel(i)}-1}{\log_2(i+1)} \qquad (1.8)$$

对于隐式反馈数据,相关度得分只有(0,1)两种取值时,上述两个计算公式是等价的。当相关度得分的取值多元化,例如五级制评分时,第二个公式能用来增加相关度影响的比重,扩大相关度可改变对于评价指标大小的控制程度。后一个公式在工业中被广泛使用,如多数的搜索公司和Kaggle等数据科学竞赛平台等。

然而,DCG直接作为推荐的评测指标仍然有其局限之处,DCG只能用于评价某一个用户得到的推荐列表质量,无法综合地考量不同推荐算法的效果,想要对某个推荐算法进行评测,需要考虑到全部用户的平均推荐质量,由于真实场景下推荐结果都是可扩展的,用户通过不断刷新能持续地获得推荐,导致真实用户列表的长度不一,所以不同用户的DCG没有办法拿来做对比,无法综合为单个值从而为某个推荐算法做出整体评价,所以要对不同用户的指标进行归一化。研究者们构思了一个可行的解决办法:为不同用户计算出各自最理想情况的DCG,又称为IDCG(Ideal Discounted Cumulative Gain),它表示推荐系统为用户生成的结果列表完全按照用户偏好排序,用户最感兴趣的物品被放在列表第一位,很明显这是一种理想情况下的最好结果,往往只能通过已有的测试数据人工收集得出。再将每个用户的实际的DCG与IDCG做比,得到的比值具有统一性,因此可以将所有用户归一化后的得分求均值得到一个能横向对比不同算法的指标,也就是NDCG。由此得到NDCG的定义:DCG除以理想情况下最好的推荐结果,从而可以对不同用户的推荐结果进行量化比较。对于单个用户,它的NDCG@K为:

$$NDCG_k = \frac{DCG_k}{IDCG} \qquad (1.9)$$

假设推荐系统为测试集中一位用户推荐了五个商品,而以往用户对这五个商品的评分依次为3、2、1、0、2,那么根据前文所述,推荐系统为该用户生成的推荐列表,其CG计算结果为五个评分值的简单累加,即3+2+2+0+1=8,可以看出,CG指标的计算没有考虑到不同位置对排序结果的影响,只对相关性评分做了一个简单的累加。

当我们考虑位置因素时,可以得到如表 1-1 所示的 DCG 计算过程。

表 1-1　DCG 计算过程示意表

i	$\text{rel}(i)$	$\log_2(i+1)$	$\text{rel}(i)/\log_2(i+1)$
1	3	1	3
2	2	1.58	1.26
3	1	2	0.5
4	0	2.32	0
5	2	2.58	0.78

那么可以求得 DCG$=3+1.26+0.5+0+0.78=5.54$。

接下来需要计算针对该用户最理想情况下列表的 DCG,因为已经假设得到了用户对这五个物品的评分,那么理想情况下的推荐结果将完全按照评分大小排序,即推荐列表中五个物品的相关度依次为 3、2、2、1、0,可以得到如表 1-2 所示的 IDCG 计算过程。

表 1-2　IDCG 计算过程示意表

i	$\text{rel}(i)$	$\log_2(i+1)$	$\text{rel}(i)/\log_2(i+1)$
1	3	1	3
2	2	1.58	1.26
3	2	2	1
4	1	2.32	0.43
5	0	2.58	0

则 IDCG$=3+1.26+1+0.43+0=5.69$,最终可以求出 NDCG$=5.54/5.69=0.97$。

2. 覆盖率

一般认为覆盖率指的是推荐算法对于全部用户进行推荐所得的物品集合在系统数据库全部商品集合中所占的比例。覆盖率能够从侧面反映出推荐系统对长尾兴趣的探测能力,假如一个推荐系统只推荐热门商品,它可能会捕获住大部分人的浅层兴趣,但忽略了很多用户对冷门商品的爱好,因而覆盖率也会比较低。我们希望推荐算法能够更多地发掘出用户的长尾偏好,在保证预测准确度不下降的同时,尽可能地增加推荐的覆盖率,也能让用户在推荐结果中具有更多选择,从而在一定程度上提高用户对系统的满意程度。根据推荐的任务不同,覆盖率可以分为两类:预测覆盖率,推荐覆盖率。

预测覆盖率:主要针对的是评分预测类型的推荐算法。它表示:系统可以预测评分的商品占所有商品的比例,定义为:

$$\text{COV}_p=\frac{N_d}{N} \tag{1.10}$$

在一个评分预测推荐系统中,可能有些物品从来没有被用户打过分,对于这类物品,部分推荐算法(例如协同过滤算法)可能无法给出预测评分,因此,使用 N_d 表示算法可以预测评分的商品数目,N 为所有商品数目,将两者的比值作为预测覆盖率的定义。

推荐覆盖率:针对的是列表推荐类推荐算法。它表示系统能够为用户推荐的商品占所有商品的比例,这个指标与推荐列表的长度 L 相关,其定义为:

$$\text{COV}_R(L)=\frac{N_d(L)}{N} \tag{1.11}$$

式中，$N_d(L)$ 表示系统给全部用户推荐的物品列表汇集成一个集合，经过去重后的商品个数。推荐覆盖率越高，表明推荐系统纳入到计算的商品种类越多，用户可选推荐结果的范围也越大，推荐多样性、新颖性就越好。

推荐的覆盖率指标通常作为推荐系统评测中一种辅助性指标，在保证了推荐的准确度前提下，用来衡量推荐算法在不同层面上给用户带来惊喜的可能性。在评测时仅使用覆盖率来衡量一个推荐算法是没有意义的，因为如果推荐系统简单地将所有商品按序号排序，最终全都推荐给用户，可以得到百分之一百的覆盖率，但是显而易见这种思路得到的推荐结果不会令用户满意，要做到保证推荐准确度的前提，再尽量提高推荐覆盖率。

3. 多样性

在现实生活中，用户的兴趣是多样而广泛的，在一个视频网站中，用户可能既喜欢看纪录片，也喜欢看恐怖片，前面所说的提高推荐覆盖率在一定程度上也是为了提高推荐结果的多样性，从而更好地发掘出用户更深层的偏好，如果推荐系统给某个用户生成的推荐结果永远是同一类商品，可能初期用户还比较满意，但是随着推荐次数增多，用户肯定也会产生审美疲劳，单一的推荐种类最终难以满足用户的要求。为了判断推荐算法是否满足了用户多样化的兴趣，研究人员也提出了多样性的衡量指标。简单来说，多样性可以从推荐结果中各个物品之间相似性的对立面来考虑，如果两两物品之间的相似性均较低，则可以表明结果的多样性是较高的。以 $s(i,j) \in [0,1]$ 作为物品 i 和 j 之间的相似性（这里相似性可以通过一些向量化的方法计算，例如特征向量的余弦相似度等），针对某位用户 u 的推荐结果 $R(u)$，多样性可以通过如下公式计算。

$$\text{Diversity}(R(u)) = 1 - \frac{\sum_{i,j \in R, i \neq j} s(i,j)}{\frac{1}{2}|R(u)|(|R(u)|-1)} \qquad (1.12)$$

推荐算法的多样性，可以视为数据集中全部用户得到的推荐列表多样性的平均值：

$$\text{Diversity} = \frac{1}{U} \sum_{u \in U} \text{Diversity}(R(u)) \qquad (1.13)$$

可以看出，多样性指标和覆盖率指标有点类似，但是作用范围不同：多样性指标是评估一个推荐列表的效果，而覆盖率指标则是针对整个物品集合进行评估。

4. 用户满意度

用户满意度是最重要的定性评价指标，因为用户是推荐系统的目标群体，是系统受益的来源，个性化推荐系统上线的目的就是缓解用户遇到的信息过载问题，使得用户能更快速地接触到自己感兴趣的商品或信息，提高用户的软件依赖度。定性指标无法通过离线测评的方法来检测，因此必须在系统上线后，让真实用户或者聘请一些内测用户，在使用系统后给出自己的满意度评价。

用户满意度的提升需要依靠多个方向，我们无法直接询问用户如何做出令其满意的推荐，但是可以利用其他的定性指标，从侧面衡量用户对推荐结果的满意度，例如推荐结果的新颖性，如果系统推荐给用户的物品并不是非常热门随处可见的物品，并正确捕捉到了用户的兴趣，那么此次推荐的结果可以认为是用户比较满意的。此外，对提高用户满意度有用的指标还有推荐的可解释性，推荐系统是一种为用户做决定的应用，因此用户对推荐结果信任至关重要，系统应尽量提高用户在使用推荐系统时候对系统的信任感，也就是说，如果系统能向用户解释为什么给用户推荐这些产品，会非常有助于增强用户对这个平台的系统算法的信任，从而提高用户的满意度。

参考文献

［1］ Resnick P，Varian H R. Recommender systems［J］. Communications of the ACM，1997，40(3)：56-58.

［2］ Montaner M，López B，De La Rosa JL. A taxonomy of recommender agents on the Internet［J］. Artificial Intelligence Review，2003，19(4)：285-330.

［3］ Linden G，Smith B，York J. Amazon. com recommendations：item-to-item collaborative filtering［J］. IEEE Internet Computing，2003，7(1)：76-80.

［4］ 阳志梁. 基于新型信任模型的自适应推荐方法研究［D］. 上海师范大学.

［5］ Mooney R J，Roy L. Content-based book recommending using learning for text categorization［C］// Proceedings of the fifth ACM Conference on Digital Libraries. 2000：195-204.

［6］ Goldberg D，Nichols D，Oki BM，et al. Using collaborative filtering to weave an information tapestry ［J］Communications of the ACM，1992，35(12)：61-70.

［7］ Covington P，Adams J，Sargin E. Deep neural networks for YouTube recommendations［C］//Proceedings of the 10th ACM Conference on Recommender Systems. 2016：191-198.

［8］ Kip F T N，Welling M. Semi-supervised classification with graph convolutional networks［J］. arXiv：1706. 02263，2017.

［9］ Berg R，Kipf T N，Welling M. Graph convolutional matrix completion［J］. arXiv preprint arXiv：1706. 02263，2017.

［10］ Wang X，He X，Wang M，et al. Neural graph collaborative filtering［C］//Proceedings of the 42nd International ACM SIGIR Conference on research and development in information Retrieval. 2019：165-174.

［11］ He X，Deng K，Wang X，et al. Lightgcn：simplifying and powering graph convolution network for recommendation［C］. Proceedings of the 43rd International ACM SIGIR conference on research and development in Information Retrieval. 2020：639-648.

［12］ Wu J，Wang X，Feng F，et al. Self-supervised graph learning for recommendation［C］. Proceedings of the 44th International ACM SIGIR Conference on Research and Development in Information Retrieval. 2021：726-735.

［13］ Wang X，He X，Cao Y，et al. Kgat：Knowledge graph attention network for recommendation［C］. Proceedings of the 25th ACM SIGKDD International Conference on Knowledge Discovery & Data Mining. 2019，950-958.

［14］ Wu L，Sun P，Fu Y，et al. A neural influence diffusion model for social recommendation［C］// Proceedings of the 42nd international ACM SIGIR conference on research and development in information retrieval. 2019：235-244.

［15］ Zheng G，Zhang F，Zheng Z，et al. DRN：A deep reinforcement learning framework for news recommendation［C］//Proceedings of the 2018 World Wide Web Conference. 2018：167-176.

［16］ 强化学习在美团"猜你喜欢"的实践. https://tech. meituan. com/2018/11/15/reinforcement-learning-in-mt-recommend-system. html.

［17］ Zhao X，Xia L，Zhang L，et al. deep reinforcement learning for page-wise recommendations［C］// Proceedings of the 12th ACM Conforence on Recommender Systems. 2018：95-103.

［18］ 王国霞，刘贺平. 个性化推荐系统综述［J］. 计算机工程与应用，2012.

第2章

生产环境下的推荐系统

当前,智能推荐系统在学术界的研究十分活跃,同时它也是一种应用性很强的技术,其产生的目的就是为了让网络上优质的信息能快速地展现到网络用户的视野中。现在的互联网产品中(电商、微博、新闻、视频),各种能为用户提供电子服务的企业,基本都无一例外地会在产品中加入智能推荐的功能。本章将简要介绍生产环境下推荐系统的业务流程、框架,从推荐系统的业务设计到架构设计,再到线上测试等阶段全面讲解一个推荐系统从无到有的具体过程。

2.1 推荐系统的业务流程

推荐服务负责在用户使用产品时给用户提供满足其喜好的物品,要在不清楚用户具体需求的情况下,为用户对海量的数据信息进行自动化筛选,将用户可能喜欢、好奇、感兴趣的信息呈现给他。推荐系统诞生的初衷就是帮用户缓解信息过载问题,所以对它的期望就是能够部署于用户、商品规模庞大的产品业务系统,并发挥良好的中间作用,不仅要接受数据体量的考验,还会面临用户的不断增长,物品的不断变化等约束性问题。在这些条件下,想要一次性地快速计算出用户偏好生成推荐结果,并满足用户或厂家在意的各项指标是十分困难的。因此,为了能提高推荐的综合质量,通常需要将一个完整的推荐服务拆分成若干个环节,分工协作来完成一次相对优质的推荐。在这一节里,首先介绍推荐系统的总体业务流程,再对其中的某些重要环节进行着重讲解。

2.1.1 推荐总体流程

在生产环境下,一套完善的推荐系统要涉及众多繁杂的业务流程和核心模块。首当其冲的就是推荐所需要依赖的数据,当前主流的推荐算法大部分是基于机器学习、深度学习等优化的方法来进行推荐。因此,再好的模型也需要收集到足够多的、高质量的数据才能支撑住模型的精度。在推荐系统里,被用到的数据主要有:用户信息、物品信息、用户对物品的历史交互数据。在这一环节中,要尽可能多地收集这些数据,并进行数据清洗、数据处理等工作,可以说数据收集模块是整个推荐系统的基础和关键部分。和典型的机器学习一样,在收集并处理完所需的数据后,会进入特征工程环节,在这个环节中,要把上一步收集到的用户数据、物品数据进行特征化,把原始数据转换为机器学习模型(如逻辑回归、神经网络等)能接受的训练数据格式。好的特征工程能使得模型的表现得到显著提升,即使在简单的模型上也能取得不错的效果。

在数据收集和特征工程完成后,一个推荐系统所需要具备的基本条件就准备完成,下一步就是利用已有的数据来训练推荐模型,并产生推荐结果。在工业界,用户规模和物品数量都是十分庞大的,想要一次性从百万、千万甚至更多的物品中筛选出用户可能感兴趣的数个、数十个候选物品是十分困难的,因此这个环节在行业内又通常被划分为三个部分:召回、排序、后处理调整。召回的目的是从海量的商品库中快速寻找到一小部分可能作为推荐备选项的商品,这一阶段的最大要求就是算法效率,快速地将原始数据从数千万的级别缩小到几百到几万的数量级;在排序阶段,再利用更精细化的算法,从千百级别的物品中生成数十个物品组成的候选列表;最后在调整阶段,对排序阶段得到的结果再进行一些后处理,例如,利用一定的过滤规则,去除掉用户已经访问过或者已经没有库存的物品,或者当排序后的推荐列表数量不够时,随机挑选一些热门物品或不同分类的物品进行补充,既能增加推荐结果的多样性,也可以适当地对用户偏好进行测试,引导用户往其他方向发散兴趣。

一个优质的、完善的推荐系统在提供一次推荐列表后,系统还需要对推荐的效果进行持续跟进,这一环节里通常会利用前端 UI 埋点来收集用户对推荐列表的后续反馈,进一步跟踪用户交互,扩充系统所能利用到的用户交互数据,从而有助于提升后续的推荐模型精度。同时,系统对推荐结果的准确度等指标进行在线测试,从而能对使用过的推荐算法进行评测,有助于选择更适合当前系统的推荐模型。

2.1.2 召回环节

一般而言,推荐系统会部署在具备海量数据基础的电子应用中,对于数据规模很小的系统,个性化推荐的意义不大,并且数据也无法支撑推荐算法的需求,而在数据体量庞大的系统里,推荐算法中所遍历的物品数目是十分惊人的,可能在为某一个用户进行推荐时,算法总体所需要加载到内存中的物品要以百万、千万计数。如果将深度学习模型或者其他时间复杂度较高的精细推荐模型用于全部物品库,每个物品都计算预测评分后再排序,很显然会给系统带来严重的性能负担,并且用户也无法接受冗长的推荐过程,试想用户在登录首页时,光是第一次针对首页场景的推荐都花了十几秒,用户还有可能愿意保留这一款应用吗?

为了缓解上述问题,在工业化推荐系统中一般都会使用召回策略,先将庞大的可推荐候选物品数量规模降低。在召回阶段中,我们希望能够把需要进行精细计算的物品数量级从百万、千万级别降低到百位数或者千位数,这里的处理步骤应尽可能简洁,在保证有一定准确性的前提下更多地考虑召回算法的效率,之后再将缩减后的召回列表输送到排序接口中,通过使用更精细化的算法对物品进行排序。在召回步骤里,对算法最核心的要求就是简单高效,同时保留一定的结果准确度,防止输送到排序接口中的物品完全缺乏可推荐性。

在第 1 章推荐系统概述中,利用基于内容的推荐来阐述推荐系统的原理。在召回环节中就可以使用基于内容的离线召回,这里以电影推荐为例,假如系统中记录了一名用户的历史观看行为,那么可以根据以往看过的电影关联到相似电影并作为推荐结果。通过加载数据库中用户的历史播放记录,能够得知用户以往对哪些电影进行过观看、点赞和收藏等行为,接着依靠事先通过一定规则计算出的电影相似表,获取与用户已交互的电影内容上最相似的其他几部电影,再利用过滤器将用户已经看过的电影去除,防止重复推荐,最后将过滤后的电影集合作为召回列表传递到下一阶段。

在工业界,通常会使用多路召回的策略,如图 2-1 所示。首先,分别通过多个不同算法独立地进行召回,再采用分级融合、调制融合等处理手段来融合不同算法得出的召回列表。针对不同的业务场景、不同的数据体量,所需的召回路数往往也需要进行调整,在后面的章节中会介绍更多先进的推荐算法,这些算法大多也都可以用于离线召回阶段。

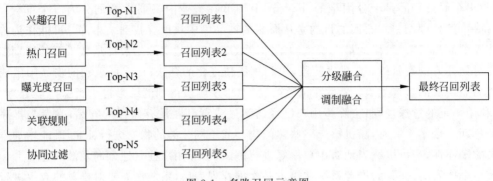

图 2-1　多路召回示意图

2.1.3　排序环节

排序阶段是对召回阶段生成的召回列表进行一个再过滤、再排序的过程,如果召回列表的数量仍然过多,也可将排序阶段分为粗排序、精排序两个子环节。粗排序阶段主要是通过一些简单排序模型进一步地缩减需要精细排序的物品数量级,精排序阶段就可以使用更复杂的模型来专门地提高推荐准确性。之所以要有排序阶段,一个重要的原因是:针对上一步多路召回,我们无法对不同召回策略生成的结果进行对比,无法简单地利用加权等方式给两路结果集中的物品分辨出评分高低,因此可以将所有召回结果集中的物品集合起来,再统一地输送到排序模型中,利用更精细的推荐算法重新给各个物品打分。召回的结果只用来决定某个物品是否可以进入到排序环节,而不干预物品最终是否推荐给用户。

如图 2-2 所示,排序操作也是一种复合操作,可以由多个算法组合,并在系统的不同发展阶段设计不同的排序目标。

(1)业务发展初期,业务目标比较简单,往往会选取一个指标来重点优化,例如点击率,这时候排序的过程就可以看作对召回列表中物品进行点击率预估的过程,通过点击率预估模型来计算列表中每个物品可能被点击的概率,并依据点击率高低生成排序结果列表。

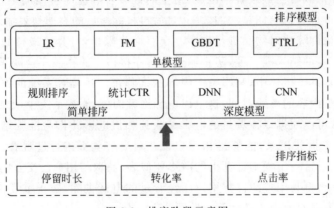

图 2-2　排序阶段示意图

（2）在业务发展到中后期，就会发现单一指标对整体的提升已经非常有限了，或者说会出现很多问题，这个时候，往往就会引入多目标排序来解决这些问题。为了提高推荐结果的质量，有时也会加入转化率预估、停留时长预估等多方面的指标进行排序列表。这个时期，系统也积累了丰富的数据来支撑更为精细的排序。

2.1.4　后处理调整

在经过召回、排序（粗排序、精排序）等环节处理之后，已经为用户生成了相对完整的推荐结果列表。但是为了进一步提高推荐结果的质量，还需要进行一定的规则处理，这一环节通常也可以称为后处理调整环节，常见的处理有去重、多样性保证和广告插入等。这一阶段会根据产品定位进行调整，主要目的是提高用户的使用体验。

如图 2-3 所示是一个百度新闻首页推荐界面，用户在浏览首页的同时，如果对个别被推荐的新闻不感兴趣，用户此时可以单击新闻旁边的圆叉图标，标记这条新闻为不感兴趣的新闻，推荐系统在后处理调整阶段将会删除这些进入排序列表的内容。通过设置显式反馈环节，用户可以直接告诉推荐系统自己不喜欢的内容以此来减少这类内容的推荐，这样可以大大改进用户的使用体验。

图 2-3　用户显式反馈"不感兴趣"

2.2 推荐系统的主要业务模块

了解完推荐系统的主要业务流程后,下面将介绍一个完整的推荐系统所涉及的主要业务模块,如图 2-4 所示[2]。

图 2-4　典型推荐系统的业务过程和业务模块

下面将针对以上流程,分别介绍各个业务模块。

2.2.1 数据采集与处理模块

数据相关的工作包含:数据采集、数据处理,具体流程如图 2-5 所示。

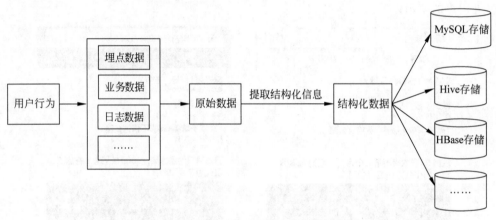

图 2-5　数据采集与处理

收集数据是构建一个完整推荐系统的第一个步骤,推荐算法的训练需要收集很多的数据,包括用户数据、物品数据以及用户对物品的历史交互数据。如果没有足够的数据来训练模型,再好的推荐算法也发挥不出其作用。

在工程应用中,数据收集有很多方法,例如,页面前端埋点、用户日志报告等。当用户使用产品或者访问站点时,后台会记录并为其创建用户行为日志,从而获取到用户的行为数据。由于每个用户对产品的喜好不一,因此收集到的每个用户的数据集也各不相同,随着时间的推移,收集到的用户相关数据会越来越多,通过一系列数据分析后,推荐的结果也会更加精确[1]。

数据采集完成后要对数据进行处理。由于原始的数据很多是非结构化的,甚至会含有脏数据,需要利用一定的规则进行数据清洗,过滤脏数据,保证数据的质量。接下来要从收集到的原始数据中提取关键结构化信息。在电商行业,这种结构化信息包含用户的购买历史、收藏记录、点击历史、浏览时间、物品的种类等关键信息。接着,将得到的结构化数据进行存储,通过系统后台编写的业务逻辑访问数据存储接口,将数据存储到数据库中。理论上,提供给推荐算法的数据越多,推荐的效果就会越精准,当用户规模很大时,可以采用HDFS、Hive、HBase等大数据存储系统来存储。

2.2.2 特征工程模块

现代推荐系统可以看作机器学习的一个应用场景,网络上流行一句话,"数据和特征决定了机器学习的上限,而模型和算法只是逼近这个上限而已",在推荐系统中,特征工程通常能够起到很重要的作用。特征工程是对数据进行表示,想把模型无法直接学习的用户、物品等信息转换为模型能够学习的输入,特征工程应该尽量多地表达数据的信息同时让模型尽量容易地学习到这些信息。推荐系统可以基于统计学习、机器学习等方法为物品习得特征向量,为用户建模用户画像,然后根据用户偏好与物品之间的相关性为用户推荐物品。如图 2-6 所示,训练这些推荐算法模型的数据通常都会进行特征化,被表示成模型进行学习的输入,通常包括离散特征和数值特征,其中,离散特征被表示成向量。所以特征工程的目的是,将数据表示成算法可以学习的特征形式。

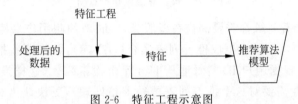

图 2-6 特征工程示意图

在实际的工程应用中,特征工程往往更加复杂,系统开发人员需要根据业务的流程、数据的特点以及准备调用的算法模型来选择不同的特征处理方式。不同场景下的推荐服务会选择不同的特征,例如,上述新闻推荐领域中最重要的特征是发布时间、热度,电影推荐领域中最重要的特征是类型、评分、演员等,外卖服务推荐中最重要的特征可能是菜品、店铺层次、买家评论等,这些特征处理的方式也各不相同,需要很多的技巧、经验和行业知识。

2.2.3 推荐算法模块

推荐算法毫无疑问是整个推荐系统最为核心的部分,推荐服务根据所调用的推荐算法,在用户登录系统时从物品集合中筛选出用户感兴趣的物品,该模块的设计是不仅要与前面提到的数据收集、处理和特征工程相对应,也要根据具体的推荐系统业务设计。推荐算法的目标就在于可以精准建模用户的兴趣偏好,进而可以精确地预测用户的喜好,并可以处理实际系统中的各种问题,如大规模数据和的计算效率问题。

经过 20 多年的发展,工业界和学术界出现了数以千计、万计的推荐算法,如前面提到的基于流行度的推荐、基于内容的推荐、协同过滤推荐、混合推荐等。和其他机器学习模型一样,推荐算法一般也涉及模型训练和预测两个步骤。首先,将训练样本经过特征工程处理后的特征向量喂给模型,不断地训练直至模型收敛;训练完后,输入预测样本,模型就能得出预测结果(评分,或者推荐列表),具体流程如图 2-7 所示。这也正对应着建立用户兴趣偏好和根据用户兴趣进行推荐的两个过程。将这两个过程做到尽量解耦合、灵活通用、快速迭代,才能构建质量高、泛化能力强、适用场景广的推荐系统。

模型预测生成的推荐结果,会经过过滤和排序,形成最终推荐列表,进而推送给用户完

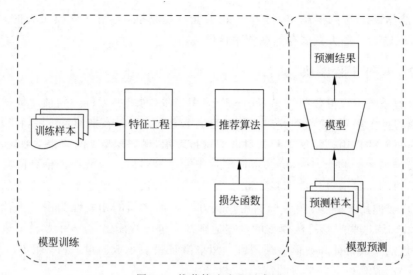

图 2-7　推荐算法流程示意图

成推荐任务。通常推荐系统都需要提供在线服务，实时地预测用户兴趣，可以采用"空间换时间"的方法，预先为每个用户生成推荐列表集合（U2I库），并将这些推荐结果存储下来，在需要推荐的时候，根据用户 ID 实时地从 U2I 库中检索列表，这样推荐系统可以完成实时推荐（实际上，可能需要对这个推荐列表再做求精处理），更快地为用户提供推荐服务，提升用户体验。这种 U2I 列表是事先计算存储的，因此一般需要每天定期更新才能保证准确性。

2.2.4　用户交互模块

典型的推荐系统都是通过 Web 或者移动 App 应用将推荐列表呈现给用户，并与用户交互。用户通过自己注册的账户可以登录应用并进入首页，从而接受应用提供的推荐服务。如图 2-8 所示为百度新闻 App 的用户交互界面，产品采用了上滑和下拉两种更新推荐结果的策略，用户可以通过上滑更新推荐结果，也可以使用下拉刷新获取更多的推荐列表，智能手机的发展也使得用户更容易获取推荐服务。

用户交互模块是推荐系统中很重要的环节，好的 UI 交互在一个推荐系统中会发挥出巨大的作用，例如，简洁流畅的 UI 交互设计，用户可以不用过多地注重操作，而将自己的注意力放在使用产品上，这提升了用户获取信息的效率。因此，将推荐结果以友好、简洁的方式呈现给用户，让推荐内容与用户之间接触更紧密、更自然，从而提升内容被点击的概率，获得粒度精细的用户交互日志，为推荐算法模块进一步提供更丰富、更准确的数据，不断迭代提高推荐服务的推荐质量。毫不夸张地说，在推荐系统中好的 UI 交互设计起到的作用甚至不比算法小。

一个好的推荐系统用户交互模块的设计要遵循以下四个原则[3]。

（1）反馈要及时。人眼捕捉画面的速度在毫秒级别，这就要求 UI 交互要自然流畅，响应速度快，一般要将响应速度控制在 200ms 之内，如果响应速度大于 200ms，人眼就会感觉到明显的刷新延迟，用户体验将大打折扣。前端 UI 连接的后端推荐接口服务的设计开发要做到满足大规模并发访问，配合前端 UI 为用户提供体验良好的推荐服务。

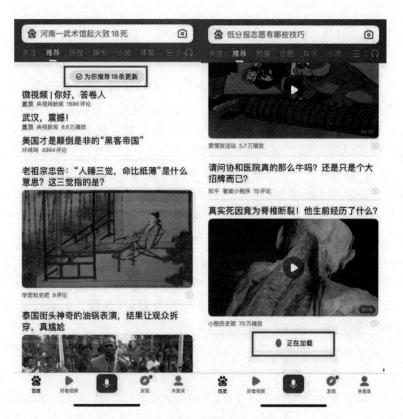

图 2-8 百度新闻推荐更新策略

（2）能够快速进行下一次推荐。当用户对某个推荐内容不感兴趣时，系统可以迅速为其进行下一轮推荐，例如，现在的新闻资讯、短视频等互联网应用中，用户可以快速从商品详情页退出到推荐列表页，继续进行其他内容的详情查看。用户也可以直白反馈他不喜欢该类型的内容，后台推荐服务可以收集用户的这种直白反馈，用在推荐系统的第三个步骤——特殊规则处理阶段。

（3）减少用户的操作成本。例如，在移动互联网应用中，用户需要在手机中做相应的交互动作以获得推荐服务，这就要求在设计交互策略的时候考虑到用户的操作成本和操作习惯，尽量减少用户的操作时间，让更多的用户喜欢推荐产品的交互方式，最终也会有更大概率获取（点击、购买）自己喜欢的物品，为平台带来更多的流量和收益。当今许多视频推荐软件，当用户点击观看一个视频的同时，会自动获取该视频的相似推荐，用户几乎不需要操作成本就获得了推荐服务。上述的百度新闻 App 的首页推荐中，用户通过上滑和下拉的更新策略就可以获取推荐服务，这些交互设计原则都是为了减少用户的操作成本。

（4）减少用户的学习成本。当前大部分推荐产品都采用了触屏交互的方式，触屏交互作为一种简单、高效、快捷的交互方式，几乎没有任何学习成本，用户直接通过触屏交互就可以从推荐产品中获得推荐服务。此外，推荐产品的交互形式（上下、左右滑动）也需要跟产品的其他模块保持一致，用户不需要花费大量的时间成本学习各个模块的使用方式，而是上手就可以使用，同时要保持整体视觉风格的一致性。这些交互设计原则都是为了减少用户的学习成本，提升用户体验。

2.3　推荐系统架构设计

　　推荐系统的作用在于把用户可能感兴趣的物品推荐给用户,它是连接用户和物品之间的桥梁。在推荐系统的总体业务流程介绍中,推荐系统尽可能地收集用户特征,之后构建用户兴趣偏好,以此生成推荐列表推荐给用户。然而,用户特征是非常多的,推荐系统的推荐任务也有很多种类,如:①将最新加入的物品推荐给用户;②给用户推荐不同种类的物品,例如,淘宝会推荐衣服、电子产品、图书等各式各样的物品;③给用户混合推荐,把衣服和电子产品放在一个推荐列表推荐给用户。当我们需要把所有的用户特征与推荐任务结合后,推荐系统的架构设计就会变得相当复杂。一个可行的办法是使用一个推荐引擎负责一类特征和一种任务,之后将这些推荐引擎得到的不同结果按照一定的策略进行合并,组成推荐系统的整体架构,如图 2-9 所示[4]。这样做的好处有:①大大简化了推荐系统的架构设计,便于不同推荐策略的快速插拔,有助于线上生产环境中推荐算法的迭代优化;②设计出的推荐系统可以通过不同的推荐引擎来获取用户不同的反馈,实现推荐引擎级别的推荐策略更新,丰富用户的使用体验。

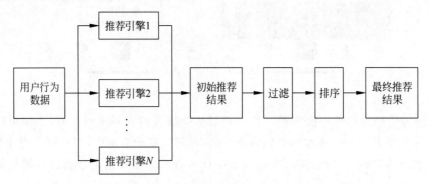

图 2-9　推荐系统架构设计示意图

　　由图 2-9 可以看出,推荐引擎是推荐系统中的基本构成单元,一个推荐引擎由某一种推荐算法及其对应的数据组成,也是决定一个软件平台推荐效果好坏的关键。本节将以电子商务平台为背景,给出其推荐系统整体构架,然后从数据、算法和系统三方面做详细介绍。

2.3.1　总体业务架构

　　推荐系统的总体架构层次可以分为三层:数据层、算法层、系统层,如图 2-10 所示。

　　在推荐系统的前端界面中,可以通过埋点设计、生成用户日志报告的方式采集各类业务数据,包括:用户数据,物品数据,用户历史交互数据,并对这些数据进行处理、存储。然后,采用相关策略对数据进行挖掘分析,并根据具体的推荐算法经过召回、排序、后处理调整等步骤计算得到推荐列表,最终将推荐结果应用于各类推荐场景(对应图 2-10 中的系统层),如电子商务平台的首页推荐、相关推荐等。

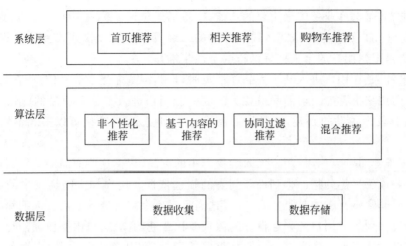

图 2-10　推荐系统总体架构

2.3.2　数据层

在推荐系统以及其他数据驱动的人工智能应用中,数据层大多可以细分为两个部分,包括:数据收集和数据存储。在数据层中,需要通过人工或自动化的手段,结合一些数据处理软件对推荐平台产生的日志数据进行清洗、过滤,这些日志主要是用户在体验推荐服务时产生的各类交互数据,我们要根据算法迭代的需要,将数据转换成合适的格式,再存储到硬盘中。以电子商务平台的推荐系统为例,数据层的数据主要包括:用户的特征数据(主要是人口统计学信息,包括用户的年龄、性别、国籍和民族等用户在系统注册时所提供的信息),物品特征数据(即物品自身的属性信息,如物品的价格、类别等)、用户行为日志数据(如用户在系统中的浏览、搜索、点击、收藏、购买等各种操作日志),其中,用户行为日志数据来源于前端和后台的数据埋点。

2.3.3　算法层

算法层基于数据层,也是推荐系统中重要的环节,如前所述,主要分为召回和排序两个阶段,如图 2-11 所示。上文中对召回环节和排序环节进行了详细介绍,召回环节实际上是为了降低计算量的角度考虑的一种粗略过滤,包括多种召回策略,例如,流行度推荐、关联规则挖掘、协同过滤等。排序环节一般是采用机器学习的方法来实现的,例如,逻辑回归、因子分解机模型、梯度提升决策树模型、模型融合以及深度神经网络模型等,基于这些基础机器学习模型,可以对物品的点击率、转化率等指标进行排序。

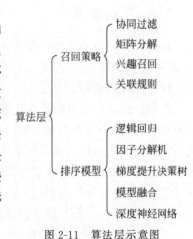

图 2-11　算法层示意图

2.3.4　系统层

系统层包含推荐系统展现给用户的功能模块,它更接近于产品的业务。下面将介绍常用的三种功能应用。

"首页推荐"是电商业务中最重要的功能,推荐场景包括：系统首页、不同类别的二级页面,其目标是让用户进入系统或进入物品分类的二级页面时可以快速找到他们想要的商品信息,这主要是根据用户的个人偏好进行的个性化推荐。

"相关推荐"是在用户进入某个商品详情页时,待其浏览完当前商品信息,在页面的底部或侧部列出向用户推荐与当前商品最相关的商品。用户进入了某个商品的详情页,可以认为对该商品有较为主动的兴趣,基于该商品进行相似度发散,往往可以得到不错的推荐满意度。

"购物车推荐"是通过分析用户加入购物车中的商品,根据这些商品的类别、价格等信息找出用户需要或感兴趣的物得到推荐列表的筛选依据。用户加入购物车中的商品,是用户准备购买或非常感兴趣的品类,用户在挑选商品时也会将备选的商品放入购物车。因此,购物车中的物品列表对用户的兴趣偏好的体现要比普通的浏览、单击操作强烈得多,根据购物车向用户推荐感兴趣的商品是一个非常重要的场景,在电商平台中由"购物车推荐"带来的转化率非常高。

2.4 线上系统的 A/B 测试

在一个推荐服务从架构设计到模型训练等一系列步骤完成后,最重要的就是要将服务功能上线,利用个性化智能推荐的灵活性,为产品带来真实收益。出于系统稳定性和健壮性考虑,在正式上线推荐服务之前,往往不会完全改变以往应用产品的架构,而是要通过 A/B 测试的方式,将产品扩展成两种方案并存。一部分集成新的推荐算法服务,另一部分沿用之前的版本,作为测试对比。因此,在测试过程中,必须提供渠道来考核新的推荐算法方案的效果。为此,在 A/B 测试中,会在系统内开放诸多接口,部分接口负责推荐数据和结果的传输,部分接口负责性能的检测与评定,接口之间相互配合调用,完成整个线上系统的测试过程的自动化。

2.4.1 前端接口

前端接口是服务于客户端界面的接口,一般可以分为三类：前端数据接口、前端埋点接口、前端打底接口。

1. 前端数据接口

前端数据接口为推荐系统生成的推荐结果服务,在应用中,系统会根据不同用户的不同访问场景,生成不同的推荐结果,但大多数结果都以推荐列表的形式呈现。因此,前端数据接口需要能调用后台的推荐算法服务,而后台服务需要通过某种形式,将算法生成的推荐列表输出返回给前端。例如,在电商平台的 Web 页面中,都会使用基于 HTTP 请求完成前后端交互,一般使用简约的 JSON 列表的形式,返回输出结果列表给前端页面,列表的每一项都表示一个物品,一般可包含物品的 ID、标题、属性、示意图等必要字段。前端系统根据业务需要在界面上渲染这些数据。

2. 前端埋点接口

前端埋点是线上测试的基石,系统在埋点后收集到的数据将直接用于推荐模型的构建和训练。埋点是在系统前端页面的特定访问位置通过设置一些自定义的标志来收集用户的交互信息，从而跟踪用户在软件上的使用细节状况，为后续用来进一步优化产品或是提供更为详细的数据支撑。在推荐系统中，埋点数据包括：曝光、点击记录、转化率、页面停留时长等，这些数据的采集都需要开发人员在客户端的相应位置节点通过设置埋点来完成。为了叙述清楚，下面给出推荐系统中经常说的曝光、点击、转化、停留时长的解释。

（1）曝光：系统为用户请求一次推荐服务而返回的商品列表叫作一次曝光。

（2）点击：用户在 PC、手机界面上点击推荐结果列表上的某个物品，进入物品详情页叫作一次点击。

（3）转化：用户在物品详情页上进行观看、购买、收藏等操作叫作转化。

（4）停留时长：用户在商品详情页上的停留时间。

由于在一个系统上，用户对物品的访问不仅来自智能推荐的结果，也可能是用户主动搜索或者广告运营活动等场景下对物品的点击，为了辨识出某次访问是由推荐服务（而非其他原因）带来的交互，需要在用户访问链接 URL 地址中埋入推荐的相关参数（也就是常说的埋点），这样便于以后推荐算法的性能评估，便于更有效地迭代推荐算法。

通常埋点参数会被设计成一个形如 URL 格式的字符串，包含：曝光唯一序列号、推荐位标识、召回号、排序号、规则号、展示号等字段，这些字段将会作用于后续机器学习模型的训练样本制作和推荐效果评估[5]。我们以电商平台中商品推荐为例，埋点参数主要分为商品列表参数和单个商品参数两类。

（1）推荐接口返回一个商品列表，会对应返回一个列表参数，包含曝光序列号、推荐位标识、召回号、排序号、规则号等字段。

（2）返回的商品列表中，每个商品会对应返回一个单个商品参数，除了商品列表中包含的参数，还额外添加了单个商品的 ID 字段。

客户端得到推荐接口返回的埋点参数后，会将列表参数埋入到曝光日志中，将单个商品参数埋入到点击日志、转化日志和停留时长日志当中。最终埋点日志中有了这些参数后，便可基于曝光唯一序列号将曝光、点击、转化、时长数据结合起来，产生模型训练样本。

3. 前端打底接口

前端打底接口负责在推荐服务出现异常时进行兜底工作，在生产环境下，推荐系统往往会通过集群和分布式等架构操作来保证其高可用。当出现机房故障，客户端网络故障以及硬件故障等异常情况时，应用无法调用前端数据接口，使得推荐系统瘫痪，这就要求前端 UI 模块必须有本地打底策略，即在后台推荐算法无法返回列表数据时，保证具体业务仍然能够显示看起来像是推荐服务提供的"物品列表"，避免出现页面/App"空框事故"。如图 2-12 所示为前端打底示例。

2.4.2 数据读取接口

推荐结果的生成是一个复杂的过程，算法过程中需要访问用户总库、物品总库和用户交互数据等结构化数据，对多类数据进行综合处理，以此来产生推荐。因此，需要设置数据读取接口，它负责从后端各种应用服务业务读取这三类数据。这一数据读取接口与前端数据接口功能不同：前端数据接口是前端展示推荐结果时调用的接口，它的数据流向是从服务端到客户端；而数据读取接口是为了读取数据库中记录的大量源数据来给后台推荐算法进行计算，它的数据往往是在服务端内部不同业务模块之间的相互调用。

图 2-12　前端打底示例

在生产环境下,由于用户和物品数量巨大,为了能够快速响应前端请求,加速算法层与数据层的交互,一般需要采用分布式存储的策略实现大数据下的数据读取。企业可能需要将用户记录、物品记录和交互记录分别存储在不同的主机上,甚至当数据量不断增长时,一台机器已经无法支撑单类数据的存储和访问速度,此时就要对数据进行分库分表存储。虽然分布式存储带来了数据的灵活性,有效地提高了单台机器的访问速度,但也引入了复杂的数据读取问题。

一方面,在分布式条件下,数据可能分散存储在多台机器上,但它们逻辑上应该被视为一个整体,需要做到推荐算法在调用时直接针对某批数据,而无须考虑访问某台机器,这就要求数据读取接口能够对算法层透明,保持隔离的状态,推荐算法通过读取内部数据接口即可透明地获得对应的数据,而不需要关心数据的具体存储策略。由数据读取接口来协调数据存储服务器,这需要提前设计好分布策略,常用的可以按照哈希进行分布,推荐系统中的数据大多具有明显的数值型主键,适合通过哈希运算来分配存储位置,例如,针对分布式的交互记录存储,通常数据接口都是按照用户 ID 或物品 ID 来查找一批交互记录,那么可以根据 ID 进行哈希,计算出哈希值并依靠哈希值判断数据应该被存储在哪台服务器,从而保证存和取的一致性。

另一方面,分布式存储需要可靠性高的远程服务通信功能作为支撑,当存储某批数据的机器出现故障时,极端情况可能会造成整个数据层甚至算法层的阻塞。这要求整个系统的设计应考虑到高可用性,可以通过集群化配置,多台机器存储同一批记录,当一台机器故障时,数据读取接口可以很快得到响应,并做出决策从集群的附属机器中获取数据来传递给算法层,防止单点故障带来的巨大损失。

2.4.3　测试及评估接口

推荐系统的测试接口是在个性化推荐服务上线之前,对整个业务流程进行安全、质量、算法效果等进行测试的工具,是生产环境下使用频率较高的支撑模块,应确保它的设计足够规范化,这样可以快速和各种推荐算法适配,和产品线实现松耦合的闭环。

在行业的生产环境下,推荐算法的精准度高几个百分点可能没有那么重要,重要的是推荐系统能够根据其具体业务不断更新、快速迭代。由于不同的业务场景下会采用不同的推荐策略,在整个业务流程的各个阶段中都会有多种可选方案,推荐的整个流程是这些可选方案的组合,所以不光需要有单个模块的测试,还需要对各种组合进行考量,当有新的推荐策略加入时,也要能迅速地将其组合到整体推荐流程测试中,生成测试报告。

因此,系统的测试接口要负责对推荐系统各业务流程的模块进行封装,从而能自由、方便地组合调用,通常测试接口会把业务流程封装为三个具体的层次:接入层、逻辑层和数据层,如图 2-13 所示。接入层是直接和客户端交互的入口,用户进入客户端时,前端界面会发出请求到后台服务器,接入层处理请求,根据业务逻辑分发请求到各个推荐主体服务中。当访问请求到达逻辑层时,推荐主体会在内部进行二次判断,根据请求中携带的用户 ID、物品 ID、召回号、排序号等参数,调用相应的推荐算法,生成推荐结果并封装到请求的响应中;之后,该响应便会携带着推荐结果和原请求中的参数,逐步发送到数据层,最终被系统记录到测试日志里,用于算法的效果验证。

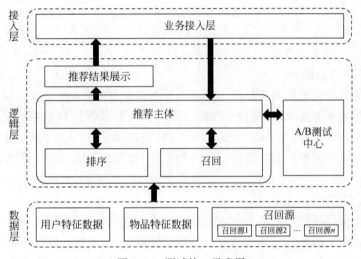

图 2-13　测试接口示意图

测试接口是生产环境下使用频率较高的支撑模块,应确保设计规范化,这样可以快速和各种推荐算法适配,支撑推荐算法的快速迭代,和产品线实现松耦合的闭环。

算法评估是用来确定推荐算法是否有效的重要途径,在第 1 章里提到,推荐算法的评测可以分为:离线评测、在线评测,其中,离线评测广泛应用于学术界的科学研究,而工业界使用得最为广泛的还是在线评测,其中在线评测最典型、最实用的便是 A/B 测试。当使用 A/B 测试对用户访问进行分流后,可以对分流后的两组用户集合进行对比,通过圈定某两个用户集合作为对照用户组,通过系统日志观察这两组用户对应的实际指标(点击、转化、停留时长)的优劣,从而得出 A、B 两种推荐算法哪个实际效果更好。实验如果证明新的推荐算法更优,可以逐步扩大其应用范围直至推广到全流量;反之,如果实验效果与理论情况下不符合,则应该进一步确认问题所在,调整策略或修改模型等。

2.4.4　监控接口

对于整个推荐系统,还需要建立完善的效果监控平台进行全过程的实时监控,以便及时跟踪用户的行为数据,分析系统的不足以及后续的算法改进发力点等,同时也需要时刻监控推荐系统的运行状况,以保证平台业务的正常运行。一个完整的监控体系要同时能观测到源数据、上线的策略、算法模型以及推荐性能等内容,可以把要监控的数据项分成以下三块。

1. 用户层面监控

用户层面监控主要作用是快速发现用户来源成分、用户属性分布是否发生变化。用户的属性分布一旦发生变化,必然导致其在产品中的行为和偏好发生变化。因此在用户层面的监控主要从留存用户维度来进行区分监控,因为有时候用户层面的数据变化是一个逐渐累积的过程,整体的推荐效果表现就是缓慢地持续下降,这样的情况特别难查到原因。通常,我们需要监控用户的渠道来源分布、地域分布、手机设备分布等。渠道来源是指用户在客户端使用的软件下载安装来源,例如,使用安卓手机的用户可能是从手机软件商店下载,也可能是从官网下载,也有可能是腾讯应用宝、百度手机助手这些渠道而来,不同渠道的用户在行为习惯和属性上面也是有差异的,在构建用户画像模型和冷启动的策略时都是会用到的。地域层面是指不同地方的人偏好可能会有差异,地域人群分布的变化对于本地化内容推荐可以说是有决定性的影响。手机设备能从侧面反映出用户的消费习惯和消费能力,甚至是性别。总体来看,手机设备单价高的用户,消费能力相对较高,这也是影响我们每天推荐内容分布的一个重要因素。

2. 物品层面的监控

用户层面的监控更多的是保证可推荐资源分布的稳定,在各种维度召回策略下都有足够的推荐候选物品资源支撑,以达到个性化推荐的效果和目标。这里主要根据物品的自身属性来设置监控,不同的物品,可监控的属性不同,例如,短视频的属性主要有主题、关键字、时长、类型等,可以先对整体的品类数据有一个监控,然后在品类下对更细粒度的数据分布进行监控。

3. 上线内容监控

上线内容是推荐系统监控的重点,在敏捷开发、持续集成的规则下,每天都会有各种策略、实验上线,这些上线内容是影响推荐效果最直接的因子,所以在监控项目中,将上线内容项再细分拆到 UI 交互、算法策略两方面。UI 交互层面需要考察前端样式、用户操作方式等对于指标的影响,UI 设计的改变对于各指标的影响会非常敏感。算法策略层面是上线监测项中最密集的,也是决定最终推荐什么内容给用户最关键的一步,召回策略的调整、排序模型的改变,包括模型本身和训练数据的改版,以及量控、打散等后处理干预手段也会对推荐结果造成直接影响,所以对上线清单内容必须严加监控。

参考文献

[1]   推荐系统如何处理数据. https://blog.csdn.net/firstcilck/article/details/99749768.
[2]   推荐系统的工程实现. https://www.toutiao.com/i6793470761404203524/.
[3]   推荐系统的 UI 交互与视觉展示. https://blog.csdn.net/qq_43045873/article/details/104075356.
[4]   项亮. 推荐系统实践[M]. 北京:人民邮电出版社,2012.
[5]   58 同城智能推荐系统的演进与实践. https://www.toutiao.com/i6677875462611403276/.

第3章

机器学习算法基础

本书前两章分别对推荐系统的一些基本概念和生产环境下的推荐系统进行了介绍。
1.2.3 节里,利用基于内容的推荐算法作为引例,介绍了推荐系统的原理,其实个性化推荐
系统的核心是其背后的推荐算法,无论是学术界还是工业界,推荐算法的发展都是推荐系统
应用不断发展的基石。从 1997 年"推荐系统"这一名词第一次被提出,到目前为止经过了二
十多年的发展,推荐算法也从基于统计的方法逐渐过渡为基于机器学习、深度学习的方法。
现在的研究人员对推荐算法的创新,最主要的思路也是以机器学习作为主体,通过数据驱动
模型的方式解决问题,许多推荐算法中都可以发现机器学习的影子,而机器学习中的很多理
论也指导着推荐算法的发展。学习经典机器学习方法以及思考如何将机器学习运用于解决
实际问题的这种思路,对于学习和掌握推荐系统领域内的先进算法是重要且必需的一步,因
此,本章会从一些传统机器学习方法例如线性回归算法出发,逐步递进到更加复杂但效果更
好、更贴近前沿研究的方法,例如深度神经网络等,为读者后续学习推荐算法打下理论基础。

3.1 机器学习算法概述

为了让计算机解决问题,通常需要一个算法,将输入变换到指定的输出,实现特定的任
务。例如,排序任务中,输入为一组数字,计算机执行排序算法输出这组数字的有序排列。
然而,对于某些复杂的任务,无法直接通过编程来实现,尽管可以通过程序一步一步的 if-else
来设置所有的逻辑判断,当面对海量的条件时,强行实现算法难度太高且通用性不够。如果
能让机器像人一样自我学习,对各种条件有自己的判断,让机器能够学习识别图片,学习识
别语音等,就能够轻松应对这些复杂的任务。

对于排序任务,不需要排序数字就可以设计出能够排序的算法,然而很多应用程序,没
有一个算法,只有已知输入和输出的数据实例,能否让计算机自动提取这些任务的算法呢?
机器学习算法应运而生。机器学习是一类学习型算法,就是让计算机对一部分数据进行学
习,对另外一部分数据进行预测与判断。本节首先对机器学习的工作过程做详细的介绍,随
后介绍各个类型的机器学习算法的特点。

3.1.1 机器学习算法基本过程

机器学习是一类算法的总称,这些算法的作用是从大量历史数据中挖掘出其中隐含的
规律,并利用这种规律对新出现的数据进行预测。不要小看"预测"两个字,它的作用太大

了,几乎所有的问题都可以归结为预测,例如,图片识别任务中,机器学习可以预测未分类图片所属的类别;在语音识别任务中,机器学习可以预测未知内容音频所要表达的信息;机器学习甚至可以根据历史的股票信息预测未来股价的走势。实际上,机器学习过程与人类的学习过程十分类似,人类的学习是一个人根据过往的经验,对同一类问题进行总结或归纳,得出一定的规律——也就是我们所说的知识,然后利用这些知识来对新的问题做出判断(也就是所谓的预测)的过程。下面以小学生学习新知识的过程为例,来类比讲解机器学习中的有监督学习过程,如图 3-1 所示。

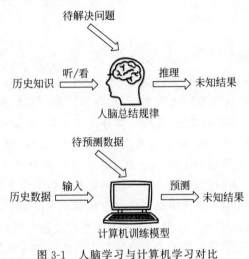

图 3-1　人脑学习与计算机学习对比

(1) 准备好将要学习的知识相关的习题册。

(2) 做习题,并通过"对答案"来纠正自己做错的习题。

(3) 经过多轮习题练习,此时的小学生已经掌握了一定的知识。

(4) 根据自己所学习到的知识,参加这部分知识相关的考试。

由上述过程可以看出,小学生通过做题学习新知识的过程很好地对应了机器学习中最主体的"有监督学习"的过程,具体对应关系如表 3-1 所示。

表 3-1　有监督机器学习与小学生学习过程对比

机器学习(有监督)	小学生学习
训练样本(对应大数据)	习题
样本标签	习题答案
训练过程(对应算法)	做习题过程(学习过程)
模型(训练的输出)	知识(学习的结果)
预测(代替人类做出判断)	考试(掌握知识加以运用)

由上述分析可见,经过一个过程的学习(训练)之后,模型对于新样本的预测能力相当于小学生在考试中的表现,在机器学习中称为泛化(Generalization)能力。泛化能力受诸多因素的影响,其中最为典型的是过拟合(Over-fitting)与欠拟合(Under-fitting)。过拟合与欠拟合也可以在小学生学习过程中找到对应物:①当小学生习题练习得不够充分时,在考试中就会遇到很多不会做的题型,导致考试成绩不理想——这种情况对应的是机器学习中的欠拟合问题;②而当小学生做了很多题,过分依赖所练习的习题(死做题),失去了对新题的

应变能力,即使同样的题目,只是换了数字,却也无从下笔,这也导致了考试的失利——这种情况则对应机器学习中的过拟合问题——过分追求逼近训练样本。

对于机器学习中过拟合的现象,通俗地说就是模型太过于追求拟合所有的输入数据,以至于把噪声数据的特征也纳入到模型的学习中,从而使学习到的知识过于"僵化",即从噪声中学习到"伪知识",这样在对新数据进行预测时表现出较差的泛化能力。在机器学习过程中,噪声和伪知识不可避免,我们能做的是尽量降低噪声以及其对应的伪知识的占比,从而提高模型的泛化准确性。因此,机器学习中解决过拟合的办法大体分为以下三种。

(1) 优化输入数据。重新清理数据,去除噪声数据,或者增加数据量,使得训练数据中噪声占比尽量小,有效数据占比尽量大。

(2) 调整模型损失函数。通过模型设计人员的经验和观察,在损失函数之后加入正则化项,例如 L1 正则化和 L2 正则化。其中,L1 正则具有对特征进行筛选的作用,去除噪声特征,L2 正则对大数值的权重向量进行严厉惩罚,使得网络更倾向于使用所有输入特征,而不是过度依赖于输入特征中的小部分特征。

(3) 修改神经网络结构。例如,在神经网络中通过 dropout 方法,使得神经元在训练的时候以一定的概率不工作,从而减少隐藏层节点之间的相互作用,从而达到防治过拟合的效果。

机器学习中出现欠拟合的问题常常是因为模型学习能力太弱,难以刻画数据样本背后隐藏的相对复杂的问题,无法学习到数据集中的"一般规律"——可以认为是"想得太简单了"。因此,解决欠拟合的主要办法就是要提高模型的学习能力,一种解决办法是选择学习能力更强的非线性模型(例如决策树、深度学习等);另一种办法是通过在现有模型上添加其他特征项,例如,考虑加入组合特征、更高次的特征等来增大假设空间等。

从数学的角度来说,可以将机器学习看作寻找一个映射函数(一般是非线性的),输入是历史数据,输出是预测的结果。通常这个映射函数会很复杂,甚至很难用具体化、形式化的公式来表达。机器学习的目标是使得学到的函数不仅在历史数据(训练集)上表现很好,更重要的是它同样能够适用于新数据(测试集)。

通常,让计算机来学习一个好的映射函数,要经过以下四个步骤。

(1) 使用特征工程处理原始数据。特征工程是机器学习工作流程的最初阶段,指的是把原始数据转变为模型的机器学习算法可训练的数据过程,其目的是能够获取更好的训练数据特征,是机器学习最重要的一方面。如果特征做得不好,即使再好的算法也难以获得满意的结果,例如,在猫狗分类任务中,使用毛色作为区分特征的效果远不如使用外形轮廓作为区分特征的效果,因为猫和狗的毛色种类较多且接近,而二者的外形轮廓存在着更为明显的差异。

特征工程一般包含两方面:特征抽取、特征选择。特征抽取是将原始数据转换成算法可以理解和使用的数据,经过特征抽取后得到的新特征是原来特征的一个映射,例如,先将图片每个像素点转换为一个 0~255 的灰度值,将这些点放入一个向量中;然后再将这个向量喂给算法进行训练。经过不断的训练,算法就能够根据这些向量学习出图片中是否有某一类别的对象。然而有时候,经过抽取后的特征维度很高,需要花费很大的算力,而且这些特征并不一定都是有用的,因此需要一些特征选择算法,对这些特征进行评估,筛选出最重要的特征,经过特征选择后得到的特征是原来特征的一个子集,例如,预测一个西瓜是否是好瓜时,原始的特征包含瓜藤、瓜蒂、颜色、花纹、运输方式等众多特征,经过特征选择后,将运输方式等无用的特征丢弃以减少不必要的计算。

（2）选择合适的机器学习算法。机器学习的目标就是通过训练样本得到稳定的、可以预测新数据的模型。这里的模型可以认为是两个方面的组合物：①某一种模型结构（如逻辑回归、朴素贝叶斯、神经网络等），相当于一种映射函数；②经过"附着"在这个模型结构（映射函数）之上的参数（这些参数就是模型训练之后得到的输出）。选择什么样的训练算法需要依据实际的问题而定，针对不同的问题，算法的设计和选择也有很大差异。因此，对于一个算法工程师来说，对各类机器学习模型的用途、优缺点的了解，以及对实际任务的分析并做出正确的模型选型进行训练尝试十分重要，也是算法工程师是否合格、优秀的主要衡量要点。

（3）定义损失函数。判断一个模型的好坏，需要确定一个衡量标准，即损失函数。通俗地说，损失函数是用来描述模型预测值与真实标签值之间的差距，而计算差距的方式则需要依据具体问题而定，例如，在分类算法中较为常用的是交叉熵损失函数，在回归算法中一般采用欧氏距离损失函数等。

（4）选择优化方法。定义好损失函数只是确定了优化的目标，损失函数的值越小代表模型对数据的拟合越好，如何通过大量的输入数据寻找到一组参数，使得这个损失函数达到最小，这就需要选择一种数学上的优化求解方法。对于使用机器学习算法解决应用型的任务（如推荐系统）来说，一般尝试使用一些通用型的模型优化算法，例如，梯度下降算法、Adam 优化算法、牛顿法等。

3.1.2　机器学习算法的分类

机器学习的算法有很多，在实际应用中，需要根据不同的应用场景选取合适的机器学习算法，才能发挥各个算法的作用，切实解决实际场景的智能化任务。机器学习算法根据不同的分类标准有多种不同的类别。

首先，根据需要解决问题的类型不同，可以将机器学习划分为：分类问题、回归问题、聚类问题。回归与分类问题都是研究一组随机变量（自变量）与另一组随机变量（因变量）之间的关系。用中学数学函数中的 $y = f(x)$ 为例来说，因变量 y 是指被影响、决定的变量，本身不参与运算，而自变量 x 则是指自身发生变化、改变并参与运算，最终影响因变量的变量。不同之处在于：分类问题所预测的数据对象是离散值，即有限的类别（如判断电子邮件是/否为垃圾邮件，肿瘤是恶性/良性等）；回归问题预测的数据对象则是数值型连续随机的变量，使用场景如房价预测、股票走势等连续变化的案例；聚类问题则用于在数据中寻找隐藏的模式或分组，将数据集中的样本划分成若干个通常不相交的子集，每一类中的数据具有更高的相似度，一般可应用于新闻聚类、文章推荐等场景。

其次，根据输入数据类型的不同，对于同一个问题的建模也有多种方式，在机器学习和人工智能领域，通常会考虑算法的学习方式，这样可以在建模和算法选择的时候能根据输入数据来选择最合适的算法以获得最好的结果。在机器学习领域主要有以下五种重要的学习方式，如图 3-2 所示。

（1）有监督学习。在有监督学习中，输入数

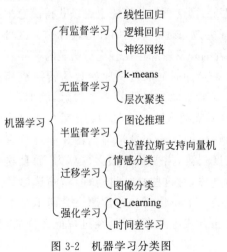

图 3-2　机器学习分类图

据被称为训练数据,且每个训练数据都有一个对应的真实标签,例如,图片分类系统中一个图片对应一个类别标签,邮件分类系统中每个邮件对应"垃圾邮件"或"非垃圾邮件"标签等。有监督学习的学习过程,是将模型的预测结果与训练数据的实际标签进行比较,不断调整预测模型的参数,使得模型的预测能力向着更准确的方向改进,以达到令人满意的准确率。有监督学习算法包含对回归以及分类问题的处理,常见的算法有线性回归、逻辑回归、支持向量机、神经网络等算法。

(2)无监督学习。与有监督学习最大的不同,无监督学习的训练样本是没有标签的,机器从无标签的数据中探索并推断出潜在的联系,为进一步数据分析提供基础。此类学习方式主要用于两种任务:①聚类,在聚类任务中由于事先不知道数据的类别,因此只能通过分析数据样本在特征空间中的分布,从而将数据集中的样本划分为若干个不相交的子集,把相似的数据聚为一类,常见的无监督聚类算法有 k-means 与层次聚类等算法;②降维,即减少数据变量中的维度,很多时候,输入数据都是非常高维度的特征,高维数据不仅会给计算带来麻烦,而且这些特征中包含大量冗余的特征,这些冗余的特征会妨碍模型查找规律,降维就是在保留数据结构和有用性的同时对数据进行压缩。常用的无监督降维算法有主成分分析(Principal Component Analysis)与奇异值分解(Singular Value Decomposition)算法等。

(3)半监督式学习。在很多实际问题中,只有少量的带有标签的数据,而对数据进行标注的代价十分昂贵。例如,医学图像中的标注需要结合特别的设备以及专家的指导,因此提出半监督学习,一种将有监督学习和无监督学习相互结合的学习方式。在此学习方式下,输入数据包含大量的未标记数据和少量标签数据,这些算法首先对不包含标签的数据进行建模,在此基础上再对标识的数据进行预测。半监督学习的核心思想就是利用未标记数据帮助模型定义同类样本的边界,再借助少量有标签的样本为各个类别提供标签信息,从而实现以无监督学习来增强有监督学习的分类效果。半监督学习中常用的算法有图论推理算法(Graph Inference)和拉普拉斯支持向量机(Laplacian SVM)等。

(4)迁移学习。无监督学习利用大量的无标签数据,解决了标注困难的问题,然而也有很多问题领域,无法得到足够的数据。例如,语音识别任务中,对于普通话有着足够多的数据,然而对于那些只有少数人说的方言,所拥有的数据就不够庞大。为此,希望通过一种方式能将从普通话中学习得到的东西,用于数据量不多的方言的识别,这种方式正是迁移学习。通俗来说,迁移学习就是运用已有知识来学习新的知识,核心在于找到已有知识与新知识之间的相似性。在迁移学习中,称已有的知识为"源域",要学习的新知识叫"目标域",在迁移学习中,源域和目标域虽然不同,但一般有一定的关联,需要尽量减小源域和目标域的分布差异,进行知识迁移,从而实现跨域数据标定。这类学习方式常用于情感分类、图像分类等任务中,对现有知识数据域进行复用,让已有的大量工作不至于完全丢弃。

(5)强化学习。在有监督学习方法中,输入数据仅被用于检查模型的对错,而在强化学习中,输入数据直接反馈到模型,模型必须对这种反馈立刻做出调整。强化学习的灵感来源于心理学中的行为主义理论,即有机体如何在环境给予的奖励或惩罚的刺激下,逐步形成对刺激的预期,产生能获得最大利益的习惯性行为。用一个通俗的例子来说明:将小白鼠放入迷宫中寻找出口,如果前进方向正确,就会给它正反馈(奖励食物),否则给出负反馈(电击惩罚),则当小白鼠走完迷宫所有道路后,无论将它置于何处,它都能通过之前的学习找到通往出口的正确道路。强化学习最为典型的应用就是谷歌 AlphaGo 的升级品——AlphaGo

Zero,无须人为设计特征,将棋子在棋盘上的摆放情况作为模型的输入,机器通过自我博弈的方式,不断提升自己从而完成出色的下棋任务。强化学习常见的算法包括 Q-Learning 和时间差学习(Temporal Difference Learning)等。

深度学习能够捕捉非线性的用户-项目关系,能够处理图像、文本等各种类型的数据源,因此基于深度学习的推荐系统得到了越来越多的应用。但是现有的模型大多数建立在静态图的基础上,实现了系统的短期预测结果的最优,而忽略了推荐是一个动态的顺序决策过程,长期的推荐目标没有被明确地解决。

强化学习的本质是让初始化的智能体在环境中探索,通过环境的反馈来不断纠正自己的行动策略,以期得到最大的奖励。在推荐系统中,用户的需求会随时间动态变化,强化学习智能体不断探索的特性正好符合了推荐系统对动态性的要求,并且在不断尝试建模更长期的回报。因此,越来越多的研究者将强化学习应用在推荐系统中。

3.2 线性回归算法

线性回归可以说是机器学习中最基本的问题类型,包含以下两个方面的字眼。

(1)线性。线性的含义是因变量与自变量之间按比例、成直线的关系,在数学上可以理解为一阶导数为常数函数。相对的,"非线性"则是指不按比例、不成直线的关系,一阶导数不为常数。可以看出,变量之间的关系有千万种,线性关系是一种特例,也是最简单的关系。对于模型而言,线性和非线性的区别在于前者可以用"直线"将样本划分开。

(2)回归。关于回归的概念,在之前已经介绍过,回归的本质与分类相同,都是研究一组变量与另一组变量之间的联系,不同之处在于回归预测的是一组连续值,例如,明天的天气温度、股票的走势等。

线性回归的概念最初来源于统计学,如今被广泛用于机器学习中。如果两个及以上的变量之间存在"线性关系",即已知模型结构了,剩下来需要做的即是利用历史数据估计线性模型结构中的参数,也就是因变量前面的系数(也包括截距),建立一个完整(模型结构+模型参数)、有效的模型来预测新给出的变量所对应的结果。

线性回归看似简单,然而许多先进的机器学习方法都可以看作线性回归的扩展,本节将对线性回归的原理和算法做一个详细的介绍。

3.2.1 线性回归模型

对于单特征(自变量)场景来说,线性可以理解为一条直线,函数定义形如 $y=ax+b$。线性回归模型可以理解为用一条直线较为精准地描述一个特征与结果之间的映射关系,扩展到多特征时,例如在预测房子价格时,房子的位置、占地面积、年龄等作为一组特征,房价作为需要预测的结果,那么可以将训练样本 j 的 n 个特征视为一个向量 $(x_1^j, x_2^j, x_3^j, \cdots, x_n^j)$,对应的房价标记为 y_j,则线性回归模型的函数关系式可以用如下形式表示。

$$H(x_1, x_2, \cdots, x_n) = \theta_1 x_1 + \theta_2 x_2 + \cdots + \theta_n x_n + b \tag{3.1}$$

其中,x_i 为自变量,对应实际任务中的不同维度的特征,θ_i 表示对应的权重系数,控制着特征 i 对结果的影响程度,是模型要学习的参数。b 表示偏置项,在线性模型中也称为函数的截距。为了方便形式化表达,又将 b 写作 θ_0,并添加 $x_0=1$ 项,则式(3.1)中的偏置项

可以写作 $\theta_0 x_0$，可以用矩阵的形式将式(3.1)简写为如下：

$$H(x_1, x_2, \cdots, x_n) = \sum_{i=0}^{n} \theta_i x_i = \boldsymbol{\theta}^{\mathrm{T}} \boldsymbol{X} \tag{3.2}$$

其中，$\boldsymbol{\theta}^{\mathrm{T}}$ 表示权重系数向量(未知，待学习)，$\boldsymbol{X}$ 表示特征向量(已知)。当只有一个变量时，模型是二维平面中的一条直线，此时称为一元线性回归，当有两个变量时，模型是三维空间中的一个平面，有更多变量时，模型将是更高维度的，此时称作多元线性回归。线性回归就是要找到一条直线(平面，或更高维度的超平面)，并且让这条直线尽可能拟合所有输入的数据点。图 3-3 为线性回归模型图。

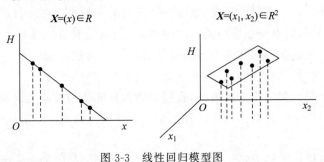

图 3-3　线性回归模型图

3.2.2　线性回归模型的损失函数

对于上述线性回归模型的公式，其中，$\boldsymbol{X}$ 是已知的特征向量$(x_1, x_2, \cdots, x_n)$，然而$\boldsymbol{\theta} = (\theta_1, \theta_2, \cdots, \theta_n)$ 的值是未知的，如图 3-3 中的二维平面中，不同的 $\boldsymbol{\theta}$ 值对应不同的直线，多条直线都满足线性回归模型的公式，但显然这些直线对于数据点的拟合能力各不相同。图 3-4 为不同的线性回归曲线对比。为了找到最佳的一条直线，使得模型的预测值 $H(\boldsymbol{X})$ 尽可能接近样本 $\boldsymbol{X}$ 对应的真实结果 $\boldsymbol{Y}$，就需要依据训练数据计算出最优的 θ 的值，于是定义一种用于描述 $H(\boldsymbol{X})$ 和真实值 y_i 之间的差距的函数，称为损失函数。

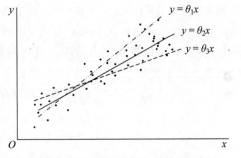

图 3-4　不同的线性回归曲线对比图

线性回归中，常用均方误差损失函数来计算预测值和真实值之间的差值(误差)，即线性回归图像中数据点到拟合直线之间的垂直距离。由于误差计算之后存在正负号，因此使用误差的平方来避免正负误差互相抵消效应，再用误差平方和除以数据样本总量 n 即得到均方误差，用公式写作：

$$J(\boldsymbol{\theta}) = \frac{1}{n} \sum_{i=1}^{n} (y_i - H(x_i))^2 \tag{3.3}$$

其中，y_i 为真实标签值，$H(x_i)$ 为模型的预测值。要使所有点到直线的距离之和最小，就是要最小化均方误差。可见，损失函数就是衡量回归模型误差的函数，也就是用于拟合数据点的"直线"的评价标准，损失函数值越小，直线越能拟合数据。

3.2.3　梯度下降求解线性回归模型参数的最优值

定义好损失函数之后,只是有了一个对模型表现的评价标准,还是无法得到最佳的模型参数集合,因此还需要一种求解让损失函数最小的参数组合的方法。梯度下降(Gradient Descent)正是求解机器学习模型参数最常用的方法之一。

1. 什么是梯度和梯度下降

要理解梯度下降为什么能够让模型的损失函数最小,或者局部最小,首先需要理解梯度这个概念。

梯度是微积分中一个重要的概念,给定一个可微的函数,它可以对应到物理空间中的一个曲线或曲面(一元函数对应二维空间中的曲线,二元函数对应三维空间中的曲面,多元函数对应高维空间中的超曲面),梯度表示的是函数对于所有自变量求偏导数,并由全部偏导数组成的向量,梯度的方向与函数在当前点变化最快的方向一致。

在优化线性回归模型的损失函数时,我们希望找到能使损失函数值最小的参数组合,这个参数组合被称为损失函数的全局最优解。那么应该如何找到一个最优的参数使得损失函数达到最小呢?

以二元函数的优化求解为例(之所以选择二元函数为例是因为一元函数太特殊,只有一个自变量,不利于以此类推到更多元;而对于二元函数来说,如果理解了梯度下降方法的优化过程,对于更高维度的函数来说就比较容易理解了。因为,$n=2$ 与 $n=4,5,6,\cdots,n$ 没有太大区别,容易以此类推),参考一个游客下山(三维空间,对应二元函数)的过程:一个游客被困在山上,需要从山上下来(找到山的最低点)。但此时山上的浓雾很大,导致能见度很低,只能看到身边 1m 的地形。因此,想要顺利下山,只能利用自己可以看见的周围 1m 的信息,一步一步地找到下山的路。具体过程:①首先,以他当前所处的位置为基准,寻找这个位置下山最陡峭的地方,然后朝着下降方向走一步;②然后,又继续以当前位置为基准,再找最陡峭的地方走,直到最后到达最低处。梯度下降示意图如图 3-5 所示。

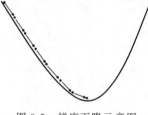

图 3-5　梯度下降示意图

上述方法正是利用了梯度下降的基本思想,梯度在数学上被定义为函数增长最快的方向,让损失函数的自变量每次都沿着梯度相反的方向变化,从而在多轮迭代后取得全局最优解。同理,如果是上山也可以有类似的思路,对应到机器学习中就变成梯度上升算法了。

体会了梯度下降的基本思想,那么梯度又如何计算呢?实际上,如果只是想求出梯度是十分简单的,这里先直接给出梯度的定义和求解方式。对于一元函数而言,梯度是一个标量数值,其实就是函数的微分,代表了这个函数在某个给定点的切线斜率。具体来说,就是将一元函数对其自变量求导,当前自变量位置的导数值即表示了函数的梯度值;而在多元函数中,只能求得函数对每一个自变量的偏导数,梯度向量的计算方法是将当前位置每一个偏导数值求出,再组合成向量,该向量的方向即代表了多元函数生成的曲面在当前点的梯度,并且是变化最快的方向(至于为什么,将在后面进行解释推导)。在实际进行机器学习模型训练时,由于事先不知道损失函数的最小值取于何处,可以先对参数进行一个随机选择,然后计算出损失函数对参数的导数,在训练的每一轮迭代中让参数沿着梯度方向变化一定的值,下一轮迭代前再重新计算梯度值,从而不断地逼近最优解。

梯度下降法是一种常用的迭代方法,其目的是让输入特征向量找到一个合适的迭代方向,逐步使得误差函数值能达到局部最小值。在拟合线性回归方程时,我们把损失函数视为以参数向量为输入的函数,找到其梯度下降的方向并进行迭代,就能找到误差函数最小时对应的最优参数值。

2. 梯度下降求解线性回归模型最优参数

为便于读者理解,这里以最简单的一元线性回归为例,说明梯度下降求解参数的过程。

(1) 首先,将损失函数写作如下形式:

$$J(\theta) = \frac{1}{2n} \sum_{i=1}^{n} (y_i - (\theta_1 x_1^i + \theta_0))^2 \tag{3.4}$$

式(3.4)中,θ_0 即为前面所说的偏置项,x_1^i 表示第 i 个样本的第 1 个特征值,多元线性回归与一元线性回归的区别在于特征值(自变量)的数量不止一个。

(2) 对损失函数求偏导得到:

$$\frac{\partial}{\partial \theta_j} J(\theta) = \frac{\partial}{\partial \theta_j} \frac{1}{2n} \sum_{i=1}^{n} (y_i - (\theta_1 x_1^i + \theta_0)) \tag{3.5}$$

(3) 对于式(3.5),需要求解的参数只有 θ_1 和 θ_0 两个,分别对这两个参数求导。

当 $j=0$ 时:

$$\frac{\partial}{\partial \theta_0} J(\theta) = \frac{1}{n} \sum_{i=1}^{n} ((\theta_1 x_1^i + \theta_0) - y_i) \tag{3.6}$$

当 $j=1$ 时:

$$\frac{\partial}{\partial \theta_1} J(\theta) = \frac{1}{n} \sum_{i=1}^{n} (((\theta_1 x_1^i + \theta_0) - y_i) \cdot x_1^i) \tag{3.7}$$

由于 $x_0=1$,上面两个式子可以统一为式(3.8):

$$\frac{\partial}{\partial \theta_j} J(\theta) = \frac{1}{n} \sum_{i=1}^{n} (((\theta_1 x_1^i + \theta_0) - y_i) \cdot x_j^i) \tag{3.8}$$

我们知道,函数对某个自变量 θ_j 的偏导数的意义为函数在这个自变量方向 θ_j 上对应这一点上的切线的斜率。因此,θ 减去对应的偏导数,就等于函数朝着最小值的方向移动了一步,这一步的大小可以由一个参数 α 来控制,即机器学习所说的学习率(Learning Rate)。学习率设置过小,参数更新得缓慢,会导致模型收敛过程十分缓慢;学习率设置过大,梯度则会在最小值附近来回震荡,甚至会导致模型无法收敛,因此需要一个适当的学习率约束着每次下降的距离不会太多也不会太少。设置学习率后的参数优化公式可写作:

$$\theta_j := \theta_j - \alpha \frac{1}{n} \sum_{i=1}^{n} ((H(x_i^i) - y_i) \cdot x_i^i) \tag{3.9}$$

其中,j 为线性回归模型中的参数个数,当 $j=0$ 时表示偏置项 b,此时对应的 x_0^i 值为固定值 1。且式(3.9)为只取一个样本时的数学表达,如果取所有的样本则称为批量梯度下降(Batch Gradient Descent,BGD)。当训练数据集太大时,通常会随机选取其中一个样本,称为随机梯度下降法(Stochastic Gradient Descent,SGD)。

3. 为什么梯度反方向是函数下降最快的方向

本节前面内容介绍了什么是梯度以及梯度下降,并在线性回归模型中实际运用了梯度下降算法,讲解了如何对模型参数进行更新。实际上,很多机器学习算法,都可以使用梯度下降进行模型优化,这主要是因为机器学习算法在训练时都需要不断最小化模型的损失函数,而梯度的方向是函数增长最快的方向,通过迭代地对参数值以梯度负方向(最小化损失函数为目标)给定一小步的改变,达到最快达到最小值的目的,进而训练出参数最优解。然而,读者可能会产生一些疑问,为什么梯度的方向就是函数增长最快的方向呢?这是理解梯度下降优化算法的关键,本节下面的内容将对该点进行阐述。

关于梯度向量存在两个"硬性的定义":①梯度是函数值上升最快的方向;②高维空间中,梯度是每个自变量的偏导组成的向量的方向。然而,读者可能会产生一些疑问——为什么这两个"硬性定义"的方向向量刚好就一致了?这个是理解梯度下降优化算法的关键,本节下面的内容将对该点进行阐述。

在讲解梯度之前,先对导数进行一个复习。

(1)首先,理解一下一元函数的导数的意义。从数学上说,如果一个函数 $y=f(x)$ 的自变量 x 在某一点 x_0 处产生了一个增量 Δx,当这个增量无限趋近于 0 时,函数值的增量 Δy 与自变量增量的比值存在极限,便称这个极限为 $f(x)$ 在 x_0 处的导数,记作 $f'(x_0)$。一个一元函数对应了二维空间中的一条曲线,导数的几何意义在于:函数 $f(x)$ 在某个点 x_0 处的导数值等于函数曲线在该点 x_0 切线的斜率,其物理意义在于导数值表示函数在某点的瞬时变化率。

(2)接着,扩展到二元函数的偏导数的理解。在一元函数中,只存在一个自变量,因此函数的导数自然是唯一的自变量 x 方向的变化率方向,而在多元函数中,由于涉及两个以上的自变量,按照数学上求极限的方法,对某一个自变量求导时,需要将其他变量进行固定处理,此时导数转变为偏导数。二元函数的图像对应的是三维空间中的一个曲面,不同于曲线在某一点的切线,一个曲面上的一点可以衍生出无数个方向的切线,此时二元函数的偏导数实际上是对应了函数沿着各个坐标轴的变化率。以二元函数 $z=f(x,y)$ 为例,z 对 x 的偏导数 $f_x(x,y)$ 表示固定 y 值时函数沿着 x 轴方向的变化率,当确定了 y 的值时,$f_x(x,y_0)$ 可以视为函数的曲面被平面 $y=y_0$ 所截得的曲线在某一点的切线斜率,函数对变量 y 的偏导数意义相似。

(3)再者,看一下方向导数的概念。从上述二元函数的偏导数含义可以看出,单个偏导数的值只能表示函数沿着相应坐标轴方向的变化率。因为曲面上的一个点有无数条不同方向的切线,因此不能保证函数沿着坐标轴方向的变化速度是所有方向上变化最快的,此时便需要引出方向导数的概念。

方向导数指的是:在函数定义域内的某个点,对某一方向(不一定是坐标轴方向)求导得到的导数,表示的是一个函数沿着某个指定方向的变化率。在一个平面中,给定不平行的两个基向量,可以表示出平面内任意一个向量,同理,给定了二元函数对 x 和 y 的偏导数,可以使用这两个偏导数来组合表示出曲面在任意方向上的切线斜率。对于上面的二元函数 $z=f(x,y)$,假设曲面上存在一个点 $z_0=(x_0,y_0)$,从 z_0 出发可以引出任意一个方向的向量,假设 u 表示任意方向的单位向量,θ 表示 u 与 x 轴正方向的夹角,那么应该如何求点 z_0 在 u 方向的导数(变化率)呢?在普通高等数学课本中基本都讲解过方向导数的计算方法:

$$\frac{\partial f}{\partial \boldsymbol{u}}\Big|_{z_0} = f_x(x_0, y_0)\cos\theta + f_y(x_0, y_0)\sin\theta \tag{3.10}$$

此时,将$(f_x(x_0, y_0), f_y(x_0, y_0))$定义为向量$\boldsymbol{A}$,将$(\cos\theta, \sin\theta)$定义为向量$\boldsymbol{I}$,可以得到:

$$\frac{\partial f}{\partial \boldsymbol{u}}\Big|_{z_0} = \boldsymbol{A} \cdot \boldsymbol{I} = |\boldsymbol{A}| \times |\boldsymbol{I}| \times \cos\alpha \tag{3.11}$$

α为两个向量之间的夹角。可见,如果想要式(3.11)方向导数取最大值,有$\cos\alpha = 1$,即$\alpha = 0$,也就是说,$\boldsymbol{I}$与$\boldsymbol{A}$平行(重合)时,函数增长的速度是最快的。最终可以给这个二元函数(二维曲面)在某个点增长速度最快的方向起一个名字,叫作梯度,它的计算方法就是对于其二元自变量x, y分别求偏导数,再将这些偏导数组成一个向量,便得到梯度。

综上,以二元函数(三维曲面)为例解释了为什么曲面上的某一点的梯度(人为定义为函数在两个坐标轴方向的偏导数组成的向量)是从该点可以引出的众多方向中上升最快的方向。梯度的这个性质可以很容易地推广到更高维度的超曲面中,即n元函数的梯度方向就是其在各个自变量坐标轴的偏导数组成的向量的方向。

3.2.4 线性回归算法正则化

正则化的本质是对模型权重系数大小的约束。某个特征的权重系数越小,该特征对于最后的结果带来的影响就越小,这一无关紧要的特征就只能对模型预测结果进行微调,扰动较小,可以让模型专注于有决定性的那些特征。

在梯度下降优化线性回归模型的参数过程中,我们希望通过对权重系数进行约束,抑制相关度小的特征对预测结果的扰动,以此来减小过拟合。试想,在判断一个西瓜是否好坏的过程中,本身结果与某一特征相关性很小(例如西瓜的运输方式),然而恰好在两个样本中,这一特征不同,结果也不同,一旦模型误将这一特征看作重要的分类依据,就会出现过拟合的现象,因此使用正则化对权重系数进行约束后,能够有效避免模型的过拟合。一般常用的有 L1 正则化和 L2 正则化。其中,线性回归的 L1 正则化有个特殊的名字叫 Lasso 回归,加入 L1 正则化后的线性回归损失函数:

$$J(\theta) = \frac{1}{2n}\sum_{i=1}^{n}(y_i - (H(X_i))^2 + \lambda\sum_{j=1}^{n}\|\theta_j\| \tag{3.12}$$

L1 正则化中 L1 指的是 L1 范数,它指的是向量中各个元素绝对值之和。线性回归的损失函数中参数的 L1 范数即为$\sum_{i=1}^{n}\|\theta_j\|$,系数$\lambda$用于调节损失函数中均方差项、正则化项的权重。 然而 Lasso 回归的求解比较复杂,通常线性回归算法中采用 L2 正则化,又称 Ridge 回归,即在损失函数中加入 L2 范数,其表达式如下。

$$J(\theta) = \frac{1}{2n}\sum_{i=1}^{n}(y_i - (H(X_i))^2 + \frac{1}{2}\lambda\sum_{j=1}^{n}\theta_j^2 \tag{3.13}$$

L2 范数指的是向量各元素的平方和,即式(3.13)中的$\sum_{j=1}^{n}\theta_j^2$,这里采用最小二乘法来求解 Ridge 回归,首先将式(3.13)写成矩阵的形式:

$$J(\theta) = \frac{1}{2}(\boldsymbol{X}\theta - \boldsymbol{Y})^{\mathrm{T}}(\boldsymbol{X}\theta - \boldsymbol{Y}) + \frac{1}{2}\lambda\sum_{j=1}^{n}\theta_j^2 \tag{3.14}$$

式中 $X=\{x_0,x_1,\cdots,x_n\}$，x_0 为常数 1，表示偏置项 θ_0 的系数。令 $J(\theta)$ 关于 θ 的导数为 0，则有：

$$X^{\mathrm{T}}(X\theta-Y)+\lambda\theta=0 \tag{3.15}$$

整理后得到能使损失函数值最小的 θ：

$$\theta=(X^{\mathrm{T}}X+\lambda E)^{-1}X^{\mathrm{T}}Y \tag{3.16}$$

3.2.5 实验

数据准备：这里以房屋价格的预测为例，根据房屋的面积来预测房屋的价格，输入数据如表 3-2 所示。

表 3-2 房屋价格预测输入数据

编号	面积	价格	编号	面积	价格
1	100	6400	5	300	10 450
2	150	7500	6	350	11 370
3	200	8130	7	500	16 400
4	250	9600			

使用 sklearn 机器学习框架提供的函数建立一个线性回归模型：$H(x_1)=ax_1+b$。其中，a 和 b 是要学习的参数，模型拟合输入的数据，利用梯度下降算法不断朝着损失函数减小的方向迭代更新参数。代码如图 3-6 所示。

```python
import pandas as pd
from io import StringIO
from sklearn import linear_model
import matplotlib.pyplot as plt

#房屋面积与价格历史数据
csv_data = 'size,price\n100,6400\n150,7500\n200,8130\n250,9600\n300,10450\n350,11370\n500,16400\n'
#读入dataframe
df = pd.read_csv(StringIO(csv_data))
print(df)

#利用sklearn库建立线性回归模型
regr = linear_model.LinearRegression()
#拟合输入数据
regr.fit(df['size'].values.reshape(-1, 1), df['price'])
#得到直线的斜率、截距
a, b = regr.coef_, regr.intercept_
#给出待预测面积
area = 287
#根据直线方程预测的价格
print(a * area + b)
```

图 3-6 线性回归核心代码

实验结果：线性回归算法拟合数据的效果如图 3-7 所示。由图可见，历史数据点均分布在直线的附近，当给定一个新的面积值，将面积值代入模型学习到的直线方程就可以预测出该面积值对应的房价（所预测的房价值可能是真实值，也可能是一个和真实值较为接近的数值）。

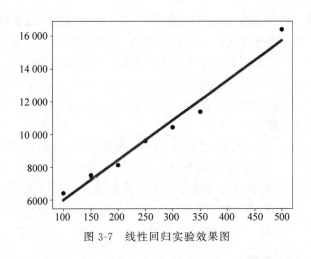

图 3-7　线性回归实验效果图

3.2.6　线性回归算法特点

线性回归是回归问题中最简单的一种,线性回归假设预测值与特征变量之间线性相关,即满足一个多元一次方程。在线性回归中,一般使用均方误差构建损失函数,使用梯度下降来求解损失函数。

线性回归算法的优点如下。

(1) 由于线性回归算法模型简单,因此建模速度快,计算复杂度低,使得其在数据量大的情况下依然保持很快的运行速度。

(2) 线性回归算法的模型十分容易理解,可以从权重系数直接看出每个特征对结果的影响程度,结果可解释性强,根据权重系数就可以对每个变量进行理解和解释,有利于决策分析。

(3) 当预先定义好一些变量时,只需提供一个简单的线性回归模型,就能很好地拟合数据。

线性回归算法的缺点如下。

(1) 线性回归算法要求变量之间必须呈线性关系,因此不能很好地拟合非线性数据。

(2) 线性回归算法分离信号与噪声的效果不理想,容易出现过拟合现象,使用前需要手工去除不相关的特征。

(3) 线性回归算法无法学习到数据集中的特征之间的交互关系,不能很好地表达高度复杂的数据,因此对于复杂问题线性回归算法表现的效果较差。

3.3　逻辑回归算法

线性回归模型是为了寻找输入样本数据 X 与输出结果 Y 之间的线性关系,即当因变量 Y 与自变量 X 之间满足 $Y=\theta X$ 的线性关系时,求解特征的系数向量 θ。如果 Y 是类似于天气温度、股票数值等连续值,因此称为回归模型。如果 Y 是邮件类别(非垃圾邮件、垃圾邮件)等离散值时,那么该如何处理呢?一种简单的实现是对回归模型求得的连续值 Y 进行一次函数转换,记为 $g(Y)$,函数 g 的作用是将 Y 的连续值划分为离散区间,每个区间对应一个类别。例如,回归模型预测的是每日最高温度,而我们需要知道的是今日的气温情况,如果今日最高气温值大于 30℃ 时划分为类别"高温",最高气温值为 20～30℃ 划分为类别"正常",气温值为 5～20℃ 划分为类别"凉爽",气温值为 $(-\infty,5℃)$ 划分为类别"寒冷",可通过一个阶跃函数完成上述回归问题到分类问题的转换,y 为回归模型预测后的连续气温值,则 $g(y)$ 为如图 3-8 所示的函数。

$$g(y)=\begin{cases}0, & 30\leq y\\1, & 20\leq y<30\\2, & 5\leq y<20\\3, & y<5\end{cases}$$

图 3-8　阶跃函数示意图

其中,数值 0,1,2,3 分别对应高温、正常、凉爽、寒冷四种分类,如果结果类别只有两种,就是最常见的"二分类"问题。逻辑回归算法正是基于这个出发点被提出的,本节以二元逻辑回归为例介绍逻辑回归算法,多元逻辑回归的损失函数推导以及优化方法与二元逻辑回归类似。

3.3.1　逻辑回归模型

前面提到从线性回归到逻辑回归的转变,主要在于中间加了一个转换函数 $g(y)$,即
$$Y=g(\theta X)$$

对于二分类任务,可以首先将线性回归算法的输出的连续数值映射到 $[0,1]$ 区间,然后选择一个阈值,例如 0.5,将预测值大于 0.5 的结果归为 1,反之归为 0(0 与 1 代表了两种分类)。在逻辑回归中,通常选用 Sigmoid 函数作为从连续值到离散类别之间的转换函数,其公式如下:

$$g(z)=\frac{1}{1+e^{-z}} \tag{3.17}$$

Sigmoid 函数也称 Logistic 函数,其对应的函数图像如图 3-9 所示。

在逻辑回归算法中之所以使用 Sigmoid 函数作为转换函数,主要有以下两种原因。

(1) 首先,当 $z=0$ 时,$g(z)$ 的值为 0.5;当 $z>0$ 时,$g(z)$ 的值大于 0.5,且随着 z 值的增加,$g(z)$ 无限趋近于 1;当 $z<0$ 时,$g(z)$ 的值小于 0.5,且随着 z 值的减小,$g(z)$ 无限趋近于 0。

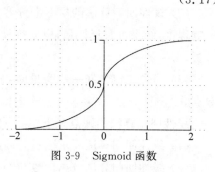
图 3-9　Sigmoid 函数

(2) 此外,Sigmoid 函数还有一个优秀的导数性质,即可以由其自身来表达、计算:
$$g'(z)=g(z)(1-g(z)) \tag{3.18}$$

这一导数性质使得在之后的计算中,对 Sigmoid 函数求导很容易得到。将 z 写作之前线性回归中的输入变量形式,即得到二元逻辑回归模型的一般形式:

$$H(x)=\frac{1}{1+e^{-x\theta}} \tag{3.19}$$

3.3.2　逻辑回归损失函数

1. 为什么不能使用均方误差

为了描述 $H(x)$ 和真实值之间的差距,线性回归算法中采用均方误差作为损失函数可

以得到较好的拟合效果,而在逻辑回归中,如果也使用均方误差,其误差函数形式如下。

$$J(\theta) = \frac{1}{n}\sum_{i=1}^{n}(y_i - (H(X_i))^2 \qquad (3.20)$$

$$H(x) = \frac{1}{1+e^{-x\theta}} \qquad (3.21)$$

此时,如果将 Sigmoid 函数 $H(x)$ 带入到均方差损失函数中,所得到的是一个非凸函数,其函数图像可能存在多个极小值,如图 3-10 所示。此时,如果采用梯度下降来求解损失函数的最优参数,很大概率会陷入局部最优解中,因此就需要从另外的角度来设计逻辑回归算法的损失函数。

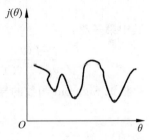

图 3-10 使用均方差误差函数的损失函数图像

2. 逻辑回归中的损失函数

在前面分析了由于使用均方误差作为逻辑回归算法的损失函数会使模型很容易陷入局部最优解中,因此在逻辑回归算法中通常使用一种称为交叉熵的损失函数。

假定输入样本 x,$\hat{y}$ 表示输入样本为 x 时预测结果 $y=1$ 的概率,则 $1-\hat{y}$ 表示输入样本为 x 时预测结果 $y=0$ 的概率,则有:

$$\begin{cases} \text{if } y=1: p(y\mid x)=\hat{y} \\ \text{if } y=0: p(y\mid x)=1-\hat{y} \end{cases} \qquad (3.22)$$

通过指数形式,可以将两个式子合并如下(之所以能够这么合并,是因为 $y=0$ 和 $y=1$ 作为指数的独特计算结果):

$$p(y\mid x)=\hat{y}(1-\hat{y})^{(1-y)} \qquad (3.23)$$

为了方便求解,对等式两边同时取对数(由于对数函数是严格递增的函数,最大化取对数后的函数等价于最大化原函数),对式(3.23)等式两边取对数后可得:

$$\log p(y\mid x)=y\log(\hat{y})+(1-y)\log(1-\hat{y}) \qquad (3.24)$$

将式(3.24)取反后作为损失函数,因此,最小化该损失函数等同于最大化上述对数函数。对于包含 n 个样本的训练集,服从独立同分布的样本的联合概率即为每个样本 i 的概率的乘积,因此有:

$$J(\theta)=-\log\prod_{i=1}^{n}p(y^i\mid x^i)=-\sum_{i=1}^{n}y^i\log(H(x^i))+(1-y^i)\log(1-H(x^i)) \qquad (3.25)$$

至此,就得到了逻辑回归的损失函数。

3.3.3 梯度下降求解最优值

对于逻辑回归的损失函数 $J(\theta)$,仍然可以使用梯度下降法来求解参数 θ 的迭代公式(下面公式推导相对比较复杂,对于只想应用一些编程工具中现成的梯度下降方法已实现模型的求解,其实可以跳过不看)。首先,将逻辑回归模型函数看作如下函数:

$$H_\theta(x) = g(\theta^T X)\frac{1}{1+e^{-\theta^T X}} \qquad (3.26)$$

通过梯度下降方式更新参数 θ：

$$\theta_j = \theta_j - \alpha \cdot \frac{\partial J(\theta)}{\partial \theta_j}, \quad (j = 0, 1, \cdots, n) \tag{3.27}$$

使用链式求导的方式求解 $J(\theta)$ 对 θ 的偏导：

$$\frac{\partial}{\partial \theta_j} J(\theta) = \frac{\partial J(\theta)}{\partial g(\theta^T X)} * \frac{\partial g(\theta^T X)}{\partial \theta^T X} * \frac{\partial \theta^T X}{\partial \theta_j} \tag{3.28}$$

其中第一项：

$$\frac{\partial J(\theta)}{\partial g(\theta^T X)} = y * \frac{1}{g(\theta^T X)} + (y - 1) * \frac{1}{1 - g(\theta^T X)} \tag{3.29}$$

再根据 Sigmoid 函数的导数性质 $g'(z) = g(z)(1 - g(z))$ 可得第二项为：

$$\frac{\partial g(\theta^T X)}{\partial \theta^T X} = g(\theta^T X)(1 - g(\theta^T X)) \tag{3.30}$$

最后剩下第三项部分：

$$\frac{\partial \theta^T X}{\partial \theta_j} = \frac{\partial J(\theta_1 x_1 + \theta_2 x_2 + \cdots + \theta_n x_n)}{\partial \theta_j} \tag{3.31}$$

将上述三项代入损失函数得：

$$\frac{\partial}{\partial \theta_j} J(\theta) = -(y - H_\theta(X)) x_j \tag{3.32}$$

由此可得，梯度上升公式为：

$$\theta_j := \theta_j + \alpha \sum_{i=1}^{m} (y^i - H_\theta(x^i)) x_j^i \tag{3.33}$$

3.3.4 逻辑回归算法的正则化

与很多机器学习算法一样，逻辑回归算法也会面临过拟合的问题，因此在建立逻辑回归模型时也会考虑加入正则化项。逻辑回归算法的正则化方法与线性回归基本相同，即在损失函数后加入 L1 范数或 L2 范数，以及对范数添加一个系数 λ，来调节正则化项在损失函数中的影响力大小。

加入 L1 正则化后的逻辑回归损失函数如下。

$$J(\theta) = \frac{1}{2n} \sum_{i=1}^{n} \left[-y^i \log(H(x^i)) - (1 - y^i) \log(1 - H(x^i)) + \lambda \sum_{j=1}^{n} \| \theta_j \| \right] \tag{3.34}$$

加入 L2 正则化后的逻辑回归损失函数如下。

$$J(\theta) = \frac{1}{2n} \sum_{i=1}^{n} \left[-y^i \log(H(x^i)) - (1 - y^i) \log(1 - H(x^i)) + \lambda \sum_{j=1}^{n} \theta_j^2 \right] \tag{3.35}$$

正则化后的逻辑回归损失函数对权重系数进行了约束，能够有效避免模型的过拟合，其求解方式与线性回归相同，这里不再赘述。

3.3.5 实验

数据准备：假设一个二分类的问题，根据两种特征来判断样本所属的类别，有如表 3-3 所示的输入数据。

表 3-3 逻辑回归实验输入数据表

编号	特征 1	特征 2	类别
1	$-0.017\,612$	$14.053\,064$	0
2	$-1.395\,634$	$4.662\,541$	1
3	$-0.752\,157$	$6.538\,620$	0
4	$-1.322\,371$	$7.152\,853$	0
5	$0.423\,363$	$11.054\,677$	0
…	…	…	…
100	$0.317\,029$	$14.739\,025$	0

主要代码如图 3-11 所示,首先定义一个线性模型函数 $H(x)=w_0+w_1x_1+w_2x_2$,其中,x_1 和 x_2 对应两种特征。线性模型函数的预测值 $H(x)$ 被 Sigmoid 函数映射到 $(0,1)$ 区间,$H(x)$ 的值也反映了对于输入样本 x 预测结果为 1 的概率,假设阈值设定为 0.5,若 $H(x)$ 经 Sigmoid 函数处理后的值大于 0.5,将被分类为第一类,反之则被分类为另一类。

```python
from numpy import *
filename='test.txt' # 存取数据的文件名
def loadDataSet():    # 读取数据
    datas = []
    labels = []
    fr = open(filename)
    for line in fr.readlines():
        lineArr = line.strip().split()
        datas.append([1.0, float(lineArr[0]), float(lineArr[1])])  # 因为有两个特征，模型函数定义为W0+W1*X1+W2*X2
        labels.append(int(lineArr[2]))
    return datas,labels

def sigmoid(X):    # Sigmoid 函数
    return 1.0/(1+exp(-X))

def gradAscent(datas, labels):   # 梯度上升求最优参数
    dataMatrix=mat(datas)
    classLabels=mat(labels).transpose()
    m,n = shape(dataMatrix)
    alpha = 0.001    # 梯度下降的学习率
    maxCycles = 500  # 设置迭代的次数
    weights = ones((n,1))  # 初始化权重系数以及偏置
    for k in range(maxCycles):
        h = sigmoid(dataMatrix*weights)
        error = (classLabels - h)
        weights = weights + alpha * dataMatrix.transpose()* error  # 迭代更新权重系数
    return weights
```

图 3-11 逻辑回归算法代码

实验结果:逻辑回归模型拟合数据的效果如图 3-12 所示。由图可见,逻辑回归算法实际上是一个分类算法,而且是线性分类算法。本示例中,两种特征构成了二维平面,逻辑回归算法拟合的决策边界是一条直线,将平面划分为两个部分,每个部分对应一种类别。

3.3.6 逻辑回归算法特点

逻辑回归是在线性回归的基础上加了一个 Sigmoid 函数(非线性)映射,使得逻辑回归成为一个优秀的非线性分类算法,下面总结一下逻辑回归算法的一些特点。

逻辑回归算法的优点如下。

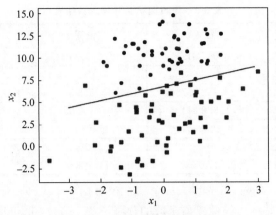

图 3-12   逻辑回归实验效果图

（1）逻辑回归算法与线性回归类似，便于理解和实现，且广泛地应用于工业问题上。

（2）由于分类时计算量非常小，逻辑回归算法通常速度非常快，需要存储的资源非常少。

（3）对于每个样本，逻辑回归算法不仅可以预测出对应的类别，更是给出了样本分类的概率值。

（4）通过正则化手段，可以有效地避免回归问题中常出现的多重共线性问题。

逻辑回归算法的缺点如下。

（1）特征空间中的特征是对原始数据更高维的抽象，当特征空间很大，即特征数量多导致维度较高时，逻辑回归的性能并不理想。

（2）由于逻辑回归模型结构简单，假设数据服从伯努利分布，很难拟合复杂数据的真实分布，因此容易出现欠拟合的情况，通常准确度不高。

（3）尽管逻辑回归算法中引入了 Sigmoid 非线性变换，但是模型函数 $H_0(X)$ 并不是一个自变量 X 关于因变量 $H_\theta(X)$ 的函数，而是 $H_\theta(X)$ 关于 X 的后验概率（已知观测到的 X，预测其类别 $H_\theta(X)$），判断一个模型是否是线性，是通过决策边界是否是线性来判断的，以二分类为例，决策边界上的样本被划分为正负样本的概率相等，即通过令 $P(y=1|x,w) = P(y=0|x,w)$，可以求解得到决策边界方程为 $\theta^{\mathrm{T}}X + b = 0$，因此逻辑回归算法本质上是一个线性的分类器，所以仍然不能很好地处理特征之间的相关性。

3.4   决策树

有监督学习方法（Supervised Learning）使用有输入和输出标签的数据训练模型，是在机器学习算法中应用最广泛、最有效的一种。换言之，在有监督学习方法中，我们知道样本数据的真实类别或者标签值，如果模型预测错误，这些值可以告诉模型正确的结果是什么，相当于起到了监督和纠正的作用。决策树算法（Decision Tree），又名判定树或分类树，由于该算法具备较高的预测准确度，同时又能给预测判定过程提供一定可解释性，因此在有监督学习算法中扮演着重要的角色。具体而言，决策树算法整体是一种根据数据特征采用树状结构构建的决策模型，根部节点是一条决策规则，后续的决策规则从根部向下面扩散，关于这里涉及的"后续决策规则"可以仍然是一条决策规则，也可以是不需要再做决策的节点,即叶子节点,当决策树的所有分支都成为叶子节点时决策树的构造就完成了。决策树本质上是为了挖掘数据集中潜在的知识、规律、模式,其具体的挖掘过程即决策树的构建过程,当然,几乎所有的机器学习方法都可以看成是这样的数据挖掘或者知识学习的过程。

3.4.1 决策树的结构

在学习具体的决策树算法之前,首先了解一下决策树中的整体结构和涉及的必要概念。顾名思义,决策树是一种树状数据结构(如二叉树或者多叉树),主要由节点和边构成,其中节点又可以进一步分为如下三种类型。

(1) **根节点(root node)**:决策树根部的节点,最初的特征分裂点,也可以理解为第一个节点分裂规则。

(2) **内部节点(inner node)**:由根节点开始,向下延伸出的分叉节点,在功能上和根节点类似,属于一种节点分裂规则,内部节点继续向下分裂延伸又可以得到新的内部节点或者叶子节点。根据节点中特征属性不同而延伸出的边表示不同值域上的输出。

(3) **叶子节点(leaf node)**:当决策树构建完成后,处于分裂的最底层的节点是叶子节点,该类节点无法再选择特征(所有特征都分裂过)或者没有必要继续选择特征(节点内的所有样本都已经被划分到同一类别)进行分裂。

决策树的决策过程都是从根节点启动,每次选择一个特征进行分裂,不断生成子节点,直到当前叶子节点已经可以实现分类决策,如图 3-13 所示。

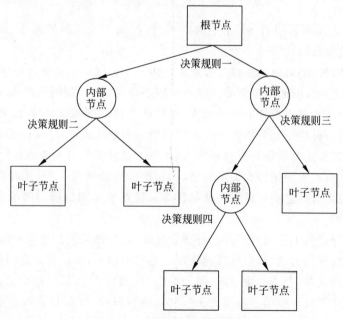

图 3-13 决策树算法模型图

决策树算法根据在树的构建过程中度量数据纯度的指标不同,主要可以分为以下三类:ID3、C4.5、CART,下面分别从分裂策略、剪枝策略、优缺点来详细介绍这三种决策树算法。

3.4.2　决策树算法

在决策树算法中,特征选择和子节点分支又称为决策过程(Decision),是构建树的关键。信息论中有一句话——"**信息熵**(Information Entropy)越低,数据纯度越高",生成决策树就是在使用某个特征对数据集进行划分后,使得信息熵较划分前降低,即数据集的纯度在划分之后变得更高。而度量数据信息熵(或者数据纯度)的指标有:**信息增益**(Information Gain)、**信息增益率**(Information Gain Ratio)和**基尼系数**(Gini Index)。使用这三种度量指标的算法分别就是 ID3、C4.5 和 CART(Classification And Regression Tree)这三种决策树算法。简单来说,决策树的构建过程即为:**根据数据集度量指标,迭代地选择划分标准(即什么特征,如果是连续性特征还需要考虑特征阈值)来对数据集进行划分,直到样本都能被划分到特定类别**。然而,当按照上述过程构造完决策树之后,经常会遇到过拟合的问题,即决策树在训练集上表现较好,但是在测试集上表现不佳。这个决策树的过拟合问题,一般可以通过对决策树进行适当的剪枝来缓解,剪枝后的决策树被称为子树。下面重点介绍不同的决策树划分标准和剪枝策略。

1. 信息增益(ID3 算法)

在介绍信息增益这个划分标准之前,需要先了解**信息熵**的概念。在信息论中,信息熵表示数据的"有序化"程度,为所有可能事件 x_i 发生概率的数学期望,则信息熵的计算公式定义如下。

$$H(x) = -\sum_{i=1}^{n} p(x_i)\log p(x_i) \tag{3.36}$$

其中,$p(x_i)$ 表示可能事件 x_i 发生的概率,信息熵 $H(x)$ 的值越小,则系统的纯度越高,即无序化程度越低。

前面已经说明过,决策树的生成过程就是使用某种特征对数据集进行划分,使得划分后的数据集的纯度比划分前的纯度更高。举一个很简单的例子,判断一个人是否是计算机专业的,这时可能会一头雾水不知道如何分辨,我们认为此时的系统很混乱、纯度低且信息熵高,但是如果给出一种特征划分依据——我们悄悄地跟这个人说:"计算机专业不就是修计算机的嘛",然后观察这个人是否有点不悦,如果急了就说明此人大概率是计算机专业的,反之则不是,这样就有很大的把握来做出判断,一切都变得清晰明了了,此时我们认为系统不再混乱、纯度更高了且信息熵更低了。如何计算系统在特征划分前后的信息熵变化将是下面需要说明的问题。

在决策树划分过程中使用式(3.36)计算信息熵,划分前后的信息熵差值即为**信息增益**。那么选择不同的特征进行划分,会计算得到不同的信息增益,而使得信息增益最大的特征理论上是决策效果最优的,例如上面的小例子中的"激将法",当然还可以选择其他的"激将法"——告诉他"计算机专业的尽头是秃头",然后观察反应,究竟计算机专业的同学对哪种激将法更加敏感,使用信息增益就可以很好地度量。**ID3 算法**就是以"信息增益最大化"为目标来选择特征对数据集进行划分。我们使用如下公式来表达信息增益:

$$\text{Gain}(D,A) = H(D) - H(D \mid A) \tag{3.37}$$

其中,A 表示针对数据集 D 的一种特征划分方案,$H(D)$ 表示数据集 D 在进行特征划分之前的信息熵,$H(D \mid A)$ 表示这种特征划分后系统的信息熵,$\text{Gain}(D,A)$ 即该特征划分后的

降低的信息增益差值。让我们再回到上面的小例子中，A 其实就是我们实施的"激将法"，在实施 A 之前，无法确定目标人物 D 是否是计算机专业，因此 $H(D)$ 很大，但是通过"激将法"之后再观察他的反应就可以对他进行大致判定，在这样的条件 A 之下的系统信息熵 $H(D|A)$ 显然变小了很多，前后信息熵的差值就是实施"激将法 A"（某种特征划分）之后对目标人物的专业判定的自信程度。

2. 信息增益率（C4.5 算法）

将信息增益作为划分标准可以有效降低系统的信息熵，但是却更倾向于选择大量取值的特征作为划分标准，也就是说，如果数据集中某个特征的取值（或者是分段区间）非常多，即使该特征的决策能力很弱，如果将信息增益作为划分标准，该特征也可能会被作为最优的划分节点。举一个极端的例子：该特征下的每一个取值都对应了不同的类别，这种情况下的信息增益最大，然而决策树的预测精度将会很低，还是以 ID3 中判断某人是否是计算机专业为例，激将法"计算机专业的尽头是秃头"就类似于大量取值的特征，因为数学专业和物理专业的同学会对此产生严重质疑，同时少林寺的小师傅们也可能对此存在些许不满，这说明这样的特征划分策略没有很好的区分效果，但是使用信息增益作为划分依据的 ID3 很容易将这样的"激将法"作为特征划分依据，这显然是不合理的。为了解决 ID3 存在的问题，"信息增益率"被提出作为一种改进的特征选择标准，公式表达如下。

$$\text{GainRatio}(D,A) = \frac{\text{Gain}(D,A)}{H(A)} \tag{3.38}$$

其中，$\text{Gain}(D,A)$ 是 ID3 算法中使用的信息增益，$H(A)$ 表示特征 A 划分下的信息熵，如果特征 A 划分下的具体取值越多，$H(A)$ 的数值越大。可见，信息增益率 $\text{GainRatio}(D,A)$ 将信息增益 $\text{Gain}(D,A)$ 除以特征 A 划分下的信息熵 $H(A)$，这样就避免了直接选择取值可能多的特征作为划分节点了。使用信息增益率作为划分标准的决策树算法，被称为 **C4.5**。然而，C4.5 也存在缺陷，和 ID3 相反，C4.5 更倾向于选择取值较少的特征作为划分节点，解决该问题的一种常见做法是：先找出信息增益高于平均的特征，然后从这些特征中找出信息增益率最高的特征，这是一种启发式的（Heuristic）解决方案。

3. 基尼指数（CART 算法）

上面提到的 ID3 算法和 C4.5 算法分别以信息增益和信息增益率为特征划分依据，这两者都是基于信息熵模型的，在计算的过程中都涉及取对数（log），该操作相比于一般的四则运算计算复杂度更高，而本节即将介绍的 CART 算法使用的特征划分依据——基尼指数，虽然本质上也可以看成是对信息熵的计算，但是其计算过程回避了取对数操作，降低了计算负担。下面介绍基尼指数以及计算过程。

基尼指数（Gini Index）又名基尼不纯度（Gini Impurity），**CART 决策树生成算法**（Classification and Regression Tree）使用基尼指数作为划分标准，基尼不纯度的公式如下。

$$\text{Gini}(D) = \sum_{i=1}^{m} p_i(1 - p_i) = \sum_{i=1}^{m} 1 - p_i^2 \tag{3.39}$$

其中，p_i 表示样本被分类正确的概率，基尼指数越小则表示样本被分类错误的概率越小，数据集的纯度越高。CART 选择基尼指数最小的特征作为最优的划分特征。

值得注意的是，和 ID3 和 C4.5 相比，CART 除了划分标准不同之外，本质上是二叉树，而 ID3 和 C4.5 属于多叉树,分叉数对应了特征的取值个数,而这个构造上的区别也导致了 CART 树更加容易陷入过拟合问题,因为 ID3 和 C4.5 属于多叉树,要求所有特征最多只能被用来分裂一次,而 CART 是二叉树,对特征分裂次数没有限制,因此如果不对 CART 树进行剪枝操作,它就会进行无限分裂和过度膨胀,最后陷入过拟合。此外,CART 决策树从名字上就可以猜到它不仅能解决分类问题,还适用于回归问题,虽然事实确实如此,但是当需要解决一个回归问题时,很少会选择决策树类的算法,因为解决回归问题要求机器学习模型具有良好的泛化能力,而决策树类的算法优势在于对数据特征的记忆能力,其泛化能力较弱。

4. 决策树剪枝

根据特征选择准则对数据集进行划分构造决策树,使得决策树的每个叶子节点都对应一种类别,这样的决策树在训练集上表现很好,但在测试集上的效果往往较差,即模型的泛化能力不好,这种现象也是一种**过拟合**。为了避免过拟合,需要对决策树进行剪枝操作,基本的剪枝策略有:**预剪枝**(Pre-pruning)和**后剪枝**(Post-pruning)。

(1)**预剪枝**:预剪枝的方法有很多,例如,当决策树的高度达到预先设定的阈值时就停止树的进一步分裂;内部节点中样本数量小于某个预先设定的阈值也可以停止树的分裂;应用最广泛的剪枝方法是计算节点的进一步分裂给系统在判定精度上带来的增益,如果增益小于某个预先设置的阈值就停止该节点的分裂,将其设定为叶子节点。由于预剪枝策略是在决策树的生成过程中进行,没有必要等待完整决策树的生成,并算法简单高效,适合大规模数据集,然而预剪枝是一种基于"贪心策略"的剪枝方法,只考虑当前的模型效果,而不在乎后续分支是否可以进一步提升模型表现,使得算法过早地停止决策树的构造,因此预剪枝策略存在着"欠拟合"的问题。

(2)**后剪枝**:不同于预剪枝,后剪枝则是在决策树构建完成后,开始自底向上地对完整决策树中的非叶子节点进行考察,即验证将该节点对应的子树转换为叶子节点是否能够提升模型的判定精度,若这样的转换有效,则将该子树替换为叶子节点。相比于预剪枝,后剪枝可以实现更高的预测精度,然而后剪枝必须等待决策树的完整构建,因此算法效率较低。

3.4.3 决策树算法总结

决策树算法的优点如下。

(1)决策树算法既可以用来解决分类问题(ID3,C4.5,CART),也可以解决回归问题(CART)。

(2)决策树算法的结构可以很自然地实现多分类问题,而大部分的方法都可以通过多次二分类来实现多分类任务。

(3)输入到决策树算法的数据不需要额外的预处理,既可以处理离散值,也可以处理缺失值,即使数据中存在缺失值也不会影响决策树的生成和分类。

(4)决策树结构原理简单直观,算法效率高,并且相比较于其他的机器学习方法,尤其是深度学习方法,决策树算法具有更好的可解释性。

决策树算法的缺点如下。

(1)决策树算法容易陷入过拟合,并且模型泛化能力有限。

（2）决策树算法对数据敏感，当数据发生轻微变动时，可能会导致决策树结构的剧烈变动。

（3）决策树算法的预测结果更加倾向于数据集中分布比例更大的特征，针对该问题的一种可行解决方案是根据样本中特征分布比例分配对应的权重来平衡这个问题。

（4）决策树算法的泛化能力有限，难以捕获到一些复杂的关系或者模式，例如异或问题。

3.4.4 基于sklearn的决策树实验

1. 数据集介绍

为了便于演示，我们采用Scikit-Learn自带的鸢尾花数据集，并通过一个简单的实验来加深读者的认识，数据集的每个样本有4个属性：sepal length（萼片长度）、sepal width（萼片宽度）、petal length（花瓣长度）、petal width（花瓣宽度），单位都是厘米（cm）。样本标签包括3个品种类别：Setosa、Versicolour、Virginica，样本数量150个，每类50个，如表3-4所示。

表3-4 鸢尾花数据集

	sepal length	sepal width	petal length	petal width	label
0	5.1	3.5	1.4	0.2	0
1	4.9	3.0	1.4	0.2	0
...	...	...	...	...	...
50	6.4	3.5	4.5	1.2	1
...	...	...	...	...	...

2. 实验部分

这里采用load_iris()函数加载Scikit-Learn自带的iris数据集，然后直接调用sklearn包里面的DecisionTreeClassifier对数据集实现多分类，训练后使用graphviz库对决策树进行可视化，代码如图3-14所示。

```
decision-tree.py > ...
1   from sklearn.datasets import load_iris
2   import sklearn.tree as tree
3   import graphviz
4
5   iris = load_iris()
6   X, y = iris.data, iris.target
7   clf = tree.DecisionTreeClassifier()
8   clf = clf.fit(X, y)
9
10  dot_data = tree.export_graphviz(clf, out_file=None,
11                      feature_names=iris.feature_names,
12                      class_names=iris.target_names,
13                      filled=True, rounded=True,
14                      special_characters=True)
15  graph = graphviz.Source(dot_data)
16  graph.render("iris")
17
```

图3-14 决策树分类代码

模型训练结束后的分类可视化结果如图 3-15 所示。

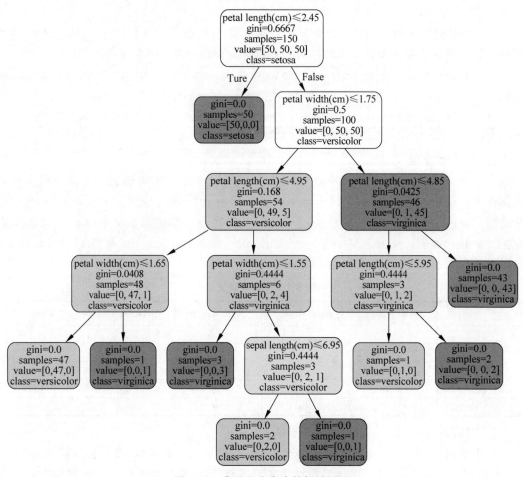

图 3-15   鸢尾花分类决策树效果图

3.5   朴素贝叶斯

和 3.4 节介绍的决策树算法不同,**朴素贝叶斯分类器**(Naive Bayes Classifier)主要依赖于统计学理论,有着坚实的数学理论支撑,从而保证了朴素贝叶斯模型具备较为稳定的分类精度。同时,朴素贝叶斯模型可以看成是一种统计模型,没有需要学习优化的参数,同时对于数据缺失问题并不敏感,算法稳定鲁棒性强,并且简单易用。

理论上来说,朴素贝叶斯模型相比于其他的分类方法应该具有更高的精度,但是实际应用中并非总是如此,主要原因是朴素贝叶斯模型为了简化模型计算提出了一个理想化的假设,即**数据集中各个属性(特征)之间是相互独立的**,不存在相关性。显然,这样的假设过于理想,在实际情况中是不成立的,因此降低了贝叶斯分类器的预测精度。由此,我们也可以联想到:朴素贝叶斯分类器的预测精度强烈依赖数据集中属性之间的相关性,若属性之间的联系较弱,分类器的预测表现就会好,反之,表现很差。

接下来在具体介绍朴素贝叶斯算法之前,先回顾一下和朴素贝叶斯算法相关的统计学知识,此外,为了帮助读者更好地理解本节的内容,这里使用高校科研课题组中一位同学的失眠状况作为简单的案例,如表 3-5 所示。

表 3-5　实验室某同学连续 8 天失眠状况统计表

科研是否顺利-X_1	食堂饭菜是否好吃-X_2	社交是否愉快-X_3	是否颈椎酸疼-X_4	睡前是否有饥饿感-X_5	睡前是否思考人生-X_6	是否失眠-Y
0(否)	1(是)	1(是)	0(否)	1(是)	1(是)	1(是)
1(是)	0(否)	1(是)	1(是)	0(否)	0(否)	1(是)
1(是)	1(是)	1(是)	1(是)	0(否)	0(否)	0(否)
1(是)	0(否)	0(否)	0(否)	0(否)	1(是)	0(否)
0(否)	0(否)	0(否)	0(否)	0(否)	0(否)	1(是)
1(是)	1(是)	1(是)	0(否)	0(否)	0(否)	0(否)
0(否)	0(否)	0(否)	0(否)	1(是)	1(是)	0(否)
1(是)	0(否)	1(是)	1(是)	0(否)	0(否)	?

这里,$X_1 \sim X_6$ 是这位同学在一天中发生的 6 种情况,即模型的输入数据,这位同学晚上是否失眠 Y 就是每一条实例对应的结果或者标签(Label)。

3.5.1　朴素贝叶斯相关的统计学知识

朴素贝叶斯模型源自统计学中的贝叶斯学派,贝叶斯学派的思想可以简单表示为:先验概率+数据≈后验概率。先验概率,即根据前人的或者自己日常积累的经验和分析得到的概率值(统计值)。通俗来说,先验就是人的常识,例如,掷骰子掷到 6 的概率是 1/6,这是一个常识,也是我们可以脱口而出的值;对于后验概率,即结果已经发生,求这个结果由某个因素引起的概率大小,简单来说,这个过程就是执果索因。例如,在上面给出的案例中,这位同学失眠了($Y=1$)是已经发生的结果,那么导致这个结果发生的因素可能是当天科研不顺利($x_1=0$),也可能是因为颈椎疼($x_2=1$),这两个因素分别导致失眠的概率 $P(X_1=0 \mid Y=1)$ 和 $P(X_2=1 \mid Y=1)$ 都是后验概率。

在实际的分类任务中,往往通过计算某个问题的后验概率来得到分类的概率,根据贝叶斯学派的假设,只要通过计算先验概率和充分利用已有数据就可以得到。严格来说,做到这一点并不简单,虽然数据很容易获得,但是如何确定某个问题的先验概率却是一个难题,因为先验概率往往是一种数据所在领域的经验知识,难以得到具体的量化。于是贝叶斯学派简化了先验概率的获取过程,直接假设模型服从某个特定的分布,显然这样的做法并不那么严谨,但是在大量的实际应用中,这样似乎还存在瑕疵的贝叶斯理论却展示出了很好的效果。下面介绍贝叶斯理论的相关知识。

条件独立公式,这里假设事件 X_1 和 X_2 是相互独立的,则有:

$$P(X_1, X_2) = P(X_1)P(X_2) \tag{3.40}$$

其中,$P(X_1)$ 和 $P(X_2)$ 分别表示 X_1 和 X_2 独立发生时的概率,$P(X_1, X_2)$ 表示 X_1 和 X_2 同时发生时的概率,即联合概率。这个公式的含义是:当 X_1 和 X_2 相互独立时,两者同时发生的概率等于两者各自发生的概率相乘。在上面表格的案例中,X_1 和 X_2 直观上没有什么关联,可以认为它们之间是条件独立的,但是,X_1 和 X_6 之间似乎存在较强的相关性,因为如果科研不顺利,睡前有较大可能会思考人生或者带有少些焦虑。

条件概率公式,这里不设置事件 X 和 Y 独立的假设,$P(X|Y)$ 表示先发生事件 Y,然后发生事件 X 的条件概率。由于 $P(X,Y)=P(X)P(Y|X)$,同理,$P(Y,X)=P(Y)P(X|Y)$,因为 $P(X,Y)=P(Y,X)$,最终可以得到如下贝叶斯定理。

$$P(Y \mid X)=\frac{P(X \mid Y)P(Y)}{P(X)} \tag{3.41}$$

将这个公式带入到上面的案例中,$P(Y|X)$ 是需要计算的概率,即在知道了这位同学的某种属性状态 X(假设此处仅考虑 X_1-科研是否顺利这一种情况)之后,失眠($Y=1$)的概率。这个概率值可通过 $P(X|Y)P(Y)/P(X)$ 计算得到,其中,$P(X|Y)$ 就是前面提到的后验概率,表示发生了 Y(失眠)的条件下,由特征 X(科研不顺利)导致这个结果发生的概率,$P(Y)$ 表示所有观测样本中发生失眠的概率,$P(X)$ 表示所有观测样本中科研不顺利的概率。

全概率公式,如下:

$$P(X)=\sum_m \{P(X \mid Y_m)P(Y_m)\} \tag{3.42}$$

其中,X 表示观测数据(特征),在上面的案例中 X 可以进一步分为 6 个特征 $X_1 \sim X_6$,Y_m 表示观测样本对应的具体类别或者标签,在上面的案例中,$m=2$,即 Y_0 表示失眠,Y_1 表示不失眠,并且 $\sum_m P(Y_m)=1$,即所有类别各自发生的概率之和为 1。

根据上述一系列的公式,得到**贝叶斯公式(就是一个分类公式)**如下。

$$P(Y_m \mid X)=\frac{P(X \mid Y_m)P(Y_m)}{\sum_m \{P(X \mid Y_m)P(Y_m)\}} \tag{3.43}$$

根据上面的贝叶斯公式,可以很容易计算出在给定观测样本数据 X 的情况下,其所属类别为 Y_m 的概率值了。

3.5.2　朴素贝叶斯模型

朴素贝叶斯模型正是通过上述的贝叶斯公式来实现分类任务,只是朴素贝叶斯增加了一个并不严谨但是可以简化模型计算的假设,即各个样本数据的特征之间相互独立,也正是因为这个假设,所以该模型才被称为"朴素"贝叶斯。根据这样的假设,朴素贝叶斯的公式可以简单表示如下。

$$P(Y_m \mid X)=\frac{P(X \mid Y_m)P(Y_m)}{P(X)}=P(Y_m)\prod_{i=1}^{I} P(X_i \mid Y_m)/P(X) \tag{3.44}$$

其中,$P(X)$ 表示数据样本中某种特征存在的概率(也就是某种特征在所有统计样本中出现的频次,如科研顺利的频次、心情愉快的频次)。对于已知某个样本特征,计算其分别属于哪个类别(Y_0 还是 Y_1)时,本质是计算其属于哪个类别的概率值更大,而对于不同类别的 Y_m,$P(X)$ 的值在计算时是一样的,因此在具体的实现中,可以约去,这样的话,朴素贝叶斯分类器可以简化为简单的公式表示:

$$P(Y_m \mid X)\cong P(Y_m)\prod_{i=1}^{N} P(X_i \mid Y_m) \tag{3.45}$$

假设输入数据 X 中包含 N 个特征,直接用 X_i 表示样本 X 的第 i 个特征的某个特定取值。这样,只要统计出类别 Y_m 的概率 $P(Y_m)$,以及当样本的类别对应为 Y_m 时,各种特征取值出现的概率，就可以计算出当前的观测样本属于类别 Y_m 的概率大小，以此类推，也可以统计出该观测样本属于其他类别的概率值，取最大的概率对应的类别即为样本的分类预测结果。

接下来，利用该朴素贝叶斯公式来预测上面提到的失眠案例，以验证上面的数学公式推导。

（1）计算训练样本中每个类别的频率，得到：$P(Y_1)=4/6=2/3$；$P(Y_0)=1/3$。

（2）计算每个类别条件下，各个特征属性划分的频率。

$P(X_1=1|Y_1)=1/2$；$P(X_1=0|Y_1)=1/2$；$P(X_1=1|Y_0)=2/3$；$P(X_1=0|Y_0)=1/3$；

$P(X_2=1|Y_1)=1/4$；$P(X_2=0|Y_1)=3/4$；$P(X_2=1|Y_0)=2/3$；$P(X_2=0|Y_0)=1/3$；

$P(X_3=1|Y_1)=1/2$；$P(X_3=0|Y_1)=1/2$；$P(X_3=1|Y_0)=2/3$；$P(X_3=0|Y_0)=1/3$；

$P(X_4=1|Y_1)=1/2$；$P(X_4=0|Y_1)=1/2$；$P(X_4=1|Y_0)=1/2$；$P(X_4=0|Y_0)=1/2$；

$P(X_5=1|Y_1)=1/4$；$P(X_5=0|Y_1)=3/4$；$P(X_5=1|Y_0)=1/3$；$P(X_5=0|Y_0)=2/3$；

$P(X_6=1|Y_1)=1/2$；$P(X_6=0|Y_1)=1/2$；$P(X_6=1|Y_0)=1/3$；$P(X_6=0|Y_0)=2/3$

（3）预测，使用上面训练得到朴素贝叶斯分类器鉴别第8天该同学是否会失眠。该同学第7天的状态是：$X_1=1$，$X_2=0$，$X_3=1$，$X_4=1$，$X_5=0$，$X_6=0$：

$P(Y_1|X)=P(Y_1)P(X_1=1|Y_1)P(X_2=0|Y_1)P(X_3=1|Y_1)P(X_4=1|Y_1)P(X_5=0|Y_1)P(X_6=0|Y_1)=2/3×1/2×3/4×1/2×1/2×3/4×1/2=0.0234$

$P(Y_0|X)=P(Y_0)P(X_1=1|Y_0)P(X_2=0|Y_0)P(X_3=1|Y_0)P(X_4=1|Y_0)P(X_5=0|Y_0)P(X_6=0|Y_0)=1/3×2/3×1/3×2/3×1/2×2/3×2/3=0.0110$

显然，$P(Y_1|X)>P(Y_0|X)$，所以该朴素贝叶斯模型判定该同学第8天晚上又要失眠了，当然，为了方便读者理解，上面的案例数据较少，实际应用中应该收集足够多的样本，使得使用统计频率来代表先验概率更站得住脚。

值得注意的是，正是由于朴素贝叶斯假设各个特征之间独立，$P(X|Y_m)=\prod_{i=1}^{I}P(X_i|Y_m)$ 才得以成立，如果特征之间不独立，是存在相互关系的，那么想要计算某个类别下某个特征为特定值的概率就没有那么容易了，因为还需要考虑到其他所有的特征。因此可以发现，这个独立性假设虽然过于理想化，但是却能极大简化模型，提升了模型计算效率。

3.5.3　总结

朴素贝叶斯算法的优点如下。

（1）朴素贝叶斯算法有着比较实在的统计学理论基础，也比较容易理解。

（2）和很多深度学习方法需要大量的训练数据来进行优化不同，朴素贝叶斯可以在小规模数据集表现出不俗的分类精度。

（3）和决策树不同，当数据发生轻微变动，朴素贝叶斯模型不会发生太大的变化，具有更好的稳定性。

（4）朴素贝叶斯算法对数据缺失问题并不敏感，同时算法简单高效易用，在文本分类中使用广泛。

朴素贝叶斯算法的缺点如下。

从数学角度来说，如果使用贝叶斯公式来实现分类任务，其精度相比较于其他方法应当具有最小的误差,但是由于朴素贝叶斯假设特征间相互独立,导致了在某些特征之间相关性高的场景下,模型表现不佳;相反,如果特征之间相关性很弱,朴素贝叶斯将具备很好的分类效果。

3.5.4　基于 sklearn 的 Naive-Bayes 实验

这里选用 Gaussian 朴素贝叶斯来作为模型,即假设每个特征在每个类别下的条件概率满足正态分布:

$$P(x_i \mid y) = \frac{1}{\sqrt{2\pi\sigma_y^2}} \exp\left(-\frac{(x_i - \mu_y)^2}{2\sigma_y^2}\right) \tag{3.46}$$

其中,μ_y 表示在样本类别 y 中,所有 x_i 的平均值;σ_y 表示在样本类别 y 中,所有 x_i 的方差。采用的估计方法是极大似然估计。

和决策树类似,我们选取鸢尾花数据集作为实验对象,先将数据集平均划分为训练集和测试集,然后用高斯朴素贝叶斯训练,测试后输出预测结果的正确数量,代码如图 3-16 所示。

```
gaussian-bayes.py > ...
1    from sklearn.datasets import load_iris
2    from sklearn.model_selection import train_test_split
3    from sklearn.naive_bayes import GaussianNB
4
5    X, y = load_iris(return_X_y=True)
6    X_train, X_test, y_train, y_test = train_test_split(X, y, test_size=0.5, random_state=0)
7    clf = GaussianNB()
8    y_pred = clf.fit(X_train, y_train).predict(X_test)
9
10   correct = (y_test == y_pred).sum()
11   total = X_test.shape[0]
12   print("The correct of predictions: {}/{}".format(correct, total))
13
```

图 3-16　朴素贝叶斯分类代码

运行输出结果如下。

```
The correct of predictions: 71/75
```

3.6　神经网络

神经网络是一种在很久之前就开始被研究的算法模型,虽然早期取得了一定的进展,但是却因为计算能力和计算条件有限,陷入了一段很长时间的低谷。后来,随着硬件计算能力的快速提升,以及在深度学习研究上取得的进展,神经网络再次受到研究者们的关注,不同的神经网络变体也相继面世并且在各个机器学习任务上展示出优秀的表现。本节主要从思想和算法两个角度来介绍全连接神经网络及其变体卷积神经网络和循环神经网络。

3.6.1　神经元模型

神经元,作为神经网络中最基本的网络结构,其灵感主要来自生物学中的神经系统,在动物的神经系统中,神经元有两种状态:兴奋状态和抑制状态(其实相当于激活函数的作用)。如果神经元受到刺激,就会从抑制状态转变为兴奋状态,该过程被称为"激活",当这个神经元处于兴奋状态时,它就会向周围其他的神经元传递使自己兴奋的"消息"。图 3-17 是一个神经元的图示,左侧的须状物质是信号输入部位,这里的信号源可以是外界信息,也可能是其他神经元输出的信号(对应神经网络的特征输入,或者上一层网络提供给当前神经元的输入)。中间的白色管道状物质是信号处理部分,负责将输入的信号汇总并执行相关的处理。右侧的须状物质是信号输出部分,处理完的信号会通过该模块输出到

图 3-17 生物学神经元示意图

其他的神经元。其实对于神经元模型,先要理解它是由数据输入、数据处理、数据输出三个部分组成。

下面将图 3-17 的神经元简化为模型图的形式,如图 3-18 所示,来详细讲解信号从输入到输出的过程。

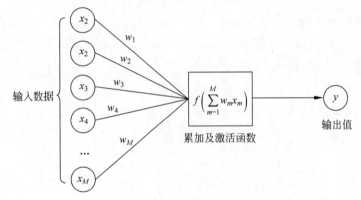

图 3-18 计算机科学中神经元模型图

首先,假设输入数据的特征有 M 维,即有 M 个不同的特征,表示为 $\{x_m \mid 1 \leqslant m \leqslant M\}$,对应于神经元模型的输入部分;接着将这些特征汇总,直观上来看,人对于不同的特征数据具有不同的感兴趣程度,所以在特征汇总的过程中,要为每一个特征加权,汇总后的特征会经过一个非线性的激活函数 $f(\cdot)$ 来学习这些特征中隐含的非线性关系,一般激活函数可以使用阶跃函数表示——大于阈值激活,反之处于抑制状态。但是,阶跃函数不连续不可导,在后续计算时不是很方便,因此一般使用 Sigmoid 函数 $\sigma(\cdot)$ 作为激活函数,其计算公式如下。

$$\sigma(\cdot) = \frac{1}{1 + e^{-x}} \tag{3.47}$$

Sigmoid 激活函数的图形其实很像一个阶跃函数,但是连续可导,如图 3-19 所示。

经过激活函数处理后的结果又作为其他神经元的输入数据传递到其他的神经元。神经元处理的过程可以使用如下公式简单表示:

$$\boldsymbol{Y} = \sigma(\boldsymbol{WX}) \tag{3.48}$$

其中,$\boldsymbol{X}$ 是输入数据的矩阵形式,$\boldsymbol{W}$ 是权重矩阵,$\boldsymbol{Y}$ 是输出数据的矩阵形式。

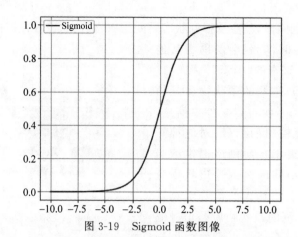

图 3-19　Sigmoid 函数图像

其实,除了 Sigmoid 函数之外,常用的激活函数还有很多,例如双曲正切函数 tanh,修正线性单元 ReLU 等,它们的公式如下。

$$
\begin{cases}
\tanh(x) = \dfrac{e^x - e^{-x}}{e^x + e^{-x}} \\
\mathrm{ReLU}(x) = \max(0, x)
\end{cases}
\tag{3.49}
$$

双曲正切函数的图像如图 3-20 所示。

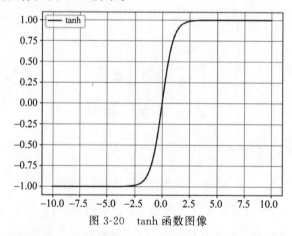

图 3-20　tanh 函数图像

修正线性单元的图像如图 3-21 所示。

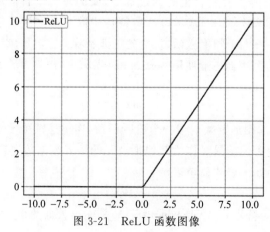

图 3-21　ReLU 函数图像

但是,我们注意到神经元的激活函数几乎都是非线性的,其实这并不难理解——使用非线性激活函数是为了增加神经网络模型的非线性因素,使得网络的能力更加强大,从而能够学习更复杂的数据。最终使得神经网络可以拟合任意非线性函数,关于这个结论的数学证明就不在这里赘述了,如果读者感兴趣,可以阅读相关论文[1]。

下面从数学角度简单解释一下,在神经网络中,为什么不用线性激活函数。假设某神经网络如图 3-22 所示。

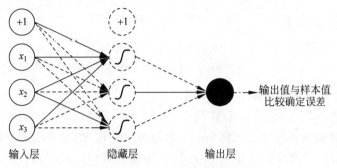

图 3-22 仅有 1 个隐藏层的神经网络

设输入 $x=[x_1,x_2,x_3]^T$,输出为 $\hat{y}$,第 i 层的权重矩阵和偏差分别为 $\boldsymbol{W}^{[i]},b^{[i]}$,激活函数为 $g^{[i]}$,权重计算值和激活函数值为 $z^{[i]},a^{[i]}$。

则隐藏层满足:

$$\begin{cases} z^{[1]}=\boldsymbol{W}^{[1]}x+b^{[1]} \\ a^{[1]}=g^{[1]}(z^{[1]}) \end{cases} \tag{3.50}$$

输出层满足:

$$\begin{cases} z^{[2]}=\boldsymbol{W}^{[2]}a^{[1]}+b^{[2]} \\ a^{[2]}=g^{[2]}(z^{[2]}) \end{cases} \tag{3.51}$$

如果该网络的激活函数均为 $g(x)=x$,则 $a^{[1]}=z^{[1]}$,$a^{[2]}=z^{[2]}$,易得:

$$\begin{aligned} a^{[2]} &=\boldsymbol{W}^{[2]}(\boldsymbol{W}^{[1]}x+b^{[1]})+b^{[2]} \\ &=\boldsymbol{W}^{[2]}\boldsymbol{W}^{[1]}x+\boldsymbol{W}^{[2]}b^{[1]}+b^{[2]} \end{aligned} \tag{3.52}$$

显然,如果在**隐藏层**使用线性激活函数或者不用激活函数,那么神经网络只是把输入线性组合再输出。这样,无论神经网络有多少层,只是一直在重复线性计算,所以还不如直接去掉全部隐藏层。

3.6.2 全连接神经网络

1. 网络结构

神经元模型本质上就是一个**单层感知器**(Single-Layer Perceptron),是最简单的人工神经网络。由于其输入层和输出层直接相连,只能用于处理线性问题,不能处理非线性问题。

多层感知器(Multi-Layer Perceptron,MLP)本质上就是在输入层与输出层之间添加了若干个隐藏层,且每一层之间都是全连接的(Fully-Connected),即前一层的每个神经元会都与下一层的全部神经元连接。

相对于单层感知器,多层感知器输出端从一个变成了多个。此外,除了输入层,其余所有层的节点,都是使用非线性激活函数的神经元,这样就克服了单层感知器针对非线性分类问题的弱点。

一个简单的 MLP 模型如图 3-23 所示。

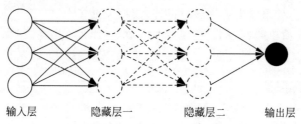

输入层　　　　隐藏层一　　　　隐藏层二　　　　输出层

图 3-23　多层感知器模型

2. 网络优化——反向传播算法

神经网络中的参数主要包括:连接权重、网络层数、神经元个数、学习率 α 等。其中,只有神经元之间的连接权重能够通过网络的不断训练得到优化,也就是神经网络模型训练的最终目标;而其他的参数只能通过人工设置,称为超参数(Hyper Parameter),通过调整超参,能够改变模型训练的过程和最终收敛的效果。

在构建完神经网络之后,需要通过优化算法来更新神经网络中的参数,参数对应于网络中各层神经元之间的权重矩阵。因为在训练的每次迭代中,通过正向传播得到输出值之后,需要从输出层开始,反向逐层向输入层逼近,用链式法则求出每一层的梯度,所以该优化算法被称为反向传播算法(Backward Propagation)。反向传播算法是在神经网络中应用最广泛的优化算法,其主要流程如图 3-24 所示。

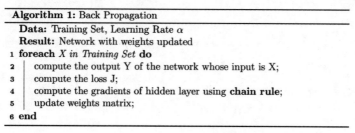

图 3-24　反向传播算法流程

3. 总结

全连接神经网络具有如下优点。

(1) 神经网络具有较强的泛化能力,可以捕获到特征之间重要的非线性关系,这种非线性特征提取能力在现实问题中非常重要,因为大部分特征之间的相互关系都是高阶非线性的。

(2) 具备自学习能力,在构建完神经网络和模型特征之后就可以自动进行模型的优化,不需要额外的基于领域知识的预处理操作。

全连接神经网络的缺点如下。

(1) 神经网络的可解释性较差,整个网络的中间处理是一个类似于"黑盒"的过程,因此在一些需要可解释性的任务中无法使用神经网络模型,例如医疗预测等。

(2) 神经网络的计算负担很大,通常来说,基于神经网络的算法都会比基于传统机器学习的算法的计算复杂度更高。神经网络的计算负担往往取决于数据的大小，以及网络的深度和宽度。

（3）神经网络的学习能力往往需要大量的训练数据支撑，因此对于只有很小规模数据量的数据集，朴素贝叶斯等算法往往可以表现出更优的分类效果。

3.6.3　卷积神经网络

在介绍卷积神经网络（Convolution Neural Network）之前，先了解一下一般的人类视觉原理，人眼首先获取外部输入信号（视觉数据，如图片），接着对输入信号做出初步处理（学习一些边缘和方向特征），然后对这些特征进行抽象（学习输入信号中的物体的大致形状，圆形或者方形），接着进一步抽象（根据上一步抽象的结果做出判定，例如眼前的物品是猫或者狗）。图 3-25 是人脑进行对人脸、汽车、大象、椅子识别的一个示例[2]。

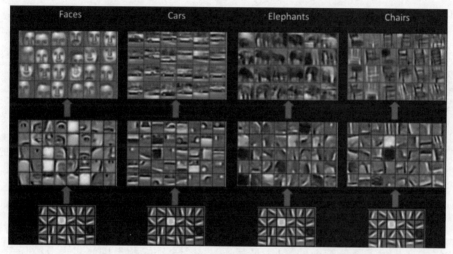

图 3-25　人脑对人脸、汽车、大象、椅子的分级识别过程示意图

可以发现，即使是针对不同的物品进行识别，人类的视觉原理也是通过这样的步骤来分级认知的。使用图 3-26 来表示人类识别大象的具体流程，具体来说，在最底层处理得到的特征（各种边缘和方向特征）基本上是类似的，接下来的特征处理，可以提取出此类物体的形状和局部特征（如大象鼻子、耳朵等），到最后的处理步骤，上一步得到的各种局部特征通过组合形成相应的图像，从而实现准确的判定。

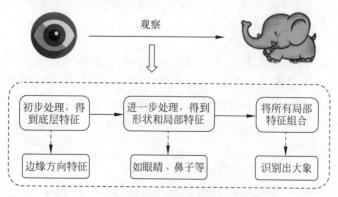

图 3-26　人脑对大象的识别过程的简易流程图

由上述人类视觉原理,计算机视觉科学家受到启发:可以让计算机来模仿人类大脑的视觉处理过程,从而构造出对应神经网络,在这样的网络结构中,底层网络部分实现初级图像特征的处理和提取,网络更高层部分则依赖于底层网络构造的初级特征来提取高级特征,最终通过不同类型特征的组合,在网络的最后一层做出判定和分类。事实上,这样的想法是可行的,并且卷积神经网络就是基于这样的灵感而被提出和设计的,下面将详细介绍卷积神经网络的模型结构。

1. 卷积神经网络的模型结构

卷积神经网络和全连接神经网络一样,是一种多层神经网络,但是由于其能够捕获空间相关性特征信息,更加擅长于处理视觉相关的分类问题。卷积神经网络通过一些有效的策略,成功地将图像识别中特征维度进行降维,解决了"维度爆炸"问题,从而实现有效的模型训练和预测。下面以早期最经典的卷积神经网络 LeNet 为例来讲解卷积神经网络的一般结构,如图 3-27 所示。

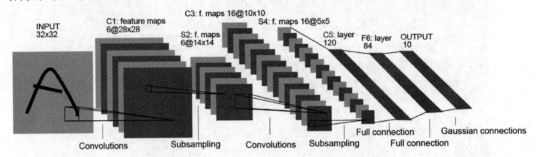

图 3-27　LeNet-5 卷积神经网络框架图[3]

由图 3-27 可以看出,卷积神经网络整体可以看成是由卷积层、池化层、全连接层这三部分组成。其中,卷积层与池化层实现特征的逐层学习和提取,卷积层是为了捕获图像局部特征,池化层主要是为了降低特征的维度,最后通过一个全连接神经网络实现分类任务。下面具体介绍卷积、池化等操作。

根据卷积神经网络的命名可以知道,卷积是卷积神经网络的核心操作。首先,需要了解卷积操作中的相关概念。

(1)卷积核:是卷积神经网络中除了全连接神经网络之外,唯一需要学习和更新的参数,可以理解为一个滑动窗口,在特征图(Feature Map,也可以理解为卷积层的输入)上按照固定步长进行滑动,将特征图中相应的数值和卷积核对应的特征值做逐元素相乘并求和,权值即卷积核中每个位置上的数值。

(2)步长:卷积核每次滑动的间距。

(3)填充(Padding):顾名思义,填充就是往输入特征矩阵中填充一些"假"特征,一般在特征矩阵的边缘填充 0,这样做的原因主要是防止不断的卷积操作使得图像特征图越来越小;其次,是为了让边缘的特征和中间的特征可以被卷积核捕获的频率保持一致。

(4)池化:为了减少特征处理的计算量,同时缓解过拟合问题,对卷积后得到的特征进行裁剪。

$$W = \begin{bmatrix} w_{11} & w_{12} & \cdots & w_{1n} \\ w_{21} & w_{22} & \cdots & w_{2n} \\ & & \cdots & \\ w_{m1} & w_{m2} & \cdots & w_{mn} \end{bmatrix}$$

假如给定一个 $m \times n$ 的卷积核 W 如图 3-28 所示。

使用该卷积核对输入图像 X 进行卷积操作,其过程可以

图 3-28　$m \times n$ 卷积核示意图

使用公式描述如下。

$$Z = w_1 x_1 + w_2 x_2 + \cdots + w_{mn} x_{mn} = \sum_{k=1}^{mn} w_k x_k = \boldsymbol{W}^{\mathrm{T}} X \qquad (3.53)$$

卷积核中的每一个权值分别和图像 X 中对应位置上的像素值相乘后求和,就相当于一个加权求和的过程。然而这只是一次卷积运算,实际上,卷积神经网络对图像需要进行多次这样的卷积操作：卷积核按照步长在输入图像 X 上进行滑动,并且对覆盖的局部区域进行上述卷积运算,直到卷积核遍历完整个图像 X,计算得到的结果即为此次卷积过程的特征输出。一个标准的卷积过程如图 3-29 所示。

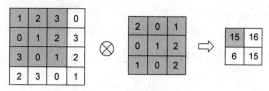

图 3-29　卷积过程示例

在图 3-29 中,卷积核大小为 3×3,每次会覆盖 3×3 的区域,将步长设置为 1,则卷积核总共会滑动 4 次,最后会得到 2×2 的输出特征。值得注意的是,神经网络在卷积层中设置的卷积核可能有很多个,每个卷积核都会输出这样的 2×2 的特征,即卷积核的数量对应了输出特征图的深度。

为了更好地理解卷积神经网络中的卷积操作,下面详细介绍卷积核的维度和网络输入输出大小的关系。首先,卷积核的输出特征和输入特征的尺寸关系表述如下。

$$\text{output}_{\text{size}} = \frac{\text{input}_{\text{size}} - \text{kernel}_{\text{size}} + 2 \times \text{padding}}{\text{stride}} + 1 \qquad (3.54)$$

其中,output_size 和 input_size 分别对应输出特征和输入特征的尺寸,kernel_size 是卷积核的尺寸,stride 是步长,padding 表示需要在输入特征周围填充。卷积核的参数量也是和输入输出特征的通道数直接相关的,每个卷积核都和输入特征具有相同的通道数,每个通道分别进行卷积计算并求和,由此可见,卷积核的参数量为 out_channels(输出通道数)× in_channels(输入通道数)×kernel_size(卷积核尺寸)×kernel_size(卷积核尺寸),相应地,卷积核的维度为(out_channels,in_channels,kernel_size_h,kernel_size_w)。

一般来说,在通过卷积层提取到特征表示之后,我们就迫不及待地利用特征来实现分类。虽然这样做理论上是可行的,但是巨大的计算量是不可避免的,同时模型容易陷入过拟合的问题,回想前面介绍的决策树算法也存在过拟合的问题,并且可以使用剪枝的策略将缓解过拟合,那么在卷积神经网络中是否也可以使用类似于剪枝的策略来解决过拟合的问题呢?池化操作很好地解决了这个问题,池化可以理解成是对输入特征中的局部区域的不同位置上的特征进行聚合统计,这里的聚合统计可以是统计出该区域中所有值的最大值,即最大值池化(Max Pooling),也可以是统计出平均值,即平均值池化(Mean Pooling),目前在深度学习的研究中,最大值池化是使用更为广泛且效果更好的池化方法。如图 3-30 所示是最大值池化的过程,平均值池化也是类似的过程。

其实池化过程和卷积过程有一点很相似,即都是一种窗口滑动的过程,然而这两个过程还是有着本质的区别。首先,池化过程是没有参数需要学习和更新的,其次,池化输出的特

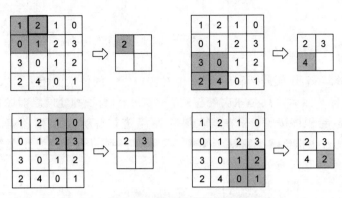

图 3-30 最大池化示例图

征虽然宽度和长度都降低了,但是深度没有改变,而卷积输出的特征图的深度和卷积核的深度是一致的。

上述过程通过卷积、池化后得到了初步的输出特征,但是这个过程还只是一种线性的过程,需要设置非线性激活函数来提高模型的非线性泛化能力,在卷积神经网络中,这个道理和全连接神经网络是一样的。不过,在卷积神经网络中一般使用 ReLU(Rectified Linear Unit)激活函数,相比较于全连接神经网络中用得比较多的 Sigmoid 激活函数在网络过深时容易发生梯度消失的问题,当输入大于 0 时,ReLU 激活函数的导数为 1,可以有效避免梯度无限接近零的梯度消失现象,同时,ReLU 激活函数还会使一部分神经元的输出为 0,提升了网络的稀疏性,减少了网络参数之间的依赖性,一定程度缓解了过拟合问题。

在通过上述多次卷积部分的特征提取(卷积+池化)之后,卷积神经网络使用全连接神经网络来处理这些特征并实现具体的分类任务,一般在全连接的最后一层使用 Softmax 函数计算当前样本在所有分类上的概率分布。

2. 卷积神经网络总结

卷积神经网络的优点如下。

(1) 对于图像处理而言,卷积神经网络的模型结构相比于全连接神经网络更加合理,特征共享机制提升了模型的特征提取能力,从而实现了更高的分类精度。

(2) 和全连接神经网络相比,卷积神经网络需要学习更新的参数更少,一个完整的卷积神经网络大部分的参数都集中在卷积之后的全连接层中。因此,卷积神经网络可以设计得更深。

卷积神经网络的缺点如下。

(1) 和全连接神经网络一样,需要大量的训练数据才能保证模型的泛化能力。

(2) 可解释性差,整体模型的计算过程是一个"黑盒"。

3.6.4 循环神经网络

前面介绍的机器学习方法都是单独地去处理一个一个的输入数据,并且认为这些输入之间是独立的。但是实际上,在某些机器学习场景下,捕获不同输入之间的序列关系是非常必要的。例如,在自然语言理解研究领域,需要理解一句话的意思,显然单词之间的前后顺序也是非常重要的特征,因为有些时候如果句子中单词的顺序改变了,句子的语义也就发生了颠覆性的转变。例如,"先有鸡再有蛋"改变单词顺序后就变成了"先有蛋再有鸡",显然两个句子的含义是相反的。所以,为了解决类似这样的问题,捕获不同输入之间可能存在的顺序关系,或者为了更好地处理序列输入,循环神经网络(Recurrent Neural Network)应运而生。

1. 传统的循环神经网络结构

这一部分先介绍循环神经网络的整体模型结构,接着详细说明循环神经网络中数据处理过程。图 3-31 是循环神经网络的简单示意图。

在图 3-31 中,如果不看循环层 W,则网络的结构就和全连接神经网络完全一致。从图可见,指向 W 和从 W 发出的箭头形成了一个闭环,显然这是一个循环的过程,循环神经网络正是由此结构得以命名。将这样的闭环结构按照时间线展开后可以得到如图 3-32 所示的网络结构。当然,图中仅展示了 3 个时刻($t-1$, t, $t+1$)输入的局部模型,根据这个局部模型,3 个时刻的输入分别是 x_{t-1}, x_t, x_{t+1},每个输入都会通过中间的隐藏层并得到各自对应的输出 o_{t-1}, o_t, o_{t+1},这样看起来就像是 3 个并行的全连接神经网络,但是这里将相邻的全连接神经网络进行关联,关联规则是将前一时刻的隐藏层提取的特征也作为下一时刻全连接神经网络的输入,这样,除了第一个时刻和最后一个时刻的全连接神经网络,其他的子网络都有两个输入:上一时刻的隐藏层,此刻的数据输入。

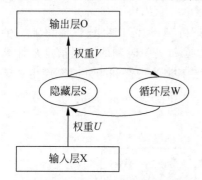

图 3-31　循环神经网络示意图

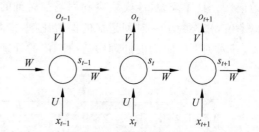

图 3-32　时间线展开后的循环神经网络结构图

接下来,使用公式来描述整体的循环神经网络的数据处理过程,具体如下。

$$\begin{cases} S_t = f(\boldsymbol{U} \cdot \boldsymbol{X}_t + \boldsymbol{W} \cdot \boldsymbol{S}_{t-1}) \\ O_t = g(\boldsymbol{V} \cdot \boldsymbol{S}_t) \end{cases} \tag{3.55}$$

其中,S_t 表示在 t 时刻的隐藏层提取的特征,O_t 是在 t 时刻的输出,$\boldsymbol{U}$、$\boldsymbol{V}$ 和 $\boldsymbol{W}$ 是权重转换矩阵,是模型中需要学习和更新的网络参数。值得注意的是,在循环神经网络中,即使是在不同时刻的子网络中,$\boldsymbol{U}$、$\boldsymbol{V}$ 和 $\boldsymbol{W}$ 都是权值共享的,$f(\cdot)$ 是非线性激活函数,一般使用 tanh 激活函数,$g(\cdot)$ 是输出函数,一般使用 softmax 函数来计算类别概率。

2. 长短期记忆

尽管传统循环神经网络可以捕获序列数据中的时序特征,但是仍然存在着长期相关性的局限性,又被称为长期依赖问题。具体来说,循环神经网络中的节点经过若干阶段的计算之后,之前较早时刻处理的特征已经退化,或者说被覆盖,即随着序列数据时间片的推移,循环神经网络会逐渐丧失学习长期记忆的能力。然而,在很多机器学习的任务中,长期记忆和短期记忆分别发挥着不同的作用,缺一不可。基于此,一种循环神经网络的变体,长短期记忆网络(Long Short-Term Memory,LSTM)被提出。

为了更好地介绍 LSTM 的内部结构,可以通过和传统循环神经网络的对比来学习 LSTM 的模型细节。图 3-33 是传统循环神经网络的模型简图[1]。

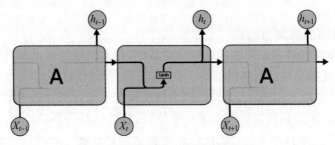

图 3-33 传统循环神经网络模型简图

显然,传统循环神经网络作为一个链式结构,对于每个时间段上的处理都非常简单,同时,在这样的处理单元中,上一时刻 $t-1$ 的输出和当前时间段的输入可以看成等效作为输入数据,并且二者一起经过当前单元中非线性激活函数处理后作为下一时刻 $t+1$ 的隐层输入特征。简单来说,上一时刻的记忆都会通过非线性的处理过程,随着网络的深度传播,这些网络处理单元堆叠了多次非线性操作,早期的记忆(早期的隐藏层的信息)被不断淡化,以至于网络会失去学习长期记忆的能力。

为了解决这样的问题,LSTM 专门设计了"遗忘门"机制,遗忘门会**线性保留**上一个时刻的记忆。具体来说,该模块会利用当前时刻的输入数据和上一时刻的隐层信息来计算一个概率值,来作为上一时刻记忆的保留比例,接着将保留下来的记忆和当前时刻产生的记忆合并,进入到下一时刻的处理中。遗忘门的处理如图 3-34 所示。

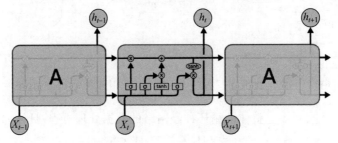

图 3-34 遗忘门处理示意图

其中,当前时刻的输入为 X_t,上一时刻的隐层信息和记忆信息分别为 h_{t-1} 和 C_{t-1}。注意,很多读者容易将隐层信息 h 和记忆信息 C 混淆,其实可以将记忆信息理解成是隐层信息的改进版本,前面也提到了,隐层信息无法保存长期的记忆,而记忆单元却可以,遗忘门的处理过程如下。

$$p_1 = \text{Sigmoid}(\boldsymbol{W}_1(h_{t-1} \oplus X_t) + b_1) \qquad (3.56)$$

其中,$\boldsymbol{W}_1$ 和 b_1 表示处理数据的权重转换矩阵和偏置项,$\oplus$ 代表拼接操作,p_1 是一个介于 0 和 1 的概率值,p_1 的值决定了上一次记忆的保留比例,除此之外,还需要计算一个概率值 p_2 决定当前时刻输入数据在形成记忆时的保留比例。下面的公式表示,当前时刻完整记忆的形成过程:

$$\begin{cases} p_2 = \mathrm{Sigmoid}(\boldsymbol{W}_2(h_{t-1} \oplus \boldsymbol{X}_t) + b_2) \\ C_t = p_1 \cdot C_{t-1} + p_2 \cdot \tanh(\boldsymbol{W}_3(h_{t-1} \oplus \boldsymbol{X}_t) + b_3) \end{cases} \quad (3.57)$$

在这个公式中,前一部分显然是对上一时刻记忆的保留过程,而后一部分 $p_2 \cdot \tanh$ $(\boldsymbol{W}_2(h_{t-1} \oplus \boldsymbol{X}_t) + b_2)$ 则表示当前时刻的数据 $(h_{t-1} \oplus \boldsymbol{X}_t)$ 所形成的记忆信息。两个部分相加便是此刻全部的记忆数据。与上一时刻的处理过程一样,当前时刻的记忆数据还会继续向后一个时刻传播,并且迭代地进行上述过程。

在 LSTM 中,还需要考虑不同时刻的隐藏单元信息的生成,那 LSTM 如何生成当前时刻的隐藏层信息 h_t 的呢? h_t 表示当前时刻 t 的全部输出信息,如图 3-35 所示是隐藏层信息的生成过程,可以发现,h_t 的生成几乎用到了前面提及的所有数据,包括上一时刻的隐藏信息 h_{t-1}、此刻输入数据 $\boldsymbol{X}_t$、上一时刻的记忆数据 C_{t-1}。

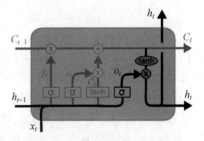

图 3-35 隐藏层信息生成过程

根据这张图,可以很直观地理解到一个事实:当前时刻单元隐藏层的生成主要依靠的是①当前时刻的记忆信息 C_t;②当前时刻的输入数据;③上一时刻的隐藏层信息,这些数据仅仅被用来计算一个概率值,这个概率值主要用于保留 C_t 经过非线性处理后的部分信息作为当前时刻的隐藏层信息,这个套路还是上面提及的遗忘门机制。我们使用下面的公式来表示这个过程。

$$\begin{cases} p_3 = \mathrm{Sigmoid}(\boldsymbol{W}_4(h_{t-1} \oplus \boldsymbol{X}_t) + b_4) \\ h_t = p_3 \cdot \tanh(C_t) \end{cases} \quad (3.58)$$

注意,时刻 t 的隐藏层信息 h_t 和记忆单元 C_t 有着本质的区别,C_t 表示前面所有时刻的记忆总和,通过前面的公式可以发现,C_t 的计算可以看成是前面所有时刻的记忆单元的线性的加权累加,因此其对于长期记忆的保存效果较好,而隐藏层信息 h_t 也可以被理解成记忆信息,然而却只是当前时刻的记忆,从公式 $h_t = p_3 \cdot \tanh(C_t)$ 可以看出,h_t 本质上是先将 C_t 通过 tanh 激活函数压缩到 $(-1,1)$,然后计算一个概率值 p_3 来过滤出 C_t 中和当前时刻相关的上下文信息,也就是说,当前时刻的隐藏层信息 h_t 是全局记忆信息 C_t 的一部分信息。

3. 门循环单元

门循环单元(Gate Recurrent Unit,GRU)可以理解为一种轻量级的 LSTM,因为 GRU 有着和 LSTM 非常接近的模型表现,但是模型却比 LSTM 更加简洁。GRU 的结构很大程度上基于 LSTM,是 LSTM 的一种变体,它将 LSTM 的记忆单元 C_t 和隐藏单元 h_t 合并成一个单元,称为"更新门",当然也有一些其他的改进,鉴于其和 LSTM 的相似性,我们简要介绍 GRU 模型。

下面配合简单的 GRU 示意图和对应的公式来说明 GRU 的模型细节。GRU 在当前时刻的模型图如图 3-36 所示。

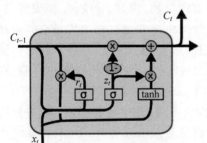

图 3-36 门循环单元模型图

GRU 将上一时刻的隐藏层(或者上一次时刻的输出信息)信息和需要线性保存的记忆合并在了一个新

的单元中,原因在于既然记忆单元中已经包含隐藏层信息(LSTM 小结的末尾提供了相关说明),那为什么还要保留隐藏层信息呢? 于是在 GRU 的计算过程中就移除了隐藏层单元 h(这个陈述要给出一定的原因介绍,要不太生硬。这个"由于"是怎么来的?),为了方便理解,仍然使用 C 来表示这个合并的单元。首先,学习记忆的线性保留过程:

$$\begin{cases} p_1 = \mathrm{Sigmoid}(\boldsymbol{W}_1(C_{t-1} \oplus \boldsymbol{X}_t)) \\ p_2 = \mathrm{Sigmoid}(\boldsymbol{W}_2(C_{t-1} \oplus \boldsymbol{X}_t)) \\ C_t = (1-p_1) \cdot C_{t-1} + p_1 \tanh(\boldsymbol{W}_3(p_2 \times C_{t-1} \oplus \boldsymbol{X}_t)) \end{cases} \tag{3.59}$$

显然,公式中的 $\tanh(\boldsymbol{W}_3(p_2 \times C_{t-1} \oplus \boldsymbol{X}_t))$ 便是此刻利用输入数据和之前所有时刻记忆信息生成的此刻的记忆信息,由于 C_{t-1} 包含 $t-1$ 时刻及其之前时刻所有的记忆信息,因此使用 C_{t-1} 和 X_t 来生成一个概率值 p_2,用于保留 $t-1$ 时刻及其之前时刻的记忆 C_{t-1} 中的信息,并将该信息融入当前时刻记忆信息的生成中,即将 $p_2 \times C_{t-1}$ 和 X_t 拼接后通过非线性激活函数 $\tanh(\cdot)$ 来生成当前时刻的记忆信息,最后,将前一时刻线性保留下来的记忆信息 C_{t-1} 和当前时刻生成的记忆信息相加,得到了此刻完整的记忆信息。值得注意的是,C_{t-1} 的线性保留比例是 $(1-p_1)$,当前时刻记忆信息的保留比例为 p_1(LSTM 利用前一时刻隐藏层和当前输入计算得到的概率值作为保留比例),这是因为 GRU 认为,之前所有时刻的记忆和当前时刻生成的记忆应该是此消彼长的关系,因此直接使用 $(1-p_1)$ 作为 C_{t-1} 的保留概率值。

4. 总结

神经网络除了全连接神经网络、卷积神经网络、循环神经网络,还有很多其他的变体,本节主要介绍最常用的三种神经网络,分别适用于不同的场景,全连接神经网络具有较强的学习能力和泛化能力,可以看成是其他神经网络的基础模块,卷积神经网络适用于处理结构化的数据(图像),循环神经网络适用于处理时序数据,值得注意的是,在卷积神经网络和循环神经网络中,都用到了全连接神经网络作为数据处理的一个环节。尽管这些神经网络模型都具备强大的特征捕获能力,但是它们都存在一个不可避免的缺陷,即可解释性差,整体模型的计算和推理过程仍然是一个"黑盒",因此对于需要较高可解释性的任务就需要对这些变体做进一步改造。

3.6.5 图神经网络

图神经网络[4](Graph Neural Network,GNN)专门用于处理图结构数据,例如,来自社交网络、知识图谱等数据。推荐系统中大部分的信息具有图结构,例如,社交图、知识图谱、用户-项目的交互图、序列中的项目转移图等,使用图神经网络能够通过迭代传播来捕获高阶的交互信号,并且能够有效地整合社交关系、属性等辅助信息,因此可以将推荐问题转换为图中的链接预测问题。近两年来,随着图神经网络的发展,越来越多的研究将推荐问题转换成为图结构来解决。本节将重点介绍一下 GNN 的基本原理。

图神经网络可以通过节点间的信息传播捕获图结构的依赖,其主要的思想为:迭代地聚合邻域信息,并整合聚合后的邻域信息和自身节点的特征更新节点表征。本节将从时空领域解释说明图神经网络原理。对于一个给定无向图 $G=(V,E)$,其中,V 为顶点集合,E 为边集合,e_{uv} 表示 u 节点和 v 节点的边信息,定义 h_u 为 u 节点隐含特征表示,如图 3-37 所示。

图结构特征提取是直接使用图的拓扑结构,根据图的邻接信息进行信息收集。该方法需要设计聚合函数和更新函数,聚合函数用来聚合来自邻居的信息,更新函数用来融合邻居节点和中心节点。

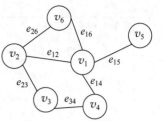

图 3-37　无向图示例

聚合函数:对于一条边 e_{uv} 包含两个端点 u 节点和 v 节点,同时 u 节点可以称为 v 节点的邻居,聚合函数把中心节点的所有邻居上一层特征进行聚合操作(如求和、加权平均等操作),定义第 k 层节点 v 的聚合函数为:

$$h_v^{(k)} = \text{AGGREGATE}^{(k)}(\{(h_v^{(k-1)}, h_u^{(k-1)}, e_{uv}): u \in N(v)\})$$

其中,$N(v)$ 表示 v 节点的所有邻居集合,$h_v^{(k)}$ 表示 v 节点的邻居所包含的信息,$\text{AGGREGATE}^{(k)}(\cdot)$ 表示第 k 层的聚合操作(如求和、加权平均等)。

更新函数:通过聚合函数可以得到中心节点来自邻居的信息表征,我们通过更新函数来更新中心节点的最终表征,定义为:

$$h_v^K = \text{COMBINE}(h_v^{K-1}, h_v^{(k)})$$

其中,h_v^K 表示 v 节点在第 k 层最终表征,$\text{COMBINE}^{(k)}(\cdot)$ 表示第 k 层的更新函数(如拼接向量、加权平均等操作)。通过以上两个步骤可以得到节点 v 通过 K 层图神经网络之后的最后表征,然后应用到下游任务例如节点分类、链接预测等。

3.6.6　实验评估

1. 测试全连接神经网络、卷积神经网络在手写数字识别任务上的表现

为了评估全连接神经网络、卷积神经网络的模型表现,我们选择 MNIST 手写数字识别数据集进行实验。MNIST 数据集中有样本数为 60 000 的训练集和样本数为 10 000 的测试集,主要包括图片和标签,图片是 28×28 的像素矩阵,标签是 0~9 的数字。我们使用百度的 PaddlePaddle 框架分别实现全连接神经网络和卷积神经网络,通过全连接神经网络和卷积神经网络在 MNIST 数据集上展现出了准确率作为评估指标。

首先,实现全连接神经网络模型主要代码如图 3-38 所示,具体来说,我们构造了一个有 3 个隐藏层的网络,神经元个数分别为 300、100、10,前两层使用 ReLU 作为激活函数,最后一层使用 softmax 函数输出分类结果。

接着,实现卷积神经网络模型主要代码如图 3-39 所示,其中设置了两层卷积+池化操作,最后使用 3 层全连接层来输出分类结果,输出层使用 softmax 激活函数,其余中间层使用 ReLU 激活函数。

最后,使用 MNIST 数据训练和测试这两个模型,具体代码如图 3-40 和图 3-41 所示,这里主要是对卷积神经网络进行训练和测试,将 model=CNN() 替换为 model=MLP() 时就可以对全连接神经网络模型进行训练和测试。

通过训练和测试,得到全连接神经网络和卷积神经网络在 MNIST 数据集上的评估结果,准确率分别为 0.9653 和 0.9835,同时,CNN 网络中的模型参数相比于全连接神经网络要少很多,却可以实现更高的图像分类精度,这表明 CNN 更加适合处理图像分类任务。

```python
class MLP(paddle.nn.Layer):
    def __init__(self):
        super(MLP, self).__init__()
        #第一层全连接层，神经元个数为300
        self.linear1 = paddle.nn.Linear(in_features=28*28, out_features=300)
        #第二层全连接层，神经元个数为100
        self.linear2 = paddle.nn.Linear(in_features=300, out_features=100)
        #第三层全连接层，神经元个数为10
        self.linear3 = paddle.nn.Linear(in_features=100, out_features=10)

    def forward(self, x):
        #将图像输入数据展开
        x = paddle.flatten(x, start_axis=1, stop_axis=-1)
        #将展开后的数据输入到第一层全连接层并经过ReLU激活函数
        x = self.linear1(x)
        x = F.relu(x)
        #经过第二层全连接层和ReLU激活函数
        x = self.linear2(x)
        x = F.relu(x)
        #输出层使用softmax函数计算该数据在十个类别上的预测概率
        x = self.linear3(x)
        x = F.softmax(x)
        return x
```

图 3-38　Paddle 实现的全连接神经网络模型代码

```python
class CNN(paddle.nn.Layer):
    def __init__(self):
        super(CNN, self).__init__()
        self.conv1 = paddle.nn.Conv2D(in_channels=1, out_channels=6, kernel_size=5, stride=1, padding=2)
        self.max_pool1 = paddle.nn.MaxPool2D(kernel_size=2, stride=2)
        self.conv2 = paddle.nn.Conv2D(in_channels=6, out_channels=16, kernel_size=5, stride=1)
        self.max_pool2 = paddle.nn.MaxPool2D(kernel_size=2, stride=2)
        self.linear1 = paddle.nn.Linear(in_features=16*5*5, out_features=120)
        self.linear2 = paddle.nn.Linear(in_features=120, out_features=84)
        self.linear3 = paddle.nn.Linear(in_features=84, out_features=10)

    def forward(self, x):
        x = self.conv1(x)
        x = F.relu(x)
        x = self.max_pool1(x)
        x = F.relu(x)
        x = self.conv2(x)
        x = self.max_pool2(x)
        x = paddle.flatten(x, start_axis=1, stop_axis=-1)
        x = self.linear1(x)
        x = F.relu(x)
        x = self.linear2(x)
        x = F.relu(x)
        x = self.linear3(x)
        x = F.softmax(x)
        return x
```

图 3-39　Paddle 实现的卷积神经网络模型代码

2. 测试 LSTM 和 GRU 在 ChnSentiCorp 情感分类任务上的表现

为了评估 LSTM 和 GRU 的模型表现，我们在 ChnSentiCorp 情感分类数据集上（PaddlePaddle 框架直接提供该数据集）进行对比实验，该数据集是一个短文本情感二分类数据集，包括训练集和测试集，训练集包括 9600 条评论，测试集包括 1200 条评论。同样地，我们使用百度开源的代码实现 LSTM 和 GRU 模型，以分类准确率作为评估指标。

```
#用 DataLoader 实现数据加载
train_loader = paddle.io.DataLoader(train_dataset, batch_size=64, shuffle=True)

model = CNN()

model.train()

#设置迭代次数
epochs = 5

#设置优化器
optim = paddle.optimizer.Adam(parameters=model.parameters())
#设置损失函数
loss_fn = paddle.nn.CrossEntropyLoss()

#迭代训练
for epoch in range(epochs):
    for batch_id, data in enumerate(train_loader()):
        x_data = data[0]                #训练数据
        y_data = data[1]                #训练数据标签
        predicts = model(x_data)        #预测结果
        #计算损失
        loss = loss_fn(predicts, y_data)
        #计算准确率
        acc = paddle.metric.accuracy(predicts, y_data)

        #反向传播
        loss.backward()

        #可视化打印
        if (batch_id+1) % 900 == 0:
            print("epoch: {}, batch_id: {}, loss is: {}, acc is: {}".format(epoch, batch_id+1, loss.numpy(), acc.numpy()))

        #更新参数
        optim.step()

        #梯度清零
        optim.clear_grad()
```

图 3-40 模型的训练代码

```
#加载测试数据集
test_loader = paddle.io.DataLoader(test_dataset, batch_size=64, drop_last=True)
#设置损失
loss_fn = paddle.nn.CrossEntropyLoss()

model.eval()

for batch_id, data in enumerate(test_loader()):

    x_data = data[0]                #测试数据
    y_data = data[1]                #测试数据标签
    predicts = model(x_data)        #预测结果

    #计算损失
    loss = loss_fn(predicts, y_data)

    #计算精度
    acc = paddle.metric.accuracy(predicts, y_data)

    #打印信息
    if (batch_id+1) % 30 == 0:
        print("batch_id: {}, loss is: {}, acc is: {}".format(batch_id+1, loss.numpy(), acc.numpy()))
```

图 3-41 模型的测试代码

首先,实现 LSTM 模型主要代码如图 3-42 所示。

接着,实现 GRU 模型的主要代码如图 3-43 所示。

最后,利用 ChnSentiCorp 情感分类数据集来训练和测试 LSTM 和 GRU 模型。LSTM 和 GRU 模型在 ChnSentiCorp 数据集上呈现出的最优分类准确率分别为 0.8967 和 0.8917,两者在情感分类任务上的模型表现较为接近,值得一提的是,相比较于 LSTM,由于 GRU 将隐藏层和记忆单元合并从而简化了模型结构,其计算负担更小。

```python
class LSTMModel(nn.Layer):
    def __init__(self,
                 vocab_size,
                 num_classes,
                 emb_dim=128,
                 padding_idx=0,
                 lstm_hidden_size=198,
                 direction='forward',
                 lstm_layers=1,
                 dropout_rate=0.0,
                 pooling_type=None,
                 fc_hidden_size=96):
        super().__init__()
        self.embedder = nn.Embedding(
            num_embeddings=vocab_size,
            embedding_dim=emb_dim,
            padding_idx=padding_idx)
        self.lstm_encoder = nlp.seq2vec.LSTMEncoder(
            emb_dim,
            lstm_hidden_size,
            num_layers=lstm_layers,
            direction=direction,
            dropout=dropout_rate,
            pooling_type=pooling_type)
        self.fc = nn.Linear(self.lstm_encoder.get_output_dim(), fc_hidden_size)
        self.output_layer = nn.Linear(fc_hidden_size, num_classes)

    def forward(self, text, seq_len):
        embedded_text = self.embedder(text)
        text_repr = self.lstm_encoder(embedded_text, sequence_length=seq_len)
        fc_out = paddle.tanh(self.fc(text_repr))
        logits = self.output_layer(fc_out)
        return logits
```

图 3-42　Paddle 实现的 LSTM 模型代码

```python
class GRUModel(nn.Layer):
    def __init__(self,
                 vocab_size,
                 num_classes,
                 emb_dim=128,
                 padding_idx=0,
                 gru_hidden_size=198,
                 direction='forward',
                 gru_layers=1,
                 dropout_rate=0.0,
                 pooling_type=None,
                 fc_hidden_size=96):
        super().__init__()
        self.embedder = nn.Embedding(
            num_embeddings=vocab_size,
            embedding_dim=emb_dim,
            padding_idx=padding_idx)
        self.gru_encoder = nlp.seq2vec.GRUEncoder(
            emb_dim,
            gru_hidden_size,
            num_layers=gru_layers,
            direction=direction,
            dropout=dropout_rate,
            pooling_type=pooling_type)
        self.fc = nn.Linear(self.gru_encoder.get_output_dim(), fc_hidden_size)
        self.output_layer = nn.Linear(fc_hidden_size, num_classes)

    def forward(self, text, seq_len):
        embedded_text = self.embedder(text)
        text_repr = self.gru_encoder(embedded_text, sequence_length=seq_len)
        fc_out = paddle.tanh(self.fc(text_repr))
        logits = self.output_layer(fc_out)
        return logits
```

图 3-43　Paddle 实现的 GRU 模型代码

参考文献

[1] Hornik，Kurt，Stinchcombe M，White H. Multilayer feedforward networks are universal approximators [J]. Neural networks. 1989：359-366.

[2] Zhuo L，Zhu Z，Li J，et al. Feature extraction using lightweight convolutional network for vehicle classification[J]. Journal of Electronic Imaging，2018，27(5)：051222.

[3] LeCun Y，Bottou L，Bengio Y，et al. Gradient-based learning applied to document recognition[J]. Proceedings of the IEEE. 1998，86(11)：2278-2324.

[4] Zhou J，Gui G，Hu S，et al. Graph neural networks：A review of methods and applications[J]. AI Open，2020，1：57-81.

第4章

典型推荐算法

在前面的章节中,我们了解了什么是推荐系统,并且见识到在具体生产环境下推荐系统的主要工作流程。推荐系统之所以能正常运作,产生吸引用户的效果,除了需要大量的用户数据和物品数据之外,更核心的在于系统背后所隐藏的智能推荐算法。随着互联网时代的到来,智能推荐越来越被人们所重视,自推荐系统诞生以来,各类推荐方法层出不穷,研究人员不断对现有的算法进行改进、优化,并创新出新的推荐思路,从而满足不同应用场景下的推荐需求。

从这一章开始,我们将逐渐了解、学习各种类型的智能推荐算法,从基础的非个性化推荐开始,慢慢演化到基于机器学习甚至是深度学习的个性化推荐算法。在讲解具体的推荐算法之前,首先介绍关于推荐算法的相关知识。

4.1 推荐算法相关知识

工欲善其事,必先利其器。在进入具体算法的讲解部分之前,需要掌握一些概览性的知识。首先我们会对推荐算法进行一个多元化、多维度的分类,从多个角度划分现有的推荐算法,便于读者在脑海里对林林总总的推荐算法有个脉络划分,随后对第 1 章提到过的推荐系统中主要使用的两类数据——显式反馈数据和隐式反馈数据做详细的介绍,最后再讨论基于机器学习的推荐算法研究中常用的两类损失函数。

4.1.1 推荐算法的分类

依据不同的分类标准,推荐算法可以分成不同的类别。最简单的,按照是否能为用户生成个性化的推荐,可以将推荐算法分为:个性化推荐算法、非个性化推荐算法。非个性化推荐算法生成的结果针对不同用户不具有特异性,算法的运算过程中不会考虑个体用户的属性信息以及他独特的历史交互行为。通俗来说,就是两个不同的用户,在同一时刻访问了使用非个性化推荐算法的系统,得到的推荐结果是相同的。个性化推荐算法是当前各大软件平台使用的主流方法,也是智能推荐系统之所以获得巨大成功的价值所在,其核心功能是根据用户自身属性不同、交互历史的不同,为其生成不同推荐结果。个性化推荐强调的是个性化偏好,根据用户的特有属性(个人信息、交互记录等)来分析用户的潜在兴趣特征,并以此来挖掘出用户可能感兴趣的信息数据。通常,个性化推荐算法的效果决定了推荐系统整体的效果,我们在日常生活中接触到的内置推荐服务的软件大多数采用的是个性化推荐算法,相比于非个性化推荐算法,学术界投入更多精力研究的也是个性化推荐算法。

以上是从推荐结果出发对推荐算法进行的分类,也可以从算法的原理、技术路线出发,根据不同推荐算法设计的思路对其进行划分,一般非个性化推荐算法主要有基于流行度的推荐方法和基于关联规则的推荐方法,而个性化推荐算法又可以细分为三类:基于内容推荐、协同过滤推荐、混合推荐,如图 4-1 所示。

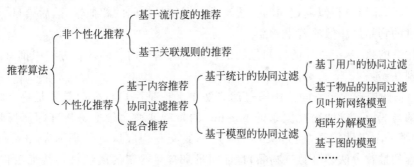

图 4-1 推荐算法根据设计思路来分类

1. 非个性化推荐方法

基于流行度的推荐算法是非个性化推荐的一类主流方法,它主要根据当前所有物品的热门程度为用户进行推荐,虽然这类方法无法发掘用户个性化的需求,但是算法思想朴素、简单,可以用于新上线的、缺少用户信息的场景中,作为冷启动问题的一种解决方案。另一种非个性化推荐常用的方法是基于关联规则的推荐方法,这类方法源于数据挖掘领域中的关联规则挖掘算法,试图寻找数据中隐藏的物品与物品之间的关联信息,并基于关联进行推荐。4.2 节将详细介绍这两种非个性化推荐算法。

2. 基于内容的推荐

基于内容的推荐方法是工业界用得比较多的基线方法(Baseline),主要依靠针对物品所做的特征工程(主要包括:选定什么属性作为特征,以及具体某个属性用什么数据类型和数据表示来向量化),然后通过划定每个物品所具有的内容属性特征,拼成所谓的特征向量,再基于用户各自的历史交互,送入合适的机器学习模型来学习构建每个用户的画像,通过物品内容特征与用户画像之间的匹配来生成推荐结果。基于内容的推荐算法会让用户发现与自己喜欢的物品在内容上相似的物品,例如,你看了科幻小说《海底两万里》,基于内容的推荐算法就可能会帮助你发现《三体》《哈利波特》等科幻小说进而推荐给你。因为这些作品在内容上都存在着很大的关联性,基于内容的推荐方法可以提取出这些内容特征,分析它们之间的关联进行推荐。不同的物品提取内容特征也是不尽相同的,例如,新闻可以通过提取新闻标题作为内容特征,因为新闻标题在一定程度上反映了该条新闻的内容。对于图片、音乐、电影等很难提取内容特征的物品,一种可行的方法是人工给这些物品打上标签作为它们的内容特征,从而进行推荐。

3. 协同过滤的推荐

1994 年,协同过滤的推荐方法自被提出以来一直是个性化推荐的主流方法,这类方法遵从"协同智慧",即以往拥有相似偏好的用户未来也会具有相似的交互行为,通过对所有用户的交互记录进行统计、分析、建模,寻找不同用户的偏好相关性来进行个性化推荐。早期的协同过滤推荐使用的是基于统计的方法,主要有两种:基于用户的协同过滤、基于物品的协同过滤。基于用户的协同过滤将每个用户对不同物品的交互记录作为表达该用户的特征向量(向量的相应分量位置为1,表示该用户与对应位置物品有过交互,为0则表示没有交互),利用不同用户特征向量之间的相似度来衡量两个用户之间的相似性,进而给目标用户推荐与其最相似的 N 个用户交互过的物品;基于物品的协同过滤与基于用户的协同过滤类似,但是它的主体是物品,将每个物品被不同用户的交互记录作为表达该物品的特征向量,再通过与计算用户相似度相同的方法衡量不同物品之间的相似性,然后给目标用户推荐与他交互过的物品最相似的若干物品。

值得注意的是,基于统计的协同过滤推荐方法与基于内容的推荐方法中都有用到"特征向量",区别在于:

(1) 向量的构造含义不同。协同过滤方法中无论是用户特征向量还是物品特征向量,都是体现的与"另一方"的交互关系的 one-hot 向量。这种向量不是从其内部反映用户(或者物品)的某一个属性特征,而是从"另一方"与其交互构成这一外部描述(one-hot 向量)。而基于内容的推荐方法,其用户(物品)特征向量来自对选定的属性进行特征工程后得到的输出,是反映用户(物品)内在属性特征的。

(2) 向量的使用不同。基于内容的推荐方法使用机器学习的方法将物品特征向量与用户画像进行关联,而基于统计的协同过滤方法通过直观、简单的向量相似度(一般是余弦相似度)计算的方法来计算对应用户(物品)之间的相似性。

在协同过滤个性化推荐算法大家族中,除了基于统计的协同过滤方法,还有一类叫作基于模型的协同过滤方法,这种方法主要是利用经典机器学习的思想,通过设计损失函数、正则项来构建一个假设模型,将交互数据作为训练数据集送入模型中,使用梯度下降等优化方法来训练模型,通过查看模型的收敛性,以及模型的离线评估方法来确定假设推荐模型是否可以有效建模用户对物品的偏好。传统的机器学习分类方法也可以用于推荐任务,例如,逻辑回归、决策树、因子分解机等,除此以外,基于模型的方法常见且经典的还有:矩阵分解方法、基于深度神经网络的推荐、基于图学习的推荐等。

4. 混合的推荐

混合的推荐方法实质上不是一种新的推荐方法,而是将前面所介绍过的各类推荐算法结合,集各家之所长,类似于机器学习里的一类方法——集成学习方法,通过组合不同的算法,可以发挥出比原始的众多单个方法更好的效果。混合推荐的思路诞生已经很久了,在1.3.1节中曾介绍过 Netflix Prize 推荐比赛,该比赛的举办极大地推动了推荐算法的发展。2009 年,由 BellKor、Pragmatic Theory、BigChaos 这三个团队合并组成的 Bellkor's Pragmatic Chaos 队伍,将原本三个队伍使用的不同算法进行整合,得到了效果更好的模型,并成功取得了比赛的冠军,这便是混合推荐的优势体现。

将推荐算法进行混合有很多种方案,但是基本目标是一致的,就是要尽量避开各个算法原本存在的缺陷,更大程度地发挥某算法的优势。这里介绍几种简单的混合思路。

(1) 结果混合。可以将不同的推荐算法分别运行在现有的数据集上,根据各自算法的特点可能会得到不同的推荐结果,我们可以把这些原本独立的推荐结果进行融合,在结果层面对推荐算法进行混合,生成最终的推荐列表。

(2) 特征混合。前面的方法是在生成推荐结果后,再对各个结果进行融合,除此以外,也可以在用户画像、物品特征等的生成过程中对推荐算法进行混合。我们知道,现在主流的推荐方法都是基于模型的方式,通过设计一个推荐模型,利用数据集训练出所有用户和物品的特征向量,再通过自定义的预测函数,得到一个预测评分。我们可以组合多个推荐模型训练出的特征向量,通过加权等手段分配各个算法对最终结果的影响比例,从而混合多个推荐模型的优点。

(3) 分阶段混合。在某种场合下,我们设计的推荐算法可能会面临完全失效的情况,例如,对于一个全新的用户,完全没有任何的历史交互数据,那么协同过滤方法便无法正常工作。为了系统的正常工作,可以将整个推荐接口分阶段设计,针对冷启动用户,利用一些非个性化的推荐例如基于流行度的推荐等,或者基于用户注册信息等进行一些简单的推荐,先扩大用户的交互历史,当用户的历史兴趣足够清晰时,再调用更精细的推荐算法,实现更好的推荐效果。

4.1.2　推荐系统中的隐式反馈、显式反馈

在第1章对推荐系统基本任务的描述当中,我们提到推荐系统里存在着两类任务:评分任务、推荐列表任务,与这两种任务对应的有两种不同类型的用户交互数据:显式反馈数据、隐式反馈数据,它们与推荐系统里的评分、推荐列表两类基本任务紧密相关。

1. 显式反馈数据

显式反馈数据通常使用量化的等级制数据(也称评分数据),它能直接表现出用户的兴趣偏好,例如,用户对电影、音乐等物品的评分。如图4-2所示,假如使用五级制的评分制度,一个用户在观看过《侏罗纪公园》和《泰坦尼克号》这两部电影后,分别给予了5分和3分的评价,抛开误操作等特殊情况,能很明显地从评分数据中看出用户对前一部电影的喜好程度要高于后一部电影,因此,可以推测用户的兴趣特征可能更倾向于动作、科幻等题材的电影。

物品\用户	a	b	c	d	e	...
A	1	?	5	?	2	...
B	?	?	?	4	3	...
C	2	1	3	4	2	...
D	?	2	?	5	3	...
E	4	?	?	?	?	...
...	...	...	...	...	...	...

图 4-2　显式反馈数据

2. 隐式反馈数据

隐式反馈数据相比于显式反馈数据,能体现出的用户兴趣特征整体来说要少一些、弱一些,但是相比于显式反馈而言要更好收集、更易获取。例如,用户的浏览历史,这是最基本的也是数量最多的一种隐式反馈数据,除此以外,还有很多其他的用户行为也可以作为隐式反馈数据,例如一些短视频软件在给用户展示视频的同时,会提供一系列的交互操作,如点赞、收藏、转发等,这些也属于隐式反馈数据。相比于浏览历史,这一系列的行为(点赞、收藏、转

发等)更加能体现出用户对某一物品的喜好程度。如果从数据收集角度出发,可以确定的是显式反馈数据的获取难度要比隐式反馈数据大,在一个软件的使用过程中,如果太过频繁地让用户明确地对推荐商品评分,可能会加大用户软件使用的疲惫感,造成用户满意度下降甚至用户流失,而用户的点击记录是用户在软件交互中的不自觉行为,不会给用户带来额外的操作负担,都可以作为隐式反馈的一种进行收集处理。通常我们会将隐式反馈数据使用二元化的形式存储,例如,已有的用户物品之间的交互记录作为正反馈,以 1 来表示,未发生的交互作为负反馈,以 0 来表示,如图 4-3 所示。

物品 用户	a	b	c	d	e	...
A	1	0	1	0	1	...
B	0	0	0	1	1	...
C	1	1	1	1	1	...
D	0	1	0	1	1	...
E	1	0	0	0	0	...
...	...	...	...	...	...	...

图 4-3 隐式反馈数据

在实际的推荐算法中是选择显式反馈数据还是隐式反馈数据,往往还需要根据算法设计的思路、模型优化的方向、应用环境的功能设置等进行判断。在当前学术界的研究过程中,由于大部分使用的都是公开数据集,当遇到数据集类型与模型设计的思路不匹配的时候,也可以将显式反馈数据按照一定的规则转换成隐式反馈数据。例如,对于显式的五级制评分数据,可以认为高于 3 分的记录属于一种正反馈,剩余的记录和未评分过组合一并作为负反馈,从而将显示反馈转换为二元化(0-1)的隐式反馈。

在 4.1.3 节里,我们会介绍推荐系统中广泛使用的两类损失函数,针对不同的损失函数,选择不同类型的反馈数据往往对于模型的训练效果也会起到不同的作用。

4.1.3 推荐系统中的损失函数

随着机器学习和深度学习技术的发展,人工智能领域再一次成为计算机行业的热门。作为人工智能技术的一个应用子领域,推荐系统目前的主流研究思路也是基于机器学习和深度学习的思想。在第 3 章中学习了一些基础的机器学习算法,对于机器学习的基本流程和思路都有了一定的了解。实际上,在机器学习的过程中,如果想要训练出效果优秀的模型,除了需要优质的数据集以外,还有一个关键的地方就是根据先验观察设计出与当前优化目标匹配的损失函数。

推荐系统的目标是为用户生成一个根据其潜在兴趣排序的物品列表,因此在训练推荐模型时,损失函数和推荐算法的思想等许多都借鉴于机器学习中的排序问题(Learning to Rank),在排序问题中,损失函数主要分为 Point-wise、Pair-wise 和 List-wise 三种,这些方法早期被应用在信息检索领域,即用户输入搜索词,系统从信息集合中找出与用户搜索有关信息的过程。显然,要想获得与用户搜索最匹配的结果,算法内部肯定会存在一个排序的过程。这里主要来看推荐系统领域的各种损失函数。

1. Point-wise 损失函数

Point-wise 损失函数以单组记录(一个显式的评分记录)作为最小计算单位,它的目标是最小化预测值和真实值之间的距离。使用这类损失函数来优化推荐模型时,模型的输入是一组用户与物品之间的交互记录,假设我们使用的是显式反馈数据,那么优化时的目标就是要确保模型输出的预测评分值与数据集中真实评分之间差距尽可能小。常见的 Point-wise 损失函数有 RMSE(Root Mean Square Error)和 MAE(Mean Absolute Error),这两个损失函数在第 1 章中也曾作为推荐系统的评价指标介绍讨。

$$L_{RMSE} = \sqrt{\frac{1}{m}\sum_{i=1}^{m}(\hat{y}_i - y_i)^2} \tag{4.1}$$

$$L_{MAE} = \frac{1}{m}\sum_{i=1}^{m}|\hat{y}_i - y_i| \tag{4.2}$$

直观来看,Point-wise 损失函数好像特别适合显式反馈数据,实际上同样可以运用于隐式反馈数据。隐式反馈数据以 0-1 二元化的数据结构分别表示正样本和负样本,在这种情况下,训练集的标签并不是显式的评分值,此时采用显式反馈数据的模型输出值的物理意义需要重新定义:此时(采用隐式反馈数据的场景)可以把输出看作目标用户和目标物品之间产生交互的概率,是一个 0~1 的浮点数。类似于传统机器学习的二分类问题,此时需要将模型输出值标准化到[0,1]区间内,模型优化的目标就是使模型输出的预测交互概率尽可能地与训练集真实标签接近。

既然提到了将推荐任务看成一个二分类问题,很容易地联想到传统分类算法中常用的交叉熵(Cross Entropy)损失函数。在使用隐式反馈数据作为输入的模型中,推荐的结果最终会转变为喜欢、不喜欢或者可能单击、不可能单击这样具有明显分类特性的情况。二分类情况下的交叉熵损失函数公式如下。

$$L_{CE} = -\frac{1}{m}\sum_{i=1}^{m}y_i \cdot \log(\hat{y}_i) + (1-y_i) \cdot \log(1-\hat{y}_i) \tag{4.3}$$

在这种情况下,推荐模型也可以视为一个概率模型,模型的输出 $\hat{y}_i$ 代表了对于第 i 个样本,模型认为用户可能会喜欢或单击它的概率。这里需要讲明一个问题:在将 Point-wise 损失函数运用于显式反馈数据时,因为显式反馈数据中包含多个等级的评分(如 0~5),在训练模型时,可以仅使用这些评分数据作为训练集,因为其中包含从 0 到 5 全部的目标标签。但是,将同样的 Point-wise 损失函数运用到隐式反馈数据时,将面临没有负样本的问题,因为隐式反馈数据通常只采集有交互记录的正样本(即数据集里面的标签是 1),显然只采用正样本来训练模型是不够的,所以为了添加负样本,大部分基于隐式反馈数据的推荐算法在训练的时候都会将全部或部分未产生交互的"用户物品对"数据作为负反馈(这一过程叫作负反馈采样),然后再使用 Point-wise 损失函数对模型进行优化。实际上,这样的负反馈采样操作等价于在训练阶段我们需要将未发生过交互记录的"用户物品对"的概率拟合为 0,也就是假设:这些未发生交互的物品就是用户不喜欢的。当然,这种假设并不完全符合实际情况,因为未发生的交互并不一定代表用户对物品不感兴趣,可能只是在软件平台上他没有看到这个物品。因为对于未发生交互的物品,我们无法分拣出哪些是用户确实不喜欢的,哪些是用户没有看到的,因此学术界、产业界都采用这种近似的办法来训练隐式反馈数据。

在 4.1.2 节里提到,隐式反馈数据相对于显式反馈数据更容易获取,数据量更加庞大,随着现在计算机硬件的升级,我们能利用到的算力已经十分庞大,如果只使用数量较少的显式反馈数据来训练推荐模型,显然是对计算能力的一种浪费,但是要对隐式反馈数据进行建模,又会遇到上面所说的假设性问题,把用户未交互的记录全部或者部分作为负反馈数据,难免与真实情况产生误差。为了解决该问题,研究人员逐渐改变思路,并设计了适用于隐式反馈推荐算法的 Pair-wise 损失函数。

2. Pair-wise 损失函数

Pair-wise 损失函数通常用于隐式反馈数据的训练。在 Pair-wise 损失函数训练样本中,通常将一对评分(两组,也称一个 pair)作为最小优化计算单位,一组为正样本,也就是用户对某物品有过交互的记录,另一组为负样本,是我们通过一定的策略采样得到的用户对某物品未产生交互的记录。如前面所述,这里所谓的未产生交互的负样本可能包含现实中的两种情况:①这个物品没有呈现给用户,用户还没有机会对它进行交互;②用户看到了这一物品但不感兴趣,所以没有单击进入这个物品的详情页。这里的第二种情况能明显地表明用户对该物品不感兴趣,而第一种情况虽然无法表明用户的兴趣,但是有一点是确认的——用户对于没有交互过的物品的兴趣大部分的时候是小于,最多等于其真实交互过的物品(例如,可以这样理解:因为如果用户有兴趣,他可以通过搜索等方式主动发现该物品并产生交互)。Pair-wise 损失函数就是基于这个假设来设计的——假设用户对交互过的物品的兴趣比未产生交互过的物品的要大,相比于 Point-wise 损失函数直接将未产生过交互当作用户不喜欢的情况,这种假设更加符合实际、更加准确合理。因此,Pair-wise 损失函数的优化目标是:最大化正样本评分和负样本评分之间的距离。

一个常见并且现在广泛运用于推荐算法研究的 Pair-wise 损失函数是 Bayesian Personalized Ranking Loss 损失函数,也称 BPR Loss:

$$BPR = \sum_{(u,i,j) \in O} - \ln\sigma(r_{ui} - r_{uj}) + \lambda \parallel \boldsymbol{E} \parallel_2^2 \tag{4.4}$$

其中,物品 i(正样本)是用户 u 交互过的物品,物品 j(负样本)是用户 u 从未交互过的物品,r_{ui} 和 r_{uj} 分别表示用户对物品 i、j 的预测评分,也即预测交互概率,$\boldsymbol{E}$ 是模型参数矩阵,σ 表示 Sigmoid 激活函数。式(4.4)中,对数函数 $\ln()$ 前面通过取负操作是为了优化过程中损失函数在最小化时能够达到最大化正样本评分和负样本评分之间距离的目的。

3. List-wise 损失函数

在 Pair-wise 损失函数中,输入数据为正样本与负样本形成的二元组,最小化损失函数的出发点是正样本所获得的评分或者说是交互概率应该高于负样本的评分,然而这类思想忽略了比排序更高维度的整体顺序,没有考虑到推荐给用户的结果中,每一个物品处于列表最终位置的影响。通常来说,排在列表前面位置的物品应该最为重要,排在靠后位置的物品相对来说重要性会低一些,为了将这种影响因素也纳入排序学习的过程中,研究人员又提出了 List-wise 损失函数。

简单来说,基于 List-wise 损失函数的学习方法,将与某给定用户相关的全部物品作为训练实例,它的优化目标直接针对物品列表的最终排序情况,比较训练集中真实物品排序与预测出的物品排序之间的差距,从而优化推荐模型。一个比较经典的 List-wise 类型的方法是 ListNet,它原本是用于文档检索任务,对应到推荐系统中,有如下的形式。

我们以 I 表示一个物品集合,对于这个集合中的全部物品,有形如 $\pi=\{\pi_1,\pi_2,\cdots,\pi_n\}$ 的排序列表,其中每个元素 $\pi_i\in I$ 表示第 i 个位置上的物品,对于上述排序列表中的每一个物品,都有对应的用户评分列表 $\{r_{\pi 1},r_{\pi 2},\cdots,r_{\pi n}\}$,那么这一列表真实存在的概率为:

$$P(\pi)=\prod_{i=1}^{n}\frac{\phi(r_{\pi i})}{\sum_{k=i}^{n}\phi(r_{\pi k})} \tag{4.5}$$

其中,$\phi(x)$ 是任意的严格递增正值函数。对于式(4.5),考虑每个物品的排列位置,计算的时间复杂度为 $O(n!)$,直接将其运用到实际任务上的效率很低,因此,ListNet 的作者又提出另一种 TopK 形式的概率公式如下。

$$P(g_k(i_1,i_2,\cdots,i_k))=\prod_{j=1}^{k}\frac{\phi(r_{\pi j})}{\sum_{l=j}^{n}\phi(r_{\pi l})} \tag{4.6}$$

其中,$g_k(i_1,i_2,\cdots,i_k)$ 表示前 k 个物品为 $\{i_1,i_2,\cdots,i_k\}$ 的所有排列形式。在列表推荐任务中,给定每个物品的真实评分和预测评分,就可以计算出每种物品排序列表的概率分布,再将两种分布间的误差作为损失函数来训练和优化模型。

最后总结一下三种损失函数的区别。

Point-wise 损失函数通常用于评分预测任务居多,在早期的推荐算法研究中,研究人员们主要针对评分矩阵进行补全,模型的输出值是用户对未交互过的物品可能给出的评分值,对用户偏好的描述较严格(绝对值),但是并不完全合理,因为使用具体的评分来固化用户的喜欢程度是有局限的,首先用户的偏好是动态的,其次不同用户的打分严格程度也是不一样的,存在一定的用户偏置和物品偏置的影响。另外需要提到的一点是,评分预测往往不是推荐系统的最终目的,因为在现在实际的推荐应用中,很多软件都是以物品列表的形式,将推荐结果呈现给用户,如果以评分预测任务驱动模型学习,最终可能也需要按照评分来进行排序,生成一个 TopN 列表作为推荐的结果。

Pair-wise 和 List-wise 损失函数更贴近于排序任务,因此也更适合 TopN 推荐任务,通过排序的思想为每个用户生成最符合其兴趣的推荐列表,越靠前的物品应该越符合用户品味,对用户偏好的描述较宽松(相对值),但是更加合理。Pair-wise 损失函数通过建模正样本和负样本的差距来优化模型。例如,BPR loss 中认为,用户一定更加偏好于交互过的物品(相对于未交互过的物品而言),这是符合实际情况的,并且非常灵活(没有固化用户的偏好程度)。而 List-wise 损失函数直接对呈现给某用户的推荐列表中不同物品的顺序进行考量,从真实排序情况与预测的排序情况之间的差异角度出发,训练和优化模型。

4.2　非个性化推荐算法

从 4.1 节中知道,推荐算法可分为非个性化推荐、个性化推荐两大类,这一节中主要介绍两种非个性化推荐算法:基于流行度的推荐算法、基于关联规则的推荐算法。顾名思义,非个性化推荐算法不能为用户提供个性化、订制化的推荐结果,但是具有计算量简单、不依赖于交互记录等特点,通常可以作为冷启动问题的解决方案,在缺少交互数据时为用户提供较简单的推荐,并逐渐收集用户数据为过渡到下一步的个性化推荐做准备。

非个性化推荐算法中有两个具有代表性的方法：基于流行度的推荐方法、基于关联规则的推荐方法。

4.2.1 基于流行度的推荐方法

基于流行度的推荐方法,也称为基于热度或者排行榜的推荐方法,这是最简单的一种非个性化推荐方法。简单来说,就是什么产品能吸引更多用户,我们就推荐什么产品。这里面蕴含一个假设,产品质量的好坏和流行度具有一定程度的正比关系,越好的产品越容易被人喜欢,流行度也越高,反过来看就是流行度越高的产品质量也越好,因此推荐流行度高的产品给用户是合理的。流行度的具体意义需要视应用场景而定,在电商网站中,流行度可以指购买量、点击量或加购物车次数等指标;在视频咨询类软件中,又可以指播放量、点赞数等。现实生活中,人们经常可以见到基于流行度的推荐算法的应用,例如,网易云音乐中的搜索栏会展示近期的热门搜索音乐列表,在"发现音乐"板块里,也设置了排行榜功能,同时向用户提供"飙升榜""新歌榜""原创榜"等多类型的流行度榜单,推荐其他大众用户最近的兴趣热点,如图 4-4 所示。

图 4-4　网易云音乐软件中"发现音乐"板块

在基于流行度的推荐算法中,假设物品的质量越好,其流行度越高,然而在实际情况中,除了物品自身的质量外,其他维度信息的约束对流行度也有较大的影响,例如,"时间"和"空间"等因素,如图 4-5 所示[①]。

时间因素可以分为以下两方面。

（1）用户在不同时间会对不同的内容感兴趣。例如,在早饭或晚饭时间,用户一般会边吃饭边看新闻,因此在这段时间投入的新闻会有较大的关注度,然而我们并不能简单地理解这段时间投入的新闻质量更高。

---

① 实现一个简单的推荐系统模型——基于流行度的推荐模型。https://zhuanlan.zhihu.com/p/77286649.

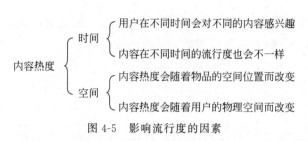

图 4-5　影响流行度的因素

（2）内容的流行度在不同时间也会不一样。例如，在电子商务中，去年的销售热门和今年的销售热门，我们也不能确定哪个商品的质量更好。因此内容的质量一定程度上决定内容的热度，由于应用在时间维度的流量差异会导致内容流行度差异很大，内容热度在时间维度上的自然衰减也会导致流行度差异，所以考察流行度首先要限制时间因素，即某一时间段的流行度。

空间因素同样可以分为以下两方面。

（1）物品的空间位置。当一个物品呈现在某网页的最底端时，用户可能因为没有注意到而导致物品的热度降低。

（2）内容热度会随着用户物理空间的改变而改变。例如，2020 年新型冠状病毒感染形势严峻，疫情危险区的用户可能会比安全区的用户更加关注疫情新闻。因此内容的质量一定程度上决定内容的热度，由于应用在空间维度的流量差异会导致内容流行度差异很大，内容热度在空间维度上的自然衰减也会导致流行度差异，所以考察流行度首先要限制空间因素，即某一位置的流行度。

总体来说，空间和时间会带来应用访问流量差异，间接影响了特定内容的流行度，当我们进行流行度计量的时候，要限定时间和空间维度，否则流行度不能反映内容质量。

在计算流行度时，为了排除时间和空间的影响，一般不用"点击量"这一绝对指标进行度量，而用点击率来表示流行度，点击率（Click Through Rate，CTR）的计算公式如下。

$$\text{CTR} = \frac{物品被单击的次数（点击量）}{物品曝光总次数（曝光量）} \times 100\% \tag{4.7}$$

作为最简单、易实现的一种推荐方法，基于流行度的推荐对于新注册的用户来说较为有效，通常被用来解决用户冷启动问题。在综合考虑多种因素的约束，选择了合适的流行度衡量标准时，基于流行度推荐算法的用户满意度基本上能得到一定的保证。但是，它的缺点也比较明显，即不能针对特定的用户进行个性化的推荐，并且倾向于只针对热门商品进行推荐，更加降低了冷门商品被用户接触的机会。流行度推荐可以单独作为推荐算法进行使用，以获得足够的用户交互量从而为后续的个性化推荐做一个过渡；也可以融入其他推荐算法内，组成混合式推荐，当遇到冷启动情况下触发流行度推荐方案。

上面提到基于流行度的推荐的缺点之一是不能推荐冷门物品，而事实上，冷门物品在推荐系统里也是非常重要的。为了解释冷门物品的重要性，不得不提到"长尾（The Long Tail）"一词，长尾的概念最早于 2004 年被提出，当时是用来对某些电商网站的商业模式进行描述。长尾有点类似于现实生活中常见的"二八分布"，通常更多地用于表达互联网上数据的特点，一些研究发现，网络上许多数据呈现出了类似的分布趋势，如图 4-6 所示，这里以电商中物品销量为例，从图 4-6 中可以看到，数据的分布被划分成两个大的部分：一部分单位指数（销量）高，但横坐标很窄（即品类较少）；另一部分单位指数低（销量），但横坐标很宽

（即品类很多）。这种形式的数据分布被称为长尾分布，它表达出电商系统里销量非常高的商品种类总是很少，剩下的大量都是销量不高的商品。

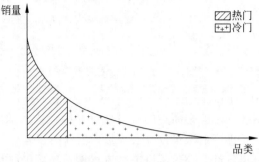

图 4-6   长尾分布

如图 4-6 所示的长尾分布中蕴含了一个叫作"长尾效应"的规律，英文名称为 Long Tail Effect。如果从现实生活中人们的实际购物需求来看，一大部分人会有比较多的共性需求，例如，每个人都需要生活用品，这一类通用性需求会集中在分布图的左侧，在推荐中可以视为流行商品；与之对应地，不同的人可能会有各自独特的爱好，例如，养宠物的人可能会偶尔购买狗粮，爱听音乐的人会对一些古典唱片感兴趣，这种个性化的需求往往是零星分布的，就对应了分布图中的右侧部分，需求的种类很多，但每一种的实际数量都较小，看上去就像一条尾巴，因此被称为"长尾"。所谓的长尾效应是指对应的非主流需求的商品的品类明显比主流受欢迎的商品品类要多得多，因此，将所有非流行的商品的销量累加起来会形成一个比流行商品还要大的销量，在分布图中看就是：花点区域面积大于阴影区域面积。也就是说，市场中那些小而散的个性化需求的效益总和也是很可观的，对于商家来说是不容忽视的。

长尾效应要求基于流行度的推荐系统不仅要考虑到集中在头部的需求，满足大多数用户的需求，同时也要兼顾数目众多的尾巴，这样推荐系统才能实现利益的最大化。很多互联网公司都根据长尾效应采取了一些措施，来获得更大的利益。例如，数据显示，在亚马逊有超过 50% 的销售量都来自在它排行榜上位于 13 万名开外的图书，这些并不是很热门的图书销量组成的长长的尾巴，正是亚马逊公司重要的经济来源之一。因此，如果仅采用基于流行度的推荐，那么数量众多的"长尾商品"将无法曝光给用户，一是会损失长尾效应带来的巨大销量，二是如果推荐结果过于集中于热门商品，给很多用户的个性化需求带来不便，日积月累会造成用户的不满意和用户流失。

4.2.2   基于关联规则的推荐方法

基于关联规则的推荐方法是另外一种典型的非个性化推荐，其核心在于"关联规则"一词，体现了数据挖掘的思想。在具体讲解基于关联规则的推荐方法之前，可以先来看一个非常有名的"啤酒与尿布"的小故事。

20 世纪 90 年代，一位细心的美国超市管理人员在整理超市销售数据时发现了一个非常奇怪的现象：在很多时候，"啤酒"与"尿布"这两种看上去毫无关系的商品会经常出现在同一个购物篮中，后来通过进一步探索发现，这种现象大多出现在年轻的父亲身上。原来，在美国家庭中，一般是母亲在家中照看孩子，父亲前去超市购买尿布。父亲在购买尿布的同

时,往往会顺便为自己从货架上带上几瓶啤酒,这样就出现了啤酒与尿布这两件看上去不相干的商品经常会出现在同一个购物篮的现象。超市发现了这一独特的现象之后,开始在商场里尝试主动将啤酒与尿布摆放在相同的区域,以便"爸爸们"更方便将这两类商品一起放入购物车,果不其然,这两种商品的销售量都有明显上升。

这个"啤酒与尿布"的故事,在互联网行业内已广为流传,它同时也能被用来宣传人工智能、大数据等新技术的作用。在这里,我们的目标是通过使用类似于数据挖掘技术找到一个方法能够主动发现类似于这样的事实(即表面上看起来不太相关的商品,如啤酒和尿布,捆绑在一起却能够产生更大的销量),而不是靠某一个销售人员的偶然发现。这样,我们就可以用这种方法去发掘更多的这种可以带来神奇销量的"商品对"。

从数据挖掘的角度来说,啤酒和尿布这两个物品之间存在着一种称为"关联规则"的规律,这种"关联规则"在一定程度上可以解释为什么两个本应没有太大关系的商品,放在一起之后反而同时大大增加了两者的销量。基于此,可以给关联规则推荐方法下一个定义:通过数据分析,挖掘用户购物行为之间的关联关系,找出诸如"购买 A 商品的用户同时会购买 B 商品"的规律,利用这种规律对用户进行推荐,被称为基于关联规则的推荐。可见,基于关联规则推荐的核心思想:当用户喜欢一个项目时,将与该项目相关联的项目推荐给该用户。因此,算法的重点就在于如何得到物品与物品之间的关联规则。

下面,我们需要花一定的时间和连续的思维来学习、理解挖掘,寻找潜在的"关联规则"的具体过程。在学习关联规则挖掘的具体算法之前,首先需要明确几个核心的相关概念。

(1) 项集:这个名词有点绕口,其实是从英文 itemset 翻译过来的,它实际上就是一个集合,集合里面的元素在这里被称作"项(item)",如果一个项集包含 k 个项(元素),则称它为 k-项集。

(2) 事务:假设 $I = \{i_1, i_2, i_3, \cdots\}$ 是包含数据库中全部项的项集,则每一个事务都是 I 的一个非空子集。所以事务本身也是一个集合,事务可以理解成一次操作中涉及(访问)的项的集合。

(3) 事务集:所有事务形成的集合,可以看成集合的集合。

(4) 支持度:事务集中,项集 X、项集 Y 同时发生的概率被称为关联规则的支持度。

(5) 置信度:事务集中,项集 X 发生的情况下,项集 Y 发生的概率被称为关联规则的置信度。

(6) 最小支持度:最小支持度是人为设定的阈值,用于设置一个重要性下限,在关联规则挖掘中,要确保得到的规则满足这个重要性要求。

(7) 最小置信度:最小置信度也是人为设定的阈值,用于规定挖掘所得的规则的最低可信赖程度要求,用于在最终阶段确定哪些规则具备可用性。

(8) 频繁项集:在全部项集中满足最小支持度的一部分项集,称作频繁项集。通俗来说,出现超过一定频次的集合就是频繁项集。

(9) 关联规则:可以用表达式 $X \rightarrow Y$ 来表示一个关联规则,其中,X,Y 都是全集 I 的非空子集,并且 X 和 Y 的交集为空集。其中,X 称为前件,Y 称为后件,一般可以通过支持度和置信度来度量一个关联规则的强度。

下面举个例子来对照理解上面的定义。假设手头已有的所有数据的全部数据项组成的项集为{台式计算机、耳机、口红、衣服、笔记本计算机、手机},如表 4-1 所示。

表 4-1   事务集合表

订单 TID	购买的项集
T_1	{台式计算机,耳机}
T_2	{耳机,口红,衣服,笔记本计算机}
T_3	{台式计算机,口红,衣服,手机}
T_4	{耳机,台式计算机,口红,衣服}
T_5	{耳机,台式计算机,口红,手机}

$\{T_1,T_2,T_3,T_4,T_5\}$ 是全部事务的集合,合称为事务集;事务 T_3 所指代的{台式计算机,口红,衣服,手机}是一个 4 项集;买了衣服的人同时也买了口红,{衣服}→{口红}是一条关联规则,那么这条规则的强度如何,就要用支持度和置信度来计算。回忆一下前面的定义,支持度指的是这两个项在同一个事务中共同出现的次数除以所有事务的个数,将衣服记为 A,口红记为 B,有 support$(A==>B)=3/5=60\%$;置信度指的是这两项在同一条记录中同时出现的次数除以集合中 A 出现的记录个数,同样针对衣服和口红,有 confidence $(A==>B)=3/3=100\%$。

在对上述定义有了一定理解和掌握后,我们开始正式学习关联规则挖掘算法。关联规则挖掘的目标和任务,是要从数据库中记录的全部事务数据中根据自定义的最小支持度和最小置信度,寻找到频繁项集(可以回过头看一下上面的定义,出现超过一定频次的集合就是频繁项集),再通过频繁项集生成所需的关联规则,常用的挖掘算法有 Apriori 算法和 FP 树算法,这里介绍最经典的关联规则挖掘算法:Apriori 算法,其基本思想是迭代地扫描数据库,根据人工设定的最小支持度,按项集元素数量从低到高地逐步寻找各个等级的频繁项集,在每一轮扫描中都会不断地筛除不符合条件的项,从而最终得到少量的频繁项集,再根据最小置信度要求,从候选集中产生强关联规则,算法流程如图 4-7 所示。

如图 4-7 所示,Apriori 算法发现频繁项集的步骤如下。

(1) 扫描数据集,得到所有出现过的数据,作为候选 k 项集。

(2) 挖掘频繁 k 项集,扫描计算候选 k 项集的支持度,**剪枝**去掉候选 k 项集中支持度低于最小支持度的项,得到频繁 k 项集。如果频繁 k 项集为空,则返回频繁 $k-1$ 项集的集合作为算法结果,算法结束,基于频繁 k 项集,**连接**生成候选 $k+1$ 项集。

(3) 利用步骤(2),迭代得到 $k=k+1$ 项集的结果。

得到频繁项集之后,产生关联规则的过程如下。

(1) 对于每个频繁项集 I,生成它的所有非空子集 s。

(2) 对于每个非空子集 s,如果 I 的支持度与 s 的支持度的比值大于最小置信度,则输出规则“$s(I-s)$”。

可见,Apriori 算法的重点在于发现频繁项集过程所使用的连接和剪枝。连接指的是为找出频繁 k 项集,通过将所有的频繁 $k-1$ 项集与自身连接,产生候选 k 项集的集合。剪枝是针对候选 k 项集 C_k,由于 C_k 的组成中可能包含非频繁的项集,其在下一步连接中生成的结果也必然是非频繁的,因此在这一步中提前去除,减少计算复杂度。这里蕴含如下两个重要性质。

(1) 频繁项集的子集必为频繁项集,如果{B,C}是频繁的,那么{B}和{C}分别也一定是频繁的。

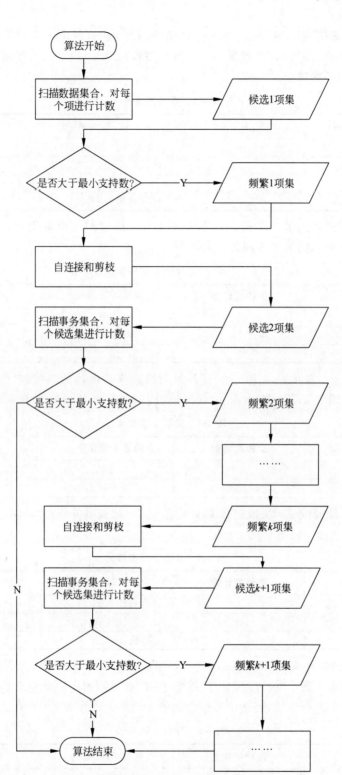

图 4-7　Apriori 算法流程图

（2）非频繁项集的超集一定是非频繁的，如果$\{A,B\}$是非频繁的，那么$\{A,B,C\}$和$\{A,B,C,D\}$也一定是非频繁的。

　　为了便于读者更清晰地理解 Apriori 算法的过程，这里使用一个计算实例进行讲解。给定事务集合如表 4-2 所示，设置最小支持度计数阈值为 2，最小置信度阈值是 70%，利用 Apriori 算法挖掘关联规则。

表 4-2　事务集合表

事务号	项集合
T_1	{衣服,耳机,口红}
T_2	{台式计算机,耳机,手机}
T_3	{衣服,台式计算机,耳机,手机}
T_4	{台式计算机,手机}

　　(1) 首先，需要利用事务集得到频繁 1 项集 L_1，通过扫描事务集合，对每个项进行计数，得到如表 4-3 所示的候选 1 项集 C_1。

表 4-3　候选 1 项集表

候选 1 项集 C_1	支持度计数	候选 1 项集 C_1	支持度计数
衣服	2	口红	1
台式计算机	3	手机	3
耳机	3		

　　(2) 比较候选 1 项集 C_1 中的支持度计数与最小支持度计数，发现口红只出现了 1 次，小于最小支持度阈值 2，所以应当剔除，则得到如表 4-4 所示的频繁 1 项集 L_1。

表 4-4　频繁 1 项集表

频繁 1 项集 L_1	支持度计数	频繁 1 项集 L_1	支持度计数
衣服	2	耳机	3
台式计算机	3	手机	3

　　(3) 通过将 L_1 自连接，生成候选 2 项集 C_2，同时扫描事务集合，对每个候选集计数，得到如表 4-5 所示候选 2 项集 C_2。

表 4-5　候选 2 项集表

候选 2 项集 C_2	支持度计数	候选 2 项集 C_2	支持度计数
{衣服,台式计算机}	1	{台式计算机,耳机}	2
{衣服,耳机}	2	{台式计算机,手机}	3
{衣服,手机}	1	{耳机,手机}	2

　　(4) 再次通过最小支持度阈值进行过滤，发现{衣服,台式计算机}、{衣服,手机}两个项集的支持度计数小于最小支持度阈值 2，需要去除，由于频繁 1 项集包含所有项，因此无法利用两条重要性质进行剪枝，剩余项集组成频繁 2 项集 L_2，如表 4-6 所示。

表 4-6　频繁 2 项集表

频繁 2 项集 L_2	支持度计数	频繁 2 项集 L_2	支持度计数
{衣服,耳机}	2	{台式计算机,手机}	3
{台式计算机,耳机}	2	{耳机,手机}	2

（5）由 L_2 自连接生成候选 3 项集 C_3：

$C_3 = L_2 \infty L_2$

　　　$= \{\{衣服,耳机\},\{台式计算机,耳机\},\{台式计算机,手机\},\{耳机,手机\}\} \infty$

　　　　$\{\{衣服,耳机\},\{台式计算机,耳机\},\{台式计算机,手机\},\{耳机,手机\}\}$

　　　$= \{\{衣服,耳机,台式计算机\},\{衣服,耳机,手机\},\{台式计算机,耳机,手机\}\}$

这里举例说明一下剪枝的思路：{台式计算机,耳机,手机}的 2 项子集是{台式计算机,耳机}、{台式计算机,手机}和{耳机,手机}，它的所有 2 项子集都是频繁 2 项集 L_2 中的元素，因此，保留{台式计算机,耳机,手机}在候选 3 项集 C_3 中；{衣服,耳机,台式计算机}的 2 项子集是{衣服,耳机}、{衣服,台式计算机}和{耳机,台式计算机}，由于{衣服,台式计算机}不是频繁 2 项集 L_2 中的元素，因而不是频繁的，根据性质二{衣服,耳机,台式计算机}也肯定不是频繁的，因此，在 C_3 中删除它；对其他项集同理，最终剪枝后 $C_3 = \{$台式计算机,耳机,手机$\}$。再次扫描事务集，对 C_3 留下的项进行计数，得到频繁 3 项集 L_3，如表 4-7 所示。

表 4-7　频繁 3 项集表

频繁 3 项集 L_3	支持度计数
{台式计算机,耳机,手机}	2

这里通过频繁 3 项集无法再生成频繁 4 项集，因此结束频繁项集的搜索步骤，使用频繁 3 项集生成关联规则，步骤如下。

对于集合{台式计算机,耳机,手机}，先生成候选 1 项集的关联规则：

（台式计算机,耳机）→手机，置信度=2/2=100%。

（台式计算机,手机）→耳机，置信度=2/3=66.7%。

（耳机,手机）→台式计算机，置信度=2/2=100%。

再生成候选 2 项集的关联规则：

台式计算机→（耳机,手机），置信度=2/3=66.7%。

耳机→（台式计算机,手机），置信度=2/3=66.7%。

手机→（台式计算机,耳机），置信度=2/3=66.7%。

由于最小置信度阈值是 70%，则对于频繁 3 项集生成的强关联规则只有：

（台式计算机,耳机）→手机，（耳机,手机）→台式计算机。

至此，我们从定义开始对关联规则进行了介绍，然后使用了一个复杂度适中的例题详细讲解了用于挖掘关联规则的典型方法——Apriori 算法。关联规则挖掘原本属于数据挖掘领域内的一个方法，它也可以运用到商业、网络安全、通信等多个领域，将其运用到推荐系统中，一般是从系统采集到的历史交互记录中挖掘物品与物品之间的关联。上述关联规则的案例虽然看起来有点复杂，但是在电商平台中，常用的关联规则应用是单品推荐，所以一般只需要挖掘频繁 2 项集，从而得到单品间的强关联规则进行推荐。

基于关联规则的推荐算法原理浅显易懂，主要就是利用数据挖掘中的关联规则挖掘思想，找到物品之间的强关联性，并根据这种关联关系生成推荐。它的优点是推荐效果有保证，只要正确挖掘出商品之间的关联规则，那么按照规则来进行推荐往往能收获不错的效果，并且也可将得出的规则作为一种推荐解释的方案；当然它的缺点也比较明显，首先是关联规则挖掘的算法时间复杂度较高，需要迭代地扫描数据库，当物品数量很多时，计算强关联规则的消耗很大；其次基于关联规则的推荐算法对事物集合比较敏感，当交互数据稀疏时，算法的效果会有所降低，也缺乏应对冷启动推荐的能力。

4.3　基于内容的推荐

4.3.1　基本思想和过程

在第 1 章介绍推荐系统的基本原理时,对基于内容的推荐算法的通用流程进行了讲解,

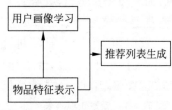

图 4-8　基于内容的推荐简要流程

整个算法需要经过三个阶段:物品特征表示、用户画像学习、推荐列表生成,如图 4-8 所示。

物品特征表示:是为物品抽取出一些内在特征(物品的内容)来表示此物品,根据物品的类型不同,内容挖掘的方法也各有差异。如果系统内的物品属性是文本,这时候可以将物品内容特征的提取问题转换为自然语言处理(NLP)中的文本表示问题,探讨的是如何使用一个向量来表示一个文本,将所有物品都转换成对应的特征向量,这个向量包含某种语义信息。如果物品不仅有文本,还包括视频、图片等其他模态的数据,这时的物品特征表示也会更加复杂,需要通过多模态特征学习等手段得到综合性、有代表性的物品内容特征。

用户画像学习:通俗来说,对于用户画像的建模,可以通过某用户过去喜欢(及不喜欢)的物品的特征数据集合,近似地表示该用户,可以将已经得到的物品向量进行组合,通过向量化的方式对用户进行特征表示,用户所喜欢的物品具有的内容特征反过来又代替了用户潜在的一些兴趣偏好。

推荐列表生成:这是内容推荐的最终步骤,需要将前两步得到的物品内容特征与目标用户的画像进行相关性度量,由于用户画像是通过组合用户已交互过的物品内容特征向量得到的,已经天然地为用户和物品之间建立了一条联系,通过向量相似度等方法,可以计算出用户的内容偏好与数据库中其他物品的内容特征之间的相关程度,得到所有的数值后便可以方便地排序出最可能令用户感兴趣的物品组合。

4.3.2　一个基于内容推荐的示例

先使用一个简单的案例,来方便读者对上述三个步骤有一个简单、直观的理解。假设物品库中有 5 部电影及其对应的属性特征,考虑每部电影的两个属性特征:产地、题材,如表 4-8 所示。然后,使用最简单的线性回归模型来实现基于内容的推荐。在这个问题中,线性模型不一定是最合适的模型,应把关注焦点集中在基于内容推荐的三个步骤上,读者可以用其他的模型,如逻辑回归、梯度提升树等。

表 4-8　示例电影及其特征

电　影　名	产　　地	题　　材
《声之形》	日本	爱情
《哪吒之魔童降世》	中国	动作,科幻
《僵尸 2016》	中国	动作,恐怖
《山村老尸》	中国	恐怖
《千与千寻》	日本	爱情,科幻

首先需要进行物品特征表示,显然产地和题材都属于结构化数据,可以使用 one-hot 向量分别表示它们。

(1) 对于产地特征,数据中只有(中国,日本),可以使用二维向量来表示,其中,中国用 $[1,0]$ 表示,日本用 $[0,1]$ 表示。

(2) 对于题材特征,数据源中有 4 种题材(爱情,动作,科幻,恐怖),使用 4 维向量来表示,爱情使用 $[1,0,0,0]$ 表示,动作+科幻使用 $[0,1,1,0]$ 表示。这样,可以将上面的文字表格,转换为对应的特征向量组成的表格,如表 4-9 所示。

表 4-9 电影向量化特征

电 影 名	产 地	题 材
《声之形》	$[0,1]$	$[1,0,0,0]$
《哪吒之魔童降世》	$[1,0]$	$[0,1,1,0]$
《僵尸 2016》	$[1,0]$	$[0,1,0,1]$
《山村老尸》	$[1,0]$	$[0,0,0,1]$
《千与千寻》	$[0,1]$	$[1,0,1,0]$

接下来,使用线性回归的方法来学习用户对这些物品内容特征的偏好。假设已知小明看过《声之形》并打分 4 分,看过《千与千寻》并打分 5 分,看过《山村老尸》并打分 2 分,现在要预测小明对《哪吒之魔童降世》和《僵尸 2016》的评分,从而判断是否可以推荐给他。操作中,可以将产地、题材对应的两个特征向量组合成一个 6 维向量,作为线性回归模型的输入 X,小明对不同电影的评分值作为模型的输出 Y,将上述三条已有的交互记录作为线性回归模型的训练集:

《声之形》:$X=[0,1,1,0,0,0]$,$Y=4$

《千与千寻》:$X=[0,1,1,0,1,0]$,$Y=5$

《山村老尸》:$X=[1,0,0,0,0,1]$,$Y=2$

我们知道线性回归模型的公式为 $f(X)=XW$,由于输入 X 是 1×6 维的向量,所以权重向量 W 设置为 6×1 维,每一个维度表示用户对当前维度特征的喜好程度;$f(X)$ 要尽量拟合用户对电影的评分 Y,可以使用解析法求解权重向量 W,也可以使用反向传播等数值算法来优化模型并更新 W。

假设经过模型的训练得到了 W 向量,$W=[1.5,2,2,1,1,0.5]$,就可以利用学习好的 W 来预测小明对《哪吒之魔童降世》和《僵尸 2016》的评分了。根据训练出的参数 W,计算得到:

(1)《哪吒之魔童降世》的预测评分为 $W\times X=[1.5,2,2,1,1,0.5]\times[1,0,0,1,1,0]=3.5$。

(2)《僵尸 2016》的预测评分为 $W\times X=[1.5,2,2,1,1,0.5]\times[1,0,0,1,0,1]=3$。

由此可以得出结论,小明会更喜欢《哪吒之魔童降世》,所以将这部电影推荐给小明。至此,一个简单的线性回归模型实现的基于内容的推荐过程就完成了,当然这里只是作为案例给读者一个直观的体验,在真实场景中物品的内容特征可能包括多组结构化、非结构化的属性,往往还需要大量的训练样本才能学习得到拟合效果好的模型。总体而言,基于内容的推荐算法是生产生活中比较常用的,也是历史悠久的一种推荐算法。它操作简单,易于理解实现,非常适合推荐系统的初级阶段。即使在平台运行稳定成熟阶段,基于内容的推荐仍然可以与其他复杂推荐算法一起并存,并且可以应用于特定的场景。如果能高质量提取出物品的内容特征,并根据用户的历史交互把握好用户画像的构建,那么基于内容的推荐算法也能发挥出优秀的推荐效果。

4.3.3 基于标签的推荐

在具体使用基于内容的推荐算法时,物品内容的形式是多样化的,一种可用的内容推荐方式是使用"标签系统"来作为内容特征的抽象,基于物品的标签来进行推荐,也可以称为基于标签的推荐算法。"标签"在日常生活中随处可见,它用于标记产品的目标、分类、内容等,通常我们在商场买的新衣服,都会在背后挂一个纸条,上面注明了衣服的材质、大小、生产商,这是现实生活中的标签。在互联网中,许多产品也都以电子标签的形式,注明了该产品的属性或者特点。例如,国内著名的评论社交网站豆瓣网,提供图书、电影、音乐多种产品的评价和分享功能,用户们可以根据自己的观影感受自由地对产品进行评分、打标签,从而让其他用户能根据自己的兴趣找到想看的电影、想听的音乐等。在豆瓣网站中,每一部电影都展示了经常被用户打下的标签,如图4-9所示。这些标签或者用于表明电影的题材,或者是对主要内容的一些提炼。网易云音乐作为一款音乐软件,对乐库中的音乐、歌单都提供了多样化的标签,用户们可以通过自己感兴趣的标签,发现并尝试新的音乐。

标准之外 Hors normes (2019)

导演: 奥利维埃·纳卡什 / 埃里克·托莱达诺
编剧: 奥利维埃·纳卡什 / 埃里克·托莱达诺
主演: 文森特·卡索 / 勒达·卡代布 / 海伦·文森特 / 阿尔班·伊万诺夫 / 凯瑟琳·蒙切特 / 更多...
类型: 剧情
制片国家/地区: 法国 / 比利时
语言: 法语
上映日期: 2019-05-25(戛纳电影节) / 2019-10-23(法国)
片长: 114分钟
又名: 特殊人生(港) / 在你身边(台) / 标准以外 / 规范之外 / The Specials / The Extraordinary
IMDb: tt8655470

豆瓣评分

8.3 ★★★★☆
17790人评价

5星 ▇▇▇▇ 32.6%
4星 ▇▇▇▇▇ 52.4%
3星 ▇ 12.3%
2星 | 1.7%
1星 | 0.9%

好于 76% 剧情片

豆瓣成员常用的标签 ······

剧情　社会　人性　自闭症
法国　2019

图 4-9　豆瓣电影详情页

标签系统被广泛地用于各种互联网应用和产品里,这些标签除了作为标注信息让用户自行判断是否属于兴趣范围的功能外,另外一个重要的功能就是作为软件系统联系用户和产品的一种媒介。标签本质上是一种内容属性,通过用户对具有某些标签的产品的交互行为,能搜集到用户的喜好特征,从而利用这种喜好特征完成一些个性化推荐任务。不同的应用往往采用不同形式的标签的获取方法,通常软件所设计的标签系统可能有三种打标签方式:①让用户根据自己对产品的想法自由打标签,这被称为 UGC(User Generated Content,用户生成的内容)的标签应用;②让业内专家设计标签,并统一为产品库中的所有项目打标签;③让产品的提供者在发布产品时同时提供产品具有的若干标签。例如,淘宝这样的电商平台支持个体用户开店,平台会要求店主在发布一个新的商品时,给商品附加几个标签信息;而之前提到的豆瓣网,就提供用户自定义标签的功能,让所有用户为产品库中的产品定义标签。

用户用标签来描述物品,因此标签可以用来联系用户和物品。在 UGC 标签系统中,用户对物品打标签的行为是主要的交互数据,可以利用三元组的集合形式存储数据,例如,(u,i,b)表示用户 u 给物品 i 打上了标签 b。在这种情况下分析用户的兴趣偏好可以直接从用户打过的标签出发,算法步骤如图 4-10 所示。

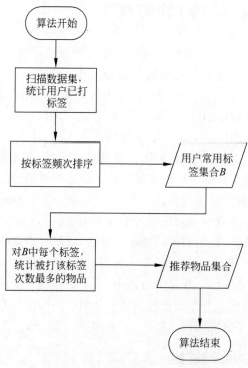

图 4-10 基于标签的推荐算法流程图

(1) 扫描数据集,统计当前用户打过的所有标签,根据使用频次数量进行排序,得到用户最常用的若干个标签集合 $B=\{b_1,b_2,\cdots,b_n\}$,这些标签就可以代表当前用户的兴趣偏好。

(2) 对用户最常用的标签集合 B 中的每个标签,根据数据集中的记录,统计出被打过这个标签次数最多的物品。

(3) 整理第(2)步中不同标签对应的物品,生成推荐结果。

对于上面的标签推荐算法,可以得到用户 u 对物品 i 的兴趣公式如下。

$$p(u,i)=\sum_{b\in B(u)} n_{u,b}\times n_{b,i} \tag{4.8}$$

其中,$B(u)$ 是用户 u 使用过的标签组成的集合,$n_{u,b}$ 是用户 u 使用标签 b 的次数,$n_{b,i}$ 是物品 i 被贴上标签 b 的次数。

与用户打标签不同,在专家统一打标签和产品提供者打标签的系统中,用户与标签之间没有直接的交互记录,而是通过用户与物品之间的交互,得到用户对物品所含标签的偏好。在这两种情况下(专家统一打标签、产品提供者打标签),基于标签的推荐方法需要做出一些改变——在第一步获取代表用户兴趣的标签时,由于没有用户对标签的直接记录,所以可以统计用户交互过物品所具有的标签,将所有交互物品所具有的标签进行合并,得到代表用户兴趣建模的若干个标签。

总体来说,基于标签的推荐算法属于内容推荐算法的一种,具备简单、直观、便于实施等特点,在各大互联网平台中有着广泛的应用,标签作为描述物品语义的重要媒介,能够从多个角度对产品的内容特征进行概括,可以配合其他的推荐方法一起使用。

4.4　基于统计(相似度)的方法

前面的章节里,已经对基于内容的推荐算法做了详细的讲解,从这一节开始,将介绍更加常用并且在学术界研究得更加广泛的协同过滤方法。根据百度百科中的定义[①],协同过滤是指:利用某兴趣相投、拥有共同经验之群体的喜好来推荐用户感兴趣的信息,个人通过合作的机制给予信息相当程度的回应(如评分)并记录下来以达到过滤的目的,进而帮助其他用户筛选信息。用户的回应不一定局限于特别感兴趣的,特别不感兴趣信息的记录也相当重要。简单来说,协同过滤就是利用群体智慧,所有用户一起不断地与推荐系统交互,系统利用大量的历史交互数据能够分析出不同用户之间的兴趣相似性以及不同物品受众的相似性,从而依靠相似关系做出智能推荐。

早期的协同过滤方法普遍使用的是统计学习思想,将用户与物品之间的交互记录以用户或者物品为主体进行统计,然后利用向量化的方法,将统计得到的每个值(交互)作为向量的一个分量,再使用相应的向量相似度计算方法,算出用户与用户(或者物品与物品之间的)相似度,并以此作为推荐的依据。在这类方法中,由于推荐的生成过程中会对相似度进行排序,寻找最相似的实体,因此该类方法也称为基于邻域的协同过滤方法。根据统计的主体不同,基于相似度的推荐主要分成两种:基于用户的协同过滤、基于物品的协同过滤。

4.4.1　基于用户的协同过滤

基于用户的协同过滤也称为基于用户相似度的协同过滤,最早提出于 1992 年。在推荐系统的发展历史中,它最初并不用于智能推荐,而是为了过滤互联网上的大量电子邮件。1994 年,GroupLens 公司的研究人员发表论文 *GroupLens: An Open Architecture for Collaborative Filtering of Netnews*,首次介绍了将该方法用于新闻推荐的算法细节,其核心思想是:对于目标用户,通过相似度计算的方式,寻找到与他兴趣最相似的若干个用户,并将这些相似用户以往购买过的物品推荐给目标用户。如图 4-11 所示,假设用户 A 喜欢物品 A 和物品 C,用户 B 喜欢物品 B,用户 C 喜欢物品 A、物品 C 和物品 D。从这些用户的历史偏好信息中,可以发现用户 A 和用户 C 的偏好类似,同时用户 C 还喜欢物品 D,那么可以推断用户 A 可能也喜欢物品 D,因此可以将物品 D 推荐给用户 A。

从图 4-11 的案例可以看出,基于用户的协同过滤方法通常需要经历以下两个步骤。

(1) 根据用户的历史交互记录,寻找和当前目标用户交互集合相似的用户群,组成相似用户集合。

(2) 将用户相似集合中全部感兴趣的物品组成推荐候选集,在候选集中根据评分加权,然后排序得到可以被推荐给目标用户的一组物品。

因此,算法的关键步骤就是用户之间相似关系的度量,然后通过相似度的排序得到相似用户集合。在之前基于内容的推荐算法里,也提到了使用向量相似度来进行推荐,与之不同的是:

(1) 在基于内容的推荐方法中,向量是物品自身属性的特征向量,一般需要人工特征工程才能得到。

---

① 协同过滤百度百科。https://baike.baidu.com/item/协同过滤/4732213?fr=aladdin。

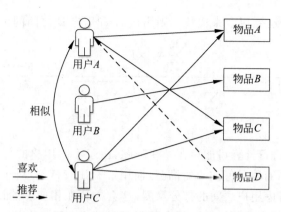

图 4-11 基于用户的协同过滤示意

（2）在基于协同过滤方法中，向量的每个维度是用户与物品的交互记录，是用统计的方法得到的，这个向量描述的是用户对物品集合的交互痕迹，是对用户（物品）的外在描述。

在协同过滤方法中，可以将所有用户针对所有物品的交互行为构成一个 $M \times N$ 阶的交互矩阵，其中，M 是用户的总数，N 是物品的总数，矩阵中每一个元素代表一个用户对一个物品的交互行为。如果使用的是显式反馈数据，每个矩阵元素可能是具体的评分值；如果使用的是隐式反馈数据，则将其二元化为 0 或 1，如图 4-12 所示。

物品 用户	a	b	c	d	e	...
A	5	3	1	?	3	...
B	?	2	?	4	?	...
C	2	?	3	4	2	...
D	?	4	?	?	5	...
E	5	?	4	1	?	...
...	...	...	...	...	...	...

(a) 显式反馈数据

物品 用户	a	b	c	d	e	...
A	1	0	1	0	1	...
B	0	0	0	1	1	...
C	1	1	1	1	1	...
D	0	1	0	1	1	...
E	1	0	0	0	0	...
...	...	...	...	...	...	...

(b) 隐式反馈数据

图 4-12 交互矩阵

从图 4-12 中可以看到，矩阵的每一行代表了一个用户对数据库中全部物品的评分行为，可以将这一行组成一个 N 维向量，作为该用户的表示，然后再利用向量相似度计算方法，得出不同用户之间交互行为的相似度（也可以说是用户相似度）。这里说到的向量相似度通常可以使用余弦相似度，通过两个向量之间的夹角余弦来度量它们的相似关系。

$$\mathrm{sim}_{\mathrm{acos}}(u,v) = \frac{\sum\limits_{i \in I_{u,v}} R_{u,i} \times R_{v,i}}{\sqrt{\sum\limits_{i \in I_u} R_{u,i}^2} \sqrt{\sum\limits_{j \in I_v} R_{v,j}^2}} \qquad (4.9)$$

其中，$R_{u,i}$，$R_{v,i}$ 分别为用户 u 和用户 v 对物品 i 的评分，I_u，I_v 分别表示用户 u 和 v 评分过物品的集合；$I_{u,v}$ 为两个用户共同评分过的物品集合。以图 4-12(a) 前两行为例，用户 A 可以用向量 $\{5,3,1,0,3\}$ 表示，用户 B 用 $\{0,2,0,4,0\}$ 表示，这里蕴含一个假设，用户未给出

的评分值被认为是负反馈,以 0 来代替。则用户 A 和用户 B 之间的余弦相似度为:

$$w_{AB} = \frac{A \cdot B}{\|A\| \cdot \|B\|} = \frac{\sum_{i=1}^{n} A_i \times B_i}{\sqrt{\sum_{i=1}^{n} (A_i)^2} \times \sqrt{\sum_{i=1}^{n} (B_i)^2}} = \frac{0+6+0+0+0}{\sqrt{44} \times \sqrt{20}} \approx 0.117$$

$$(4.10)$$

使用余弦相似度进行计算可能存在一些问题,由于不同用户的打分尺度不同,例如,用户 u 比较宽厚,对于所有物品倾向于给高分,而用户 v 比较苛刻,对于所有物品倾向于给低分,余弦相似度并未考虑用户之间的打分尺度,这会导致在相似度的计算中,两个用户向量对计算结果起到的影响力不同。调整的余弦相似度对此进行了修改:

$$\mathrm{sim}_{\mathrm{acos}}(u,v) = \frac{\sum_{i \in I_{u,v}} (R_{u,i} - \bar{R}_u)(R_{v,i} - \bar{R}_v)}{\sqrt{\sum_{i \in I_u} (R_{u,i} - \bar{R}_u)^2} \sqrt{\sum_{j \in I_v} (R_{v,j} - \bar{R}_v)^2}}$$

$$(4.11)$$

其中,$\bar{R}_u$,$\bar{R}_v$ 分别为用户 u 和 v 对已评物品的平均分,调整的余弦相似度使用去评分均值后的向量进行计算,突出了每个用户对不同物品的评分差异,缓和了不同用户的评分尺度问题,可以得到更好的效果。

对于隐性反馈数据,通常使用两级制的量化形式——将明确给出的反馈表示为 1,没有明确给出的反馈表示为 0。因为 0 和任何数值相乘仍然是 0,在这种情况下,余弦相似度的计算可以进行简化,即给定用户 u 和用户 v,令 $N(u)$ 表示用户 u 曾经有过正反馈的物品集合,同理,令 $N(v)$ 为用户 v 曾经有过正反馈的物品集合。由于此时用户向量的点乘等价于两个用户共同交互过的物品数量,用户向量的模等于该用户交互过物品数量的开方,因此可以通过以下公式来计算两个用户之间的相似度,计算结果与根据夹角余弦定义的计算方法相同。

$$w_{uv} = \frac{|N(u) \cap N(v)|}{\sqrt{|N(u)||N(v)|}}$$

$$(4.12)$$

类似地,还有一种针对隐式反馈数据的 Jaccard 相似度,它的分子部分与余弦相似度相同,而分母部分考量了两个用户共同交互的数量。具体计算公式如下。

$$w_{uv} = \frac{|N(u) \cap N(v)|}{|N(u) \cup N(v)|}$$

$$(4.13)$$

在得到了所有用户之间的相似度后,就可以为目标用户生成推荐了。通过对用户相似度进行排序,可以得到与目标用户相似度最高的前 K 个用户,再通过以下公式计算目标用户 u 对目标物品 i 的感兴趣程度:

$$p(u,i) = \frac{\sum_{v \in S(u,K) \cap N(i)} w_{uv} r_{vi}}{\sum_{v \in S(u,K) \cap N(i)} w_{uv}}$$

$$(4.14)$$

其中,$S(u,K)$ 包含和用户 u 兴趣最接近的 K 个用户,$N(i)$ 是对物品 i 有过行为的用户集合,w_{uv} 是用户 u 和用户 v 的兴趣相似度,r_{vi} 代表用户 v 对物品 i 的兴趣,根据使用的反馈数据类型,如果是五级制的显式评分数据,则 r_{vi} 属于集合 $\{0,1,2,3,4,5\}$,如果是隐式反馈数据,则 r_{vi} 都设置为1。

最后,通过一个简单的案例来对该推荐算法加深理解,假设有六位用户小红、小李、小明、小王、小东、小强分别对如下六部电影《雷神》《功夫》《悬崖之上》《唐人街探案》《金刚川》《你的名字》表示了偏好,他们越喜欢这部电影,对它的评价就越高,从1分到5分不等。可以在一个矩阵中表示他们的偏好,其中,行包含用户,列包含电影,有如图 4-13 所示的用户-电影交互矩阵,使用基于用户的协同过滤方法为用户进行电影推荐。

电影 用户	《雷神》	《功夫》	《悬崖之上》	《唐人街探案》	《金刚川》	《你的名字》
小红	4	3			5	
小李	5		4		4	
小明	4		5	3	4	
小王		3				5
小东		4				4
小强			2	4		5

图 4-13 用户-电影交互矩阵

在基于用户的协同过滤中,要做的第一件事就是根据用户对电影的偏好来计算他们之间的相似程度。以第一个用户小红为例,将第一行作为该用户的交互向量,分别计算与后续五行向量的余弦相似度,得到小红与其他用户之间的交互相似度。针对剩下每一个用户,使用同样的方法计算出他与其他用户的相似度。最终得到用户之间的相似度矩阵如图 4-14 所示。

	小红	小李	小明	小王	小东	小强
小红	1.00	0.75	0.63	0.22	0.30	0.00
小李	0.75	1.00	0.91	0.00	0.00	0.16
小明	0.63	0.91	1.00	0.00	0.00	0.40
小王	0.22	0.00	0.00	1.00	0.97	0.64
小东	0.30	0.00	0.00	0.97	1.00	0.53
小强	0.00	0.16	0.40	0.64	0.53	1.00

图 4-14 用户相似度矩阵

可以发现,小红与小李、小明之间的相似度最高,与小强之间的相似度为0,因为他们两者之间没有任何一部同时喜欢的电影。这里将寻找的相似用户数量设置为2,那么根据小李、小明的兴趣列表,可以为小红进行推荐,如图 4-15 所示。

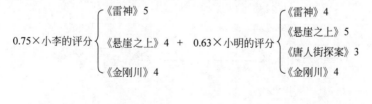

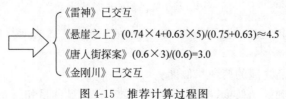

图 4-15 推荐计算过程图

统计两位相似用户的兴趣列表,可以搜集到四部电影作为候选集,由于小红已经评价过《雷神》和《金刚川》,因此将它们剔除。通过加权求和的方式,得到了目标用户对两部候选电影可能的兴趣程度,从而将预测评分4.5的《悬崖之上》推荐给小红。

4.4.2 基于物品的协同过滤

4.4.1节所说的基于用户的协同过滤方法虽然能做出推荐,但它在实际平台的实现上存在一些问题。首先是数据稀疏的问题,在一个实际上线的电子商务平台中,内置的推荐系统需要囊括非常多的物品,每个用户交互过的物品不足物品库的千分之一,并且很大几率出现两个用户之间完全没有同时购买过的物品,在这种情况下,基于用户的协同过滤算法就无法根据历史交互建立出可靠的用户相似度矩阵。同时,随着系统的持续运行,会有更多的用户注册进来,每一次新用户的注册,都需要将其与其他用户之间重新计算相似关系,随着用户数目的增大,用户相似度矩阵的计算复杂度也逐渐提高。并且,由于用户自身对系统计算出的相似用户并不知晓,基于用户的协同过滤方法难以对推荐结果做出直观的解释,而用户如果能够体会到系统推荐给他的物品的背后原理则更加有助于用户信任平台的其他推荐服务。

针对基于用户的协同过滤存在的上述问题,在2001年GroupLens公司的Badrul Sarwar等研究人员发表了另外一篇论文 *Item-Based Collaborative Filtering Recommendation Algorithms*[1],提出了协同过滤方法的一种新思路——将基于用户相似度转换为基于物品之间的相似度。基于物品的协同过滤方法的核心思想同样基于相似度的计算,只不过把相似度的主体换成了物品集合,例如,你喜欢《指环王》这部电影,推荐系统可能会给你推荐《霍比特人》,因为这两部电影之间较为相似。当然,基于物品的协同过滤推荐同样利用的是海量的"用户-物品"交互的相似度来计算物品之间的相似度,如图4-16中,用户 *a* 和用户 *b* 都同时喜欢物品 *A* 和物品 *C*,我们可以认为物品 *A* 和物品 *C* 之间较为相似,而用户 *c* 喜欢物品 *A*,那么可以将物品 *C* 推荐给用户 *c*。

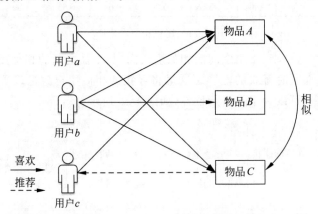

图 4-16　基于物品的协同过滤示意

与基于用户的协同过滤的过程类似,基于物品的协同过滤的推荐也可以分为以下两个步骤。

(1) 计算所有物品之间的两两相似度。

(2) 根据计算得到的相似度,搜索目标用户交互过物品的最相似物品集合,并将这些物品推荐给用户。

回忆一下,在之前基于内容的推荐算法里,也提到了使用向量来描述物品,并使用向量的相似度来进行推荐,基于物品的协同过滤方法与之不同的是:

(1) 在基于内容的推荐方法中,向量是物品内在(自身)属性的特征向量,一般需要人工特征工程才能得到。

(2) 在基于物品的协同过滤方法中,向量的每个维度是用户与物品交互记录,是用统计的方法得到的,这个向量描述的是用户对物品集合的交互痕迹,是对物品的外在描述。

物品相似度的计算方法与用户相似度的计算方法一致,区别是需要改变参与计算的向量。给定一个用户-物品交互矩阵,在基于用户的协同过滤中,是通过将行向量中一个用户的所有交互行为来代表该用户;而在基于物品的协同过滤中,是将交互矩阵中的列向量来表示一个物品,因为每一列数据都代表了一个物品被所有用户的交互行为。因此,通过计算两个列向量之间的相似度,可以得到两个物品之间的交互相似度。同样,在得到所有物品两两之间的相似度后,通过如下公式计算目标用户对某个物品 i 的兴趣程度:

$$p(u,i) = \frac{\sum_{j \in N(u) \bigcap S(i,K)} w_{ij} r_{uj}}{\sum_{j \in N(u) \bigcap S(i,K)} w_{ij}} \tag{4.15}$$

其中,$N(u)$ 是目标用户 u 有过交互行为的物品集合,$S(i,K)$ 是和物品 i 最相似的 K 个物品集合,w_{ij} 是物品 i 和物品 j 之间的相似度,r_{uj} 代表用户 u 以往对物品 i 的评分。对于用户来说,从物品相似度角度给他推荐,推荐结果很具有解释性——系统从全部用户以往的购买记录中发现,喜欢物品 i 的用户通常也会喜欢物品 j,被同时购买的次数很多。

同样,使用 4.4.1 节中的案例,再来分析一下基于物品的协同过滤的推荐过程。通过对每两个列向量之间计算余弦相似度,得到如图 4-17 所示的电影之间的交互相似关系矩阵。

	《雷神》	《功夫》	《悬崖之上》	《唐人街探案》	《金刚川》	《你的名字》
《雷神》	1.00	0.27	0.79	0.32	0.98	0.00
《功夫》	0.27	1.00	0.00	0.00	0.34	0.65
《悬崖之上》	0.79	0.00	1.00	0.69	0.71	0.18
《唐人街探案》	0.32	0.00	0.69	1.00	0.32	0.49
《金刚川》	0.98	0.34	0.71	0.32	1.00	0.00
《你的名字》	0.00	0.65	0.18	0.49	0.00	1.00

图 4-17 电影相似度矩阵

针对第一个用户小红,他评分过的电影有《雷神》《功夫》《金刚川》,因此统计与这三部电影分别最相似的三部电影,组成一个候选集合,计算小红对它们的兴趣,如图 4-18 所示。

同样地,在计算兴趣时,需要剔除用户已经接触过的电影,根据计算的预测评分值,可以将《悬崖之上》推荐给小红。

基于用户的协同过滤与基于物品的协同过滤同属于基于相似度的方法,它们在实际开

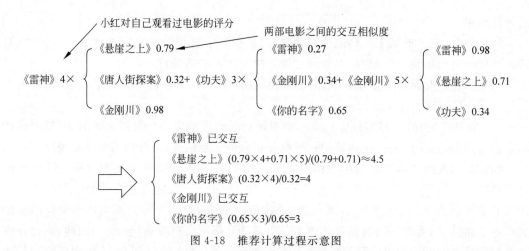

图 4-18　推荐计算过程示意图

发推荐系统中各有优缺点,开发人员需要根据系统的受众、环境等具体情况来进行算法选择。从适用范围来看,基于用户的协同过滤适用于用户数量较少的系统,因为推荐算法需要维护用户相似度矩阵,用户的数量越少,矩阵的计算复杂度越低;而基于物品的协同过滤维护物品之间的相似度矩阵,因此适合物品数量较少的场景。从推荐的实时性来看,当用户有新的交互行为时,基于用户的协同过滤无法立即生成新的用户相似度矩阵,因此无法对新交互行为做出反应;而基于物品的协同过滤是根据用户的历史交互物品再搜索相似物品,因此只要用户产生了新的交互,那么立刻可以根据这次交互搜索到相似的物品从而推荐给用户。从推荐的可解释性来看,基于用户的协同过滤无法告知用户系统为他寻找到的相似用户,因此无法为推荐做出解释;而基于物品的协同过滤可以通过将推荐物品与他交互过的某物品组合,利用两个物品之间的相似关系做出推荐解释。

4.5　基于矩阵分解的个性化推荐

前面提到,协同过滤方法主要分为基于统计的协同过滤和基于模型的协同过滤。从这一节开始,会正式接触基于模型的协同过滤方法。基于模型的协同过滤方法的核心在于"模型"二字,它遵循机器学习思想,利用向量化的数据来表示模型输入,通过梯度下降等优化方法,不断地降低模型输出与真实值之间的差距,从而得到一个能完成用户评分预测任务的模型。

在推荐系统中,模型的输入最主要的有用户和物品,与直接利用用户的历史交互的一行(或者一列)构成一个用户向量的方式不同,基于模型的协同过滤方法会将物品和用户首先映射到具有相同维度(一般维度比较小,为几十这样的数量级)的潜在向量空间中,其中物品向量的每一分量表示物品的某种潜在特征(也称为隐语义)。相应地,用户向量的同一位置的分量可以理解为该用户对此种特征的喜好程度。在这里,向量每一维具体的特征含义并不是人为定义的,而是一种说不太清楚的抽象表示,所以在业界也称之为隐语义模型(Latent Factor Model,LFM)。与基于内容的推荐方式不同,基于模型的推荐方法无法明确给出每一维特征的属性定义和物理性的解释,只作为联系用户和物品的一种"难以名状"的媒介,在定义模型时,只需要人工设置隐向量的维度,作为一种超参数来调整,寻找一个近似最优值。

  LFM类的推荐方法有很多,其中最经典的、使用最广泛的就是本节介绍的矩阵分解(Matrix Factorization,MF)方法[2]。矩阵分解方法在推荐系统中的发展,得益于Netflix公司于2006年举办的推荐算法比赛,Yehuda Koren组建的团队凭借MF及其各种变化版本,取得了当年比赛的冠军。

  推荐系统中的交互数据可以使用交互矩阵的形式来表示,原始矩阵中不存在的那些元素就是推荐算法要预测的目标。在评分预测任务中,要做的就是对每个用户关于其未交互过的物品产生一个预测评分,而在列表推荐任务中,也可以利用评分预测的结果,对当前目标用户,按照这一行全部预测评分进行排序,便可得到一个给定数量的物品列表推荐给用户。在矩阵分解类算法中,主要还是以评分预测任务为主进行讨论,对评分的预测也可以看成评分矩阵中空缺部分的补全过程,因而可以利用一些矩阵补全方法,例如矩阵分解来完成这个任务。矩阵分解的思想,直观来说就是:要把原来的$m \times n$维的大矩阵分解成两个维度分别为$m \times k$和$k \times n$的小矩阵,分别作为用户潜在向量和物品潜在向量组成的矩阵,这里的k就是前面提到的人为定义的潜在向量空间的维度。根据算法被提出的时间先后和算法改进的顺序,下面列出一些较为经典的矩阵分解算法组成的算法栈,如图4-19所示。在本节的内容里,会逐一对这些算法进行讲解。

图 4-19 经典的矩阵分解算法

4.5.1 Matrix Factorization 算法(MF/SVD)

  提到矩阵分解,人们很容易联想到特征值分解(Eigen Decomposition,ED)和奇异值分解(Singular Value Decomposition,SVD)。ED和SVD都是线性代数中重要的矩阵分解方法,ED由于只能作用于方阵,因此无法用于分解推荐系统中(交互矩阵中用户数量和物品数量极大概率不同),而SVD却能处理非方阵情况下的矩阵分解。假设矩阵R是一个$m \times n$的矩阵,那么通过SVD矩阵分解可得:

$$R_{m \times n} = P_{m \times m} \times E_{m \times n} \times Q_{n \times n} \tag{4.16}$$

其中,P是m维的正交方阵,Q是n维的正交方阵,E是$m \times n$维的对角阵。传统的SVD已经较能满足前面所述的矩阵补全的需求了,由于对角阵E中所有元素都具有非负性,并且这些奇异值依次以较快的趋势递减,通常前K个元素(K的值一般远远小于m,n)的和已经近似等于全部元素之和,意味着可以使用E中的前k个数组成新矩阵与P、Q矩阵的对应位置的子矩阵相乘,近似地复原出原始矩阵R,从而实现矩阵补全的目的。

  传统SVD直接用于推荐的思路看起来很简单,但是存在一个严重的问题——它要求待分解的矩阵是稠密的,而实际上大部分的用户评分矩阵是稀疏的,难以直接使用SVD。要想使用SVD,必须事先通过某些方法补全评分矩阵,例如,用平均值补全或者随机补全,然后再调用SVD算法。但填充后再计算的过程也额外引入了一些问题:首先是对算法计算时间的扩大,在进行矩阵分解计算时,相当于把原始的稀疏矩阵填充为了稠密矩阵,需要参与计算的位置大大增加,无法使用一些快速的稀疏矩阵运算方法;另外也破坏了原始数据的真实性,虽然以平均值填充等方法是有一定理论依据的,但不能完全保证填充后的矩阵与原始矩阵拥有完全一致的数据分布,可能造成算法计算得到的结果缺少了泛化性。为了能将 SVD 更好地运用到推荐系统中,早期很多科研人员投身于填补缺失值的方法研究,直到 2006 年 Simon Funk 在其博客内公开了他在 Netflix Prize 大赛中使用的算法,这一算法被称为 Funk-SVD 方法。

简单来说,Funk-SVD 的思想就是将传统数学的奇异值分解思想与机器学习中的线性回归方法相结合,其目标是:将原本稀疏且高维的交互矩阵,通过机器学习的方法分解得到两个低维的用户特征矩阵和物品特征矩阵,再通过矩阵中相应位置的向量进行内积运算,来补全原本稀疏的交互矩阵,得到用户对未交互过物品的评分。因此,在传统基于解析的 SVD 中分解得到的对角阵对于推荐评分预测任务,并没有实际的作用,只需要得到两个低秩的用户和物品矩阵,将用户和物品都映射到一个 k 维空间中,这个 k 维空间对应着 k 个隐因子。我们认为用户对物品的评分主要是由这些隐因子影响的,所以这些隐因子在物品身上表现为属性特征,在用户身上表现为对相应物品属性的偏好程度,只不过这些隐因子并不具有实际物理意义(即无法说出隐向量某一维分量代表的是什么具体的物理特征),也不一定具有非常好的可解释性,所以才会叫作"隐语义"。

那么具体应该如何实现这种分解呢? 实际上是使用了机器学习的方法(具体来说,是线性回归),基本过程如下。

(1) 按照数据集中的所有用户和物品的数量,以及事先人工设置的隐语义向量的维度 k,先构造出 P 和 Q 这两个低维的矩阵。

(2) 针对每一组"用户-物品对",利用矩阵中 P、Q 对应编号的行向量、列向量进行内积运算,得到预测评分值 r'_{ui}。

(3) 将预测评分值 r'_{ui} 与训练集中的真实值 r_{ui} 进行比较,再设计合适的损失函数,根据梯度下降等优化方法,最大程度地拟合出能逼近真实值的模型参数。

具体来说,假设已经随机初始化了 $m \times k$ 维的用户矩阵 P 和 $n \times k$ 维的物品矩阵 Q,则对于训练集中的一对用户 u 和物品 i,计算其预测评分值如下。

$$\hat{r}_{ui} = q_i^{\mathrm{T}} p_u \tag{4.17}$$

其中,r'_{ui} 为预测所得的用户 u 对物品 i 的评分,$p_u \in P$ 为用户 u 对应的特征向量,$q_i \in Q$ 为物品 i 对应的特征向量。对于类似矩阵补全的评分预测任务,一般会选用 4.1.3 节介绍过的 Point-wise 损失函数,例如均方根误差(RMSE)损失函数。对于训练集中每一对"用户-物品"组合,RMSE 损失函数希望预测值与真实值之间的差距之和尽可能小,因此在训练优化时需要最小化的损失函数如下。

$$L = \sum_{(u,i) \in I} (r_{ui} - r'_{ui})^2 + \alpha \sum_u \| p_u \|^2 + \beta \sum_i \| q_i \|^2 \tag{4.18}$$

损失函数分成两部分:①第一部分是主项部分,用来度量模型预测值与真实值之间的误差;②第二部分是辅助项部分,一般是体现模型在根据误差(主项部分)进行优化的同时需要最小化的其他约束,也称"正则项"。如式(4.18)中的第二部分通常被称作"L_2 正则项"。"正则"一词是从英文 Regularization 翻译过来的,实际上体现的是模型设计者自己的观察先验,笔者曾思考很久,觉得叫"抑制项"可能比较准确。例如,在式(4.18)中,第二部分是模型设计者观察到如果矩阵 P、矩阵 Q 的分量值比较大的话,模型的稳定性就会比较差,训练出来的模型会容易过拟合,所以通过"平方和"的方式来"抑制"矩阵中的分量过大。

模型的优化一般会采用梯度下降算法,将损失函数对 p_u 和 q_i 分别求导,得到:

$$\frac{\partial J}{\partial p_i} = -2(m_{ij} - q_j^{\mathrm{T}} p_i) q_j + 2\lambda p_i \tag{4.19}$$

$$\frac{\partial J}{\partial q_j} = -2(m_{ij} - q_j^{\mathrm{T}} p_i) p_i + 2\lambda q_j \tag{4.20}$$

在训练的每一轮迭代中,p_u 和 q_i 的更新公式分别为:

$$p_i = p_i + \alpha((m_{ij} - q_j^{\mathrm{T}} p_i) q_j - \lambda p_i) \tag{4.21}$$

$$q_j = q_j + \alpha((m_{ij} - q_j^{\mathrm{T}} p_i) p_i - \lambda q_j) \tag{4.22}$$

通过对训练集中的数据进行多次迭代,最终可以得到拟合效果很好的用户特征矩阵 P 和物品特征矩阵 Q,进而预测出原交互矩阵中"镂空"的评分值,并选择评分靠前的物品用于推荐。Funk-SVD 算法思想虽然很简单,但是开创了将机器学习与矩阵分解的结合用于智能推荐的先例,并在实际运用中也取得了很好的效果。

4.5.2 Bias-SVD 算法

隐语义模型的协同过滤方法有一个重要的优点:它在处理各种数据和其他特定于应用程序的需求方面的灵活性。在 Funk-SVD 算法问世之后,出现了很多的改进版算法,其中的 Bias-SVD 算法比较典型。Bias-SVD 算法在原来 Funk-SVD 只考虑用户物品潜在特征向量的基础上,引入了偏置项,取得了显著的效果提升。

Funk-SVD 方法通过学习用户和物品的特征隐向量进行用户评分预测。如前所述,物品特征隐向量的每个分量代表物品某个隐式属性特征,而用户特征隐向量则代表用户对物品对应隐式属性的喜好程度,两个向量的内积(对应位置分量相乘、累加)正好表示用户对该物品所有维度隐式属性的喜好程度之和,这个是与真实场景中我们是否喜欢一个物品的道理是一致的。但是,用户对物品的评分有的时候还与用户性格,或者物品的品质相关。例如,在对电影评价的场景中,某些用户可能天生比较苛刻,对所有看过的电影评分都略低于相应电影的平均值。同样,除了电影的具体特征(如题材、导演、主演等),可能某部电影确实质量和口碑较差,那么也会在一定程度上影响其他用户对该电影的评分。这些受限于用户、物品自身属性的因素,和用户对产品特征的喜好无关,被称为偏置(Bias)。

为了方便理解和叙述,可以将上述受到用户、物品自身情况影响的定义称为偏置部分,而通过内积模拟的用户对物品特征的偏好定义为个性化部分。在 Bias-SVD 算法中,偏置部分主要由以下三个子部分组成。

(1)数据集中全部评分的平均值 μ,这个值用来代表训练数据整体偏置情况,在模型未训练时便可计算出来,在模型迭代过程中不发生变化。

(2)用户偏置 b_i,表示用户 i 个人的打分宽松度,某些严格的用户可能会对高分物品的要求更加苛刻,因而倾向于为大多数物品打低分,此时可以通过该偏置对该用户的预测评分进行干预。

(3)物品偏置 b_j,表示物品 j 在得到任何用户打分时的普遍偏置情况,可能是受到物品自身的优劣或者特点等影响,用该偏置项在预测评分时进行修正。

通过在 Funk-SVD 的模型中加入上述三种偏置,得到改进后的评分预测公式:

$$\hat{r}_{ui} = \mu + b_u + b_i + q_i^{\mathrm{T}} p_u \tag{4.23}$$

加入偏置项后的优化目标损失函数相应地也发生变化：

$$\underset{\boldsymbol{p}_i,\boldsymbol{q}_j}{\arg\min}\sum_{i,j}(m_{ij}-\mu-b_i-b_j-\boldsymbol{q}_j^{\mathrm{T}}\boldsymbol{p}_i)^2+\lambda(\parallel\boldsymbol{p}_i\parallel_2^2+\parallel\boldsymbol{q}_j\parallel_2^2+\parallel b_i\parallel_2^2+\parallel b_j\parallel_2^2)$$

$$(4.24)$$

新的损失函数同样可以使用梯度下降方法进行优化，这里新增加了偏置项，因此也多了需要更新的参数。一般地，在模型初始化的时候对用户偏置和物品偏置以零值进行初始化，在训练过程中根据梯度方向逐渐更新，而全局偏置是通过数据集所有评分的平均值求得的，在训练过程中不发生变化。对于用户偏置 b_i 和物品偏置 b_j 有如下的更新公式。

$$b_i=b_i+\alpha(m_{ij}-\mu-b_i-b_j-\boldsymbol{q}_j^{\mathrm{T}}\boldsymbol{p}_i-\lambda b_i)\qquad(4.25)$$

$$b_j=b_j+\alpha(m_{ij}-\mu-b_i-b_j-\boldsymbol{q}_j^{\mathrm{T}}\boldsymbol{p}_i-\lambda b_j)\qquad(4.26)$$

4.5.3 SVD++算法

SVD 和 Bias-SVD 都是典型的矩阵分解推荐算法，它们有一个共同点就是只使用了显式反馈数据，在前面的章节中提到过，推荐系统中交互数据分为显式和隐式两种，相比于显式反馈数据，隐式反馈数据的数量更加庞大也更容易获取。虽然，显式评分可以很好地衡量用户对物品的偏好，但是隐式反馈信息也能一定程度上反映用户的偏好，所以有研究者们思考融合隐式反馈信息后的矩阵分解模型是否会具有更强的表现力。据此，Koren 在 2008 年推出了引入隐式反馈数据的矩阵分解模型，也就是大名鼎鼎的 SVD++模型[3]。

SVD++算法在 Bias-SVD 的基础上引入了隐式反馈信息，相当于增加了矩阵分解模型可利用的信息源，可以从侧面更加充分地反映用户的偏好，并且能够一定程度上缓解因显式评分数据较少而带来的冷启动问题。这里引入隐式反馈数据的方法是：除了先前已经初始化的物品特征向量矩阵外，再额外构造一个维度相同的物品隐因子矩阵，将某个用户隐式交互过的所有物品的隐向量做线性组合，用来建模该用户的隐式交互记录。从道理上讲，这些用户交互过的所有物品（隐式交互、显式交互），也在一定程度上反映了用户的某种兴趣偏好，所以将隐式反馈对应的向量组合与最初构造的用户隐因子向量（这个隐向量就是 SVD，Bias-SVD 中的用户隐向量）相加，得到新的用户向量。具体来说，有如下的评分预测公式。

$$\hat{r}_{ui}=\mu+b_u+b_i+\boldsymbol{q}_i\left(\boldsymbol{p}_u+\mid N(u)\mid^{-\frac{1}{2}}\sum_{j\in N(u)}y_j\right)\qquad(4.27)$$

其中，$N(u)$ 为用户 u 的历史交互物品集合，则 $|N(u)|$ 代表用户 u 的历史交互物品个数，引入该标准化项是为了消除不同 $|N(i)|$ 个数的差异；y_j 就是考虑了隐式反馈数据后为用户 u 增加的全部交互物品组成的隐因子向量。相应地，在构建损失函数时，也要把 y_j 纳入 L_2 正则项的考虑范围中，训练时也会对该矩阵同步进行更新。

$$L=\sum_{(u,i)\in I}(r_{ui}-r'_{ui})^2+\alpha\sum_u(\parallel\boldsymbol{p}_u\parallel^2+\parallel b_u\parallel^2)+\beta\sum_i(\parallel\boldsymbol{q}_i\parallel^2+\parallel b_i\parallel^2)$$

$$+\lambda\sum_{j\in N(u)}\parallel y_j\parallel^2\qquad(4.28)$$

为了验证 Funk-SVD、Bias-SVD 和 SVD 三种方法的效果，我们使用推荐系统领域常用的 MovieLens-100k 数据集，对三种方法设计了对比实验。MovieLens 数据集包含很多个版本，这次采用数据量最小的版本，包含 943 个用户对于 1682 部电影的评价，共有 100 000 条评分记录。

图 4-20～图 4-22 分别给出三个算法实现的核心部分代码。

```python
for epoch in range(num_epochs):  #训练
    count = 0
    train_begin = time()  #记录训练开始时间
    for u, i in zip(users, items):

        error = R[u, i] - prediction(P[:, u], Q[:, i])  #计算损失

        P[:, u] += gama1 * (error * Q[:, i] - lambda7 * P[:, u])  #优化Pu
        Q[:, i] += gama1 * (error * P[:, u] - lambda7 * Q[:, i])  #优化Qi

        count += 1
    train_time = time() - train_begin  #计算训练时间
    test_begin = time()  #记录测试开始时间
    train_rmse = rmse(R, Q, P)
    test_rmse = rmse(T, Q, P)
    test_time = time() - test_begin  #计算测试时间
```

图 4-20　SVD算法核心代码

```python
for epoch in range(num_epochs):  #训练
    count = 0
    train_begin = time()  #记录训练开始时间
    for u, i in zip(users, items):

        error = R[u, i] - (average_train + B_U[u]+B_I[i]+prediction(P[:, u], Q[:, i]))

        P[:, u] += gama1 * (error * Q[:, i] - lambda7 * P[:, u])  #优化Pu
        Q[:, i] += gama1 * (error * P[:, u] - lambda7 * Q[:, i])  #优化Qi
        B_U[u] += gama1 * (error - lambda6 * B_U[u])  #优化Bu
        B_I[i] += gama1 * (error - lambda6 * B_I[i])  #优化Bi
        count += 1
    train_time = time() - train_begin  #计算训练时间
    test_begin = time()  #记录测试开始时间
    train_rmse = rmse(R, item_by_users,average_train, Q, P, B_U, B_I)
    test_rmse = rmse(T, item_by_users,average_train, Q, P, B_U, B_I)
    test_time = time() - test_begin  #计算测试时间
```

图 4-21　Bias-SVD算法核心代码

```python
for u in range(m):
    p = np.zeros(numFactors)
    for j in item_by_users[u]:
        p = np.add(p,Y[j,:])
    pPlusY[u] = p

for epoch in range(num_epochs):  #训练
    count = 0
    train_begin = time()  #记录训练开始时间
    for u, i in zip(users, items):

        n_u = len(users[users == u])
        pPlusY[u] = np.add(pPlusY[u] / np.sqrt(n_u), P[:, u])
        error = R[u, i] - (average_train + B_U[u] + B_I[i]+prediction( pPlusY[u], Q[:, i]))

        P[:, u] += gama1 * (error * Q[:, i] - lambda7 * P[:, u])  #优化Pu
        Q[:, i] += gama1 * (error * (P[:, u] + 1 / np.sqrt(n_u) * pPlusY[u]) - lambda7 * Q[:, i])  #优化Qi

        for item in item_by_users[u]:
            Y[item, :] += gama1 * (error * 1 / np.sqrt(n_u) * Q[:, item] - lambda7 * Y[item,:])  #优化Yj
        B_U[u] += gama1 * (error - lambda6 * B_U[u])  #优化Bu
        B_I[i] += gama1 * (error - lambda6 * B_I[i])  #优化Bi
        count += 1
    train_time = time() - train_begin  #计算训练时间
    test_begin = time()  #记录测试开始时间
    train_rmse = rmse(R, item_by_users,average_train, Q, P, Y, B_U, B_I)
    test_rmse = rmse(T, item_by_users,average_train, Q, P, Y, B_U, B_I)
    test_time = time() - test_begin  #计算测试时间
```

图 4-22　SVD++算法核心代码

以 RMSE 作为评价算法的指标,将潜在向量空间的维度设置为 16,模型迭代 50 轮,得到如图 4-23 所示的结果。

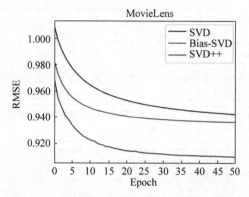

图 4-23　SVD、Bias-SVD、SVD++算法效果图

从图 4-23 中可以看出,SVD(Funk-SVD)、Bias-SVD 和 SVD++三种算法的效果基本都在第 15 轮训练后趋于稳定,并且算法效果按照提出的先后顺序逐步提升,验证了前面所介绍的各算法的改进动机和假设。

4.5.4　WR-MF 和 EALS 算法

1. WR-MF 算法

前文所述的方法主要都是基于显式评分矩阵,虽然 SVD++算法利用了用户的隐式反馈数据,但是并没有把隐式反馈数据直接作为训练样本,仅仅是把隐式反馈数据作为矩阵分解算法中用户隐向量的补充。在早期的推荐领域里,大量的文献都聚焦于处理显式反馈,这可能归功于这种显式信息对用户偏好的表达更直观。然而,在很多实际情况下,隐式反馈更容易进行收集,并且范围更宽泛,如购买记录、浏览记录、搜索模式、鼠标移动、单击历史或签到记录等。研究人员们也探索过如何直接利用隐式反馈数据来训练矩阵分解模型,但往往无法准确地挖掘出隐式反馈中包含的偏好因子,主要归结于下面的问题。

隐式反馈数据只包含正样本数据,不同于显式评分数据中可以通过多级评分来代表不同等级的用户偏好,隐式反馈数据只有 0 和 1 两种选择,在这种情况下想要使用隐式反馈数据就产生了两种选择:①将全部未发生的交互都作为负样本纳入模型训练过程中;②只使用正样本进行模型训练。两种方法都带有一定的思考在内,但也都会产生一些问题,第一种方法会使得模型缺少泛化性,因为未发生过的交互不能代表用户不感兴趣,可能是因为用户没来得及或者因为其他原因没有机会接触到该物品;第二种方法在机器学习中会导致模型倾向于将所有测试集数据都预测为正样本,因为模型的训练主要依靠梯度下降等方法,将全部数据都预测为正样本可以最快速地达到梯度收敛点,但这种预测显然是没有意义的。

回顾一下隐式反馈数据的特点,一般来说,隐式反馈数据具有如下几个特点。

(1) 没有负反馈。隐式反馈数据中只收集了正反馈,而没有负反馈,正反馈之外的数据其实是未观察反馈(未观察反馈是为缺失值和负反馈的混合)。因此,通过观察用户隐式反馈行为数据,可以推断出用户可能喜欢哪个物品,但很难去轻易地推断出用户不喜欢哪个物品。例如,一个用户没有去看某个节目的原因可能是他不喜欢这个节目,或是因为他还不知道系统平台中有这个节目存在。这种不对称的信息在显式反馈中并不存在,因为用户非常清晰地告诉我们用户喜欢(高分)什么和不喜欢(低分)什么。

(2)隐式反馈噪声比较多,不像用户评分行为是用户强烈的主动行为,用户的浏览行为、点击行为都相对比较被动。以浏览行为为例,可能某个页面是用户默认打开页面导致打分较高。

(3)隐式反馈的预测数值表示置信度。显式反馈中,评分数值可以直接显示出用户的偏好,将评分可选值限制在某两个数值之间,越接近上限则用户的偏好越高。而隐式反馈无法从数据上反映直接的偏好程度,它的数值可能为简单的[0,1]用来表示是否产生过交互,例如某用户是否单击或收藏了某物品,或者更复杂一些的情况用来记录用户交互的频次,但无论哪种形式,它都难以直接反映出偏好。例如,用户观看一部电视连续剧,这部剧为了持续地吸引用户,只在每周日更新一集内容,那么他想看到结尾必须坚持每周进入该剧的详情页,而可能另一部已经结束的剧,用户十分喜欢,一次性就把全集都看完了,却只进入了一次详情页,因此无法根据隐式反馈的数值直接评估用户的喜好,只能大致地判断用户喜欢某物具有一定的置信度。

隐式反馈推荐的评价指标不同于显式反馈。很多隐式反馈数据都被用于 TopN 的推荐中,因此传统评分评估指标(如 RMSE)肯定不适用于 TopN 推荐中。

那么具体应该怎么将隐式反馈纳入训练数据范围? Hu 等人在 2008 年的 ICDM 中发表的论文 *Collaborative Filtering for Implicit Feedback Datasets*[4] 提出了 WR-MF(Weighted Regularized Matrix Factorization)模型,通过引入用户的喜好程度和置信程度来建模隐反馈数据,同时文章设计了交替最小二乘法(Alternating Least Squares,ALS)来优化模型,取得了很好的效果。

基于隐式反馈的推荐问题一般有三种直观的解决策略。

(1)第一种策略:通过标注负例来将数据转换成一个传统的协同过滤问题。但是这种策略成本太大,用户确实不喜欢的、真实的负样本很难采集到。

(2)第二种策略:将所有缺失的值作为负例,因此传统的协同过滤方法可以直接应用。然而这样处理数据太过粗暴,缺点明显:缺失值也可能是正例,因此导致推荐结果有偏差。

(3)第三种策略:将缺失值看成未知的,忽视(丢弃)所有的缺失样本并且只利用正例来通过分类算法进行预测。这种方法也存在一个很明显的缺陷,就是会对丢失的数据的预测都是正例,模型没有区分性,因此会产生一些没有意义的结果。

而 WR-MF 算法实际上采用了第二种策略思想,并在此基础上引入了"置信度"的概念,通过降低未知样本的置信度,来最小化"弱样本"带来的负面作用。WR-MF 对每一个用于训练的评分记录都增加一个权重,用来表示此次评分的置信度,这个权重可以通过隐式反馈行为的次数等指标进行量化计算。增加了置信度权重后,就可以根据权重来改变每一个样本对模型训练的影响程度,使得"可靠"的评分记录更多地参与到模型参数迭代中,而那些"不可靠"的记录只贡献一小部分的力量。整体上来看,WR-MF 算法仍然是使用矩阵分解来建模用户对物品的偏好得分,通过分解得到用户和物品潜在矩阵,进而估计出用户的偏好,其中用户 u 对物品 i 的预测偏好得分为:

$$\hat{r}_{ui} = \boldsymbol{x}_u^{\mathrm{T}} \cdot \boldsymbol{y}_i \tag{4.29}$$

其中,$\boldsymbol{x}_u^{\mathrm{T}}$ 代表用户特征向量矩阵中的第 u 行,y_i 代表物品特征向量矩阵中的第 i 行,其向量内积代表预测偏好得分。

从评分公式来看,WR-MF 与 SVD 并没有很相似,其损失函数在均方根误差(RSME)损失函数的基础上引入了用户喜好变量和置信度变量,模型的目标函数如下。

$$\min_{x_*,y_*} \sum_{u,i} c_{ui}(p_{ui} - \boldsymbol{x}_u^{\mathrm{T}}\boldsymbol{y}_i)^2 + \lambda(\sum_u \| \boldsymbol{x}_u \|^2 + \sum_i \| \boldsymbol{y}_i \|^2) \qquad (4.30)$$

其中,p_{ui} 表示用户的喜好变量,其取值只能是 0 或 1,表示用户 u 是否偏好物品 i。这里喜好变量 p_{ui} 是由我们观察到的隐式反馈数据中用户与物品的交互频率次数 r_{ui}(不是评分)转换而成的二值变量,定义如下。

$$p_{ui} = \begin{cases} 1, & r_{ui} > 0 \\ 0, & r_{ui} = 0 \end{cases} \qquad (4.31)$$

c_{ui} 表示对该样本的置信度,根据不同的交互次数,对其给予不同的置信度,主要思想是在计算时考虑反馈次数,次数越多,对应喜好变量就越可信,有如下的加权策略。

$$c_{ui} = 1 + \alpha r_{ui} \qquad (4.32)$$

反馈数据中交互频率值越高的 user-item 对,该项的权重大,而对于没有频率值的将给予相同的默认权重,恒等于 1,表示了最低的置信程度。

当 $r_{ui} > 0$ 时,可以得到 $p_{ui} = 1$,此时认为用户 u 偏好物品 i,而这个偏好的置信度由 c_{ui} 决定,c_{ui} 会随着 r_{ui} 的增大而增大,其增长率由 α 控制,这里的 α 作为一个超参数,在论文的实验中,$\alpha = 4$ 时模型的效果最好。可见,置信度仅对有过一次以上交互的正样本有效,对负样本无效(因为 $p_{ui} = 0$)。

对于上述损失函数,WR-MF 算法使用“交替最小二乘法”来代替梯度下降进行优化,其流程如下。

(1) 使用随机分布或者高斯分布来初始化 $\boldsymbol{x},\boldsymbol{y}$。

(2) 固定 $\boldsymbol{y}$,对 x_u 求导得:

$$\begin{aligned} \frac{\partial \boldsymbol{C}}{\partial x_u} &= -2\sum_i c_{ui}(p_{ui} - x_{iu}^{\mathrm{T}}y_i)y_i + 2\lambda x_u \\ &= -2\sum_i c_{ui}(p_{ui} - y_i^{\mathrm{T}}x_u)y_i + 2\lambda x_u \\ &= -2\boldsymbol{Y}^{\mathrm{T}}\boldsymbol{C}^u \boldsymbol{p}(u) + 2\boldsymbol{Y}^{\mathrm{T}}\boldsymbol{C}^u\boldsymbol{Y}x_u + 2\lambda x_u \end{aligned} \qquad (4.33)$$

其中,$\boldsymbol{C}^u$ 是 $n \times n$ 维的对角矩阵,对角线上的每一个元素为 c_{ui},$p(u)$ 是 n 维的列向量,第 i 个元素为 p_{ui},然后,令导数为 0 可得:

$$(\boldsymbol{Y}^{\mathrm{T}}\boldsymbol{C}^u\boldsymbol{Y} + \lambda\boldsymbol{I})x_u = \boldsymbol{Y}^{\mathrm{T}}\boldsymbol{C}^u\boldsymbol{p}(u)$$
$$\Rightarrow x_u = (\boldsymbol{Y}^{\mathrm{T}}\boldsymbol{C}^u\boldsymbol{Y} + \lambda\boldsymbol{I})^{-1}\boldsymbol{Y}^{\mathrm{T}}\boldsymbol{C}^u\boldsymbol{p}(u) \qquad (4.34)$$

(3) 固定 $\boldsymbol{X}$,对 $\boldsymbol{y}_i$ 进行求导,令其导数为 0,由于 x_u 和 y_i 在公式中是对称的,所以很容易得到:

$$y_i = (\boldsymbol{X}^{\mathrm{T}}\boldsymbol{C}^i\boldsymbol{X} + \lambda\boldsymbol{I})^{-1}\boldsymbol{X}^{\mathrm{T}}\boldsymbol{C}^i\boldsymbol{p}_i \qquad (4.35)$$

(4) 把 $\boldsymbol{X}$ 和 $\boldsymbol{Y}$ 代入损失函数,使得损失函数最小。重复上面步骤(2)和(3),直到损失函数的值小于预设阈值,或者达到预设更新轮次。

为了验证 WR-MF 算法的效果,我们在公开的离线数据集 MovieLens-100k 进行 TopK 推荐实验,由于该数据集本身是显式反馈数据,需要事先对其转换成隐式反馈数据——将已有的记录评分全部置 1 作为正样本,并随机抽样与正样本相同数量同样的负样本。数据集的划分按照 Leave-one-out 的思路,即对于每一个用户,将其交互记录中最新的一条作为测试集,其他的数据作为训练集。图 4-24 给出了算法实现的核心代码部分。

```
for i in range(num_solve):
    if user:
        counts_i = self.counts[i].toarray()
    else:
        #如果要求item_vec,counts_i为counts中的第i列的转置
        counts_i = self.counts[:, i].T.toarray()
    ''' 原论文中c_ui=1+alpha*r_ui,但是在计算Y'CuY时为了降低时间复杂度,利用了
        Y'CuY=Y'Y+Y'(Cu-I)Y,由于Cu是对角矩阵,其元素为c_ui, 即1+alpha*r_ui.
        所以Cu-I也就是对角元素为alpha*r_ui的对角矩阵'''
    CuI = sparse.diags(counts_i, [0])
    pu = counts_i.copy()
    pu[np.where(pu != 0)] = 1.0
    YTCuIY = fixed_vecs.T.dot(CuI).dot(fixed_vecs)
    YTCupu = fixed_vecs.T.dot(CuI + eye).dot(sparse.csr_matrix(pu).T)

    xu = spsolve(YTY + YTCuIY + lambda_eye, YTCupu)
    solve_vecs[i] = xu
#返回更新后的矩阵
return solve_vecs
```

图 4-24　WR-MF 算法核心代码

在 TopK 推荐任务中,常用的评价指标有 HR 和 NDCG(具体计算方法见 1.4.2 节),图 4-25 是单组参数条件下,模型迭代 20 轮后的效果。

```
alpha= 4.25
加载数据集用时 0.191516 秒
943 1682
模型的特征向量维度为20, 迭代次数为10, 正则化参数为0.8
模型评价指标: hr=0.383881230116649, ndcg=0.08362543621791513
```

图 4-25　WR-MF 算法实验迭代结果

最后,对完全基于隐式反馈的 WR-MF 推荐算法进行一个总结,并将它与部分融合隐式反馈数据的 SVD++ 算法进行比较。WR-MF 研究了隐式反馈数据集下的协同过滤推荐,该方法是针对隐式反馈推荐而提出,其核心思想是:将所有缺失值看成弱负例,然后使用加权矩阵分解来预测用户行为。简单来讲,就是将原始评分矩阵转换成二值矩阵,并给予每个元素对应的加权得到加权矩阵。我们的主要发现之一是隐式用户反馈应该转换为两个成对的量级:偏好和置信水平。换句话说,对于每个"用户-物品对",我们从输入数据推导出估计用户是否喜欢或不喜欢该项目("偏好"),并将此估计与置信水平相结合。这种偏好置信区分在广泛使用的显式反馈数据集中没有被纳入考虑中,但在分析隐式反馈方面推荐起着关键作用。

WR-MF 算法的主要贡献在于:

(1)它将隐式反馈数据纳入模型训练中的问题,为隐式反馈推荐算法的发展打下了重要基础。

(2)由于在实际应用中,用户和物品的数据量是巨大的,为此,对于模型的优化并没有采用随机梯度下降等算法进行优化,而是设计了线性时间复杂度的 ALS 优化算法,使得其对于大型稀疏数据仍然能保持较好的预测性能,加快了模型的收敛速度,在工业界和大规模数据中也得到了广泛的应用。

目前,在 Apacha Mahout 和 Spark 中均提供了 ALS 算法和并行计算的支持,通过

Hadoop 平台的支持,可以很容易地实现工业级别下的个性化推荐系统的搭建。

WR-MF 和 SVD++ 都是包含隐式反馈数据的矩阵分解模型,这里对它们从预测函数和损失函数两方面进行比较。

(1) 从预测函数来看,SVD++ 额外考虑了偏置项,以及用户的历史交互物品,所以 SVD++ 的 embedding 具有更强的表达能力。

(2) 从损失函数方面,由于 SVD++ 额外考虑了偏置项和历史交互物品的辅助向量,所以在损失函数的正则化项中多了这部分对应的内容。在平方误差项中,SVD++ 直接针对正样本,使用真实评分和预测评分之间差的平方作为损失项,而 WR-MF 同时考虑正样本和负样本。此外,WR-MF 设置了置信度参数 c_{ui} 来辅助模型在隐式反馈中对用户偏好的建模。显然,WR-MF 在目标函数的构造上更加合理。

2. WR-MF 的升级版 EALS 算法

WR-MF 模型虽然在隐式反馈推荐中取得了较好的表现,然而,该模型也存在着以下不足。

(1) 对于隐式反馈中的负反馈数据,WR-MF 模型采用相同的置信度(权重)进行建模,然而,真实情况中,用户对于负反馈的偏好肯定是不一样的,统一权重的建模方式在某种程度上限制了模型的表现。

(2) WR-MF 模型采用交替最小二乘(ALS)算法进行优化,只适用于离线情况下的推荐。对于在线推荐,需要重新训练整个模型,限制了模型的适用范围。

考虑到以上两个问题,He 等人在 WR-MF 模型的基础上进行改进,发表论文 *Fast matrix factorization for online recommendation with implicit feedback*[5] 并提出了 EALS (Element-wise ALS) 模型,解决了以上不足,进一步发展了隐式反馈推荐。EALS 模型根据物品流行度对缺失数据(负反馈)进行加权,这比统一权重假设更有效和灵活。然而,这种不均匀的加权在学习模型时提出了效率挑战。为了解决这个问题,该文作者专门设计了一种基于元素交替最小二乘(EALS)的新学习算法,优化具有可变加权缺失数据的 MF 模型。利用这种高效优化算法,可以无缝地设计增量更新策略,在给定新反馈的情况下立即更新模型,使得其可以同时应用于在线和离线环境中。

EALS 同样采用矩阵分解的方法建模用户对物品的偏好预测,其偏好预测公式为:

$$\hat{r}_{ui} = p_u \times q_i \tag{4.36}$$

其中,$p_u \in P$ 为用户的潜在特征向量矩阵,$q_i \in Q$ 为物品的潜在特征向量矩阵。负反馈数据对于隐式反馈推荐建模是非常重要的,EALS 模型与 WR-MF 模型相似,通过给予不同的负反馈不同的权重实现对用户和物品交互函数的建模,模型的目标公式如下

$$L = \sum_{(u,i) \in R} w_{ui}(r_{ui} - \hat{r}_{ui})^2 + \sum_{u=1}^{M}\sum_{i \notin R_u}^{M} c_i \hat{r}_{ui}^2 + \partial(\sum_{u=1}^{M}\|p_u\|^2 + \sum_{i=1}^{N}\|q_i\|^2) \tag{4.37}$$

其中,R_u 表示用户 u 正反馈的物品集合;w_{ui} 为正反馈物品的权重,一般情况下为 1;c_i 为负反馈物品的权重,其根据物品的流行度计算得到,不同的负反馈物品的权重不同;∂ 为 L_2 正则化参数,防止模型过拟合,提升模型的泛化能力。许多 Web 2.0 系统在其推荐界面倾向于展示其网站的热门项目。在所有其他因素相同的情况下,一般来说,用户更容易了解其热门项目,因此可以合理地认为用户对热门项目的错过更可能代表用户对于该物品没有兴趣。为了解释这种现象,EALS 根据物品的受欢迎程度对 c_i 进行参数化计算:

$$c_i = c_0 \frac{f_i^\alpha}{\sum\limits_{j=1}^{N} f_j^\alpha} \tag{4.38}$$

其中,f_i 表示物品 i 的流行度,即物品在所有的用户物品交互记录中出现的次数。c_0 表示负反馈的统一权重。指数 α 控制着流行的物品对于不流行物品的显著度,当 $\alpha > 1$ 时,相对于不流行的物品,流行度高的物品的权重会显著较高;当 $\alpha < 1$ 时,可以抑制流行度高的物品,起到平滑的作用。

由于算法的目标是最小化损失函数 L,为了提升模型的收敛速度,提出一种新的优化算法 EALS,实现对模型的求解。其更新过程如下。

(1) 初始化 $\boldsymbol{P}$,$\boldsymbol{Q}$,可以任意初始化。

(2) 固定 $\boldsymbol{Q}$,对 $\boldsymbol{p}_u$ 向量中的元素求导,令导数为 0 得:

$$p_{uf} = \frac{\sum\limits_{i \in \mathcal{R}_u} [w_{ui} r_{ui} - (w_{ui} - c_i) \hat{r}_{ui}^f] q_{if} - \sum\limits_{k \neq f} p_{uk} s_{kf}^q}{\sum\limits_{i \in \mathcal{R}_u} (w_{ui} - c_i) q_{if}^2 + s_{ff}^q + \lambda} \tag{4.39}$$

(3) 固定 $\boldsymbol{P}$,类似地得到 q_{if} 的更新公式为:

$$q_{if} = \frac{\sum\limits_{u \in \mathcal{R}_i} [w_{ui} r_{ui} - (w_{ui} - c_i) \hat{r}_{ui}^f] p_{uf} - c_i \sum\limits_{k \neq f} q_{ik} s_{kf}^p}{\sum\limits_{u \in \mathcal{R}_i} (w_{ui} - c_i) p_{uf}^2 + c_i s_{ff}^p + \lambda} \tag{4.40}$$

对于隐式反馈中的缺失数据,EALS 模型提出了基于流行度的变权加权策略,更好地捕捉用户对物品的真实情感,对于隐式反馈中缺失数据的处理给出了新的思路。同时对于模型的优化,提出了一种新的优化算法——EALS 算法,对比 ALS 算法来说,大大提高了模型的更新速度,使得模型收敛得更快。同时可以很容易在大规模数据下实现多线程并行部署,对于工业界应用有着重要意义。

4.6 基于物品的协同过滤

4.6.1 背景简介

在 4.4 节中,讲解了基于统计的方法(也被称为基于邻域的方法),其中有一种基于物品的协同过滤方法,通过统计所有物品两两之间的向量相似度来得到物品相似度矩阵,利用该相似度矩阵为用户推荐符合用户以往交互偏好的物品。协同过滤推荐方法主要分为两种,即基于邻域的方法和基于模型的方法。4.4 节中基于物品的协同过滤属于基于邻域方法中最典型的一种,它使用各种距离度量方式计算相关的相似度,然后推荐最相似的几个物品给用户,这类方法由于不涉及机器学习的思想,只需要离线计算出相似度矩阵,再根据最近邻方法生成推荐结果,因此代码实现非常简单。同时,得益于交互矩阵的稀疏性,这种方法的运算速度很快,同时也具有较强的可解释性。然而,基于物品相似度的方法缺点也比较明显,其效果相比于基于模型的方法要差一些。基于模型的方法通过用户行为矩阵的分解或者其他模型来学习用户、物品的隐变量,用学习到的低维用户物品矩阵相乘来预测用户偏好评分,能够得到较好的推荐效果,但是由于需要训练学习的过程,所以速度较慢。

　　为了综合上述两种协同过滤方法的优点——在保证算法速度的前提下，提升算法的效果，Ning 等人在 2011 年发表了一篇名为 *SLIM*：*Sparse Linear Methods for Top-N Recommender Systems*[6] 的论文，提出了一种简称为 SLIM 的算法：使用机器学习的方法来生成物品相似度矩阵，结合了两类主流算法的优势——既考虑到了利用用户物品行为之间的相似度来缩短训练时间，又利用机器学习的训练过程提升了结果的精度，得到了较好的推荐效果。SLIM 算法是对线性相似度方法（如 Item-KNN）的改进，也可以看作传统的矩阵分解、SVD 系列算法的特例，避免矩阵低秩时可能丢失有用信息，也降低了计算复杂度。

　　然而 SLIM 也仍然存在缺陷——SLIM 只能描述有共现物品之间的关系，也就是说，该模型在预测用户偏好时仅考虑用户直接交互过的物品。当物品 i 和物品 j 没有同时被任一用户购买时，两者之间的相似性为零，即 SLIM 无法刻画物品之间的传递相似性关系。实际上，这种用户间接交互的物品也可以在一定程度上反映用户偏好，基于此，Kabbur 等人在 2013 年提出一种称为 FISM（Factored Item Similarity Models for Top-N Recommender Systems）的模型[7]，将两个从未被某个用户同时购买的物品通过第三个中间物品关联起来，并使用隐因子的方法将相似度矩阵分解成两个低维的子矩阵，从而解决上述问题。由于深度学习技术可以实现非线性交互关系建模，有研究者提出基于深度学习的物品相似度协同过滤方法（DeepICF），使用多层全连接网络来替代 FISM 中简单的内积作为预测函数，可以很好地提升模型的非线性拟合能力，可以认为是 FISM 算法的深度学习版本。

　　本节讲解的基于物品的协同过滤方法按照时间顺序产生了如图 4-26 所示的算法栈，由于基于物品相似度的协同过滤推荐算法在前面已经详细介绍过，本节主要介绍 SLIM 和 FISM 模型。

图 4-26　经典的基于物品的协同过滤算法发展图

4.6.2　SLIM 算法

1. SLIM 算法思想

　　SLIM 推荐算法，英文全称为 Sparse Linear Methods（稀疏线性推荐算法），是一种使用机器学习算法——坐标下降法（Coordinate Decent）来进行推荐的 TopN 算法，它将传统的基于物品的协同过滤方法进行改造，将物品相似度的计算方法由基于统计的方法改为基于机器学习的方法。在 SLIM 算法中，一个用户 i 对于他没有交互过的物品 j 的预测推荐评分通过所有他交互过物品的系数聚合组成：

$$\widetilde{a_{ij}} = \boldsymbol{a}_i^{\mathrm{T}} \boldsymbol{w}_j \tag{4.41}$$

　　$\widetilde{a_{ij}}$ 就是要预测的用户 i 对物品 j 的评分；$\boldsymbol{a}_i$ 表示交互矩阵的一行，即对所有物品的行为记录；$\boldsymbol{w}_j$ 即为物品相似度矩阵（SLIM 原文中称作聚集系数矩阵）的第 j 列，式（4.41）可以写成如下的矩阵形式。

$$\widetilde{\boldsymbol{A}} = \boldsymbol{A}\boldsymbol{W} \tag{4.42}$$

其中，$\boldsymbol{A}$ 是用户对物品的交互矩阵，$\boldsymbol{W}$ 是 $n \times n$ 维待学习的物品相似度矩阵。在 SLIM 算法中，对于某一个目标用户 i 生成 TopN 推荐就是通过上面的评分公式计算所有他没有交互过的物品的评分,再按照分数降序排列得到前 N 个物品作为推荐结果。由于交互矩阵 A 是根据数据集生成的固定矩阵,因此模型的关键在于如何学习物品相似度矩阵 W。

在 SLIM 算法中,给定一个 $m\times n$ 维的交互矩阵 A,通过最小化下面的损失函数来学习物品相似度矩阵 W:

$$\underset{W}{\text{minimize}}\ \frac{1}{2}\parallel A-AW\parallel_F^2+\frac{\beta}{2}\parallel W\parallel_F^2+\lambda\parallel W\parallel_1$$

$$\text{subject to}\ W\geqslant 0$$

$$\text{diag}(W)=0 \tag{4.43}$$

整个损失函数由以下三部分组成。

(1) 第一部分是模型的预测误差,表明了模型对训练集中数据的拟合程度,通过计算真实值与预测值之间的平方误差得到。

(2) 第二部分是以 β 为超参数加权后的矩阵 W 的 F 范式,用于限制矩阵中数值的变化程度,防止模型过拟合。

(3) 第三部分是以 λ 超参数加权的对 W 矩阵的 L_1 正则范式,有利于引导模型生成较为稀疏的 W 矩阵。

除此之外,模型对 W 加入了一个非负性约束,只学习正相关关系。此外,在 SLIM 模型中 W 的对角线元素都为 0,而在基于统计的方法中,由于每个物品一定百分之百相似于自身,因此对角线上的所有元素都设置为 1,这是因为在 SLIM 方法中,如果把对角线元素设置为 1,在机器学习的优化过程中要最小化误差会导致模型倾向于推荐当前物品自身,我们要确保一个已知的行为得分不会用于预测它自己,因此将对角线元素设置为 0。

2. SLIM 算法讨论分析

接下来,看一下 SLIM 算法和其他一些方法的区别。

(1) SLIM 算法和经典的 ItemKNN 算法的区别。SLIM 算法与方法都是基于物品相似度的推荐方法,但是区别在于:ItemKNN 通过用户交互矩阵的向量化,使用类似于余弦相似度的方法来计算物品相似度矩阵,而 SLIM 方法基于机器学习的思想,使用模型训练的方法逐步优化出相似度矩阵,因此可以潜在地编码物品之间更加丰富而微妙的相关性,这些相关性一般难以被传统的基于统计的余弦相似度等方法所捕获。

(2) SLIM 算法和 BPR 方法的区别。2009 年,Rendle 等人发表了论文 *Bayesian personalized ranking from implicit feedback*[8],讨论了一种自适应的 k 近邻方法,这种方法使用与 ItemKNN 相同的模型,但能自适应地学习物品间的相似度矩阵,但是该方法使用的相似度矩阵是完全稠密的、对称的,并且具有负值,相比而言,SLIM 中的 W 矩阵除了稀疏性带来的推荐速度和低存储要求外,对 W 不要求对称的思路实现了更大的推荐灵活性。

(3) SLIM 算法和矩阵分解方法的区别。传统的矩阵分解(Matrix Factorization,MF)算法是将用户行为矩阵分解为两个小矩阵,分别表示用户(行)和物品(列)的特征,然后相乘即可得到预测结果。SLIM 的模型学习思想和 MF 的类似,不过它是直接使用用户交互矩阵 A 来学习相似度矩阵 W,然后用交互矩阵 A 乘以相似度矩阵 W 计算评分,SLIM 算法不需要学习潜在空间中的用户向量,从而简化了学习过程。另一方面,由于矩阵分解方法中用户和物品都被映射为低维向量,从用户特征矩阵和物品特征矩阵计算得到交互矩阵的预测表示过程中可能会丢失有用的信息,而 SLIM 算法中的用户信息完全保存在原始的交互矩阵中,并通过学习将物品的对应项进行了优化,在一定程度上产生的推荐效果可能比矩阵分解方法要好一些。

3. SLIM 实验

为了进一步说明 SLIM 模型的效果,利用 MovieLens-100k 和 Book-Crossings 两个离线数据集对其进行实验验证。MovieLens-100k 数据集包含 943 个用户对于 1682 部电影的评价,共有大约 100 000 条评分记录。Book-Crossings 数据集是根据 bookcrossing.com 的数据编写的图书评分数据集,它包含 90 000 个用户对 270 000 本书的 110 万个评分,评分范围从 1 到 10,其中包括显式和隐式的评分。本次实验选用 ItemKNN、UserKNN 和 WRMF 作为算法基线进行对比,通过 HR 和 ARHR 两个指标来评测不同算法的推荐效果。图 4-27 展示了一些核心部分的代码。

```python
#根据公式计算
W = A * W
A_hat = W

recommendations = {}
m, n = A.shape

#根据A_hat 矩阵进行推荐(计算u对不同物品的评分)
for u in range(1, m):
    for i in range(1, n):
        v = A_hat[(u, i)]
        if v > 0:
            #只推荐用户尚未评分的物品, 要忽略已评分的物品
            if A[(u, i)] == 0:
                if u not in recommendations:
                    recommendations[u] = [(i, v)]
                else:
                    recommendations[u].append((i, v))

#根据推荐结果(评分)对物品进行排序
for u in recommendations:
    #recommendations[u].sort(reverse=True, cmp=Lambda x, y: x[1]-y[1])
    recommendations[u].sort(reverse=True, key=lambda x: x[1])
```

图 4-27　SLIM 算法核心代码

这段代码根据 SLIM 算法的公式计算预测评分矩阵,其中忽略了用户已评分的物品,对每一个用户,根据计算得到的预测评分矩阵,将推荐给他的物品进行降序排列,再通过如图 4-28 所示的代码将排序前 k 个物品推荐给用户,并根据测试集中该用户的数据来评估这个推荐结果,计算其命中率。

```python
#总的用户数
total_users = Decimal(len(recommendations.keys()))
print(total_users)

#针对不同的N值进行评估
for at in range(1, PRECISION_AT + 1):
    mean = 0
    #对测试集中的每个用户评估其推荐结果
    for u in user_item:
        #测试集中u的物品
        relevants = user_item[u]
        #u的推荐结果排前 at 的物品
        retrieved = recommendations[u][:at]
        if len(relevants & set(retrieved)) != 0:
            mean += 1
            print('correct number @%s : %s' % (at, mean))
    print('Average Precision @%s: %s' % (at, (mean / total_users)))
```

图 4-28　HR 计算代码

在 MovieLens-100K 数据集上,得到了如表 4-10 所示的实验结果数据。

表 4-10　SLIM 算法实验结果

算法	HR	ARHR	训练时间	预测时间
Item KNN	0.238	0.106	1.97m	8.93s
User KNN	0.303	0.146	2.26s	34.42m
WRMF	0.306	0.139	16.27h	1.59m
SLIM	0.311	0.153	50.98h	41.59s

从表中数据可以看出,SLIM 算法的效果完全优于其他对比方法,而基于模型的推荐算法(即 WRMF 和 SLIM)效果基本要优于基于邻域(即 Item KNN 和 User KNN)的推荐算法。从算法的效率上来看,基于邻域的协同过滤算法的学习时间要明显短于基于矩阵分解模型的算法,相对于 WRMF 算法,SLIM 算法学习模型的时间更长,但是一次推荐所用时间更短。SLIM 的模型学习时间受数据集大小的影响较大,实践中可以通过一些特征选择的工作来解决:如先用余弦相似度给交互矩阵 **A** 的每列选择一定数目最相似的列,能大幅度减少学习时间。

接下来再来看一下上述四个算法在 Book-Crossings 数据集上的实验结果。

从图 4-29 中也可以看出,SLIM 算法的效果明显优于其他几个对比方法,并且当推荐使用较少数量 N 的物品时,SLIM 比其他方法更好,表明 SLIM 倾向于将最相关的物品推荐给用户。

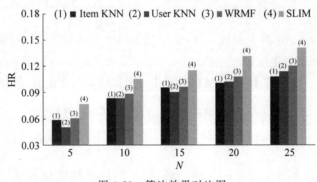

图 4-29　算法效果对比图

4.6.3　FISM 算法

1. FISM 算法思想

Item KNN 和 SLIM 这些方法依赖于学习物品之间的相似性,通过分析不同物品的已有交互用户来计算物品之间的相似度。然而,在实际应用中,因为用户物品交互矩阵通常非常稀疏,导致很多物品之间没有共同的交互用户,SLIM 算法无法捕获用户没有共同评价的物品之间的相关性。但是实际上,两个物品可以通过与它们两者都相似的另一个中间物品得到彼此相似的传递相关性,也称为高阶相似性。发表在 KDD2013 上的 FISM 模型[7]就是通过在较小维度的潜在空间中映射来学习相似度矩阵,隐含地学习物品之间的相关性传递关系,从而解决 SLIM 无法捕获用户没有共同评价的物品之间的相关性问题。

在 FISM 模型中,用户 u 对未交互过的物品 i 的预测评分的计算公式:

$$\tilde{r}_{ui} = b_u + b_i + (n_u^+)^{-\alpha} \sum_{j \in R_u^+} \boldsymbol{p}_j \boldsymbol{q}_i^{\mathrm{T}} \tag{4.44}$$

式中，b_u 和 b_i 分别为用户 u 和物品 i 的偏置项，R_u^+ 表示用户评级或评论过的物品的集合，n_u^+ 是每个用户评级或评论过的物品的个数。不同于常见的矩阵分解模型，式(4.44)中并没有用户的隐式特征矩阵，而是有两个物品的隐式特征矩阵。另外，式(4.44)中 $(n_u^+)^{-\alpha}$ 用于控制待评级物品与已评估的物品之间的一致性。

（1）当 $\alpha = 1$ 时，预测分数是相似物品评分的平均值，当所有物品都相似于预测物品时，就会得到一个很高的分数。

（2）当 $\alpha = 0$ 时，预测分数是相似物品评分的总和，当只有少量物品与预测物品相似时，仍会得到一个很高的分数。在大多数情况下，最优的选择往往在两者之间，α 就是用来平衡用户打过分的物品中大概有多少会是相似的。

FISM 论文中分别使用了两种不同的损失函数和对应的优化方法建立了两种不同的 FISM 衍生模型，分别称为 FISMrmse 和 FISMauc。首先来看 FISMrmse，顾名思义，这一模型使用 rmse 作为损失的计算思路，矩阵 $\boldsymbol{P}$ 和 $\boldsymbol{Q}$ 可以通过最小化如下的正则化优化函数求解。

$$\min_{\boldsymbol{P}, \boldsymbol{Q}} \frac{1}{2} \sum_{u, i \in R} \| r_{ui} - \hat{r}_{ui} \|_F^2 + \frac{\beta}{2} (\| \boldsymbol{P} \|_F^2 + \| \boldsymbol{Q} \|_F^2) + \frac{\varepsilon}{2} \| b_u \|_2^2 + \frac{\gamma}{2} \| b_i \|_2^2 \tag{4.45}$$

其中，正则化项用于防止模型过拟合，β, ε 和 γ 分别是潜在因子矩阵、用户偏置、物品偏置的正则化权重。对于 RMSE 损失函数，可以使用随机梯度下降的方式进行优化。

再看第二种 FISM 衍生模型——FISMauc，这是基于 Pair-wise 损失函数（见 4.1.3 节）设计的模型，即针对每一个正样本，都会随机采样出一个负样本与之配对，得到如下损失函数。

$$\min_{\boldsymbol{P}, \boldsymbol{Q}} \frac{1}{2} \sum_{u \in C} \sum_{i \in R_u^+, j \in R_u^-} \| (r_{ui} - r_{uj}) - (\hat{r}_{ui} - \hat{r}_{uj}) \|_F^2 + \frac{\beta}{2} (\| \boldsymbol{P} \|_F^2 + \| \boldsymbol{Q} \|_F^2) + \frac{\gamma}{2} \| b_i \|_2^2 \tag{4.46}$$

式中各参数的含义与 FISMrmse 中一致，同样可以使用随机梯度下降法对该式进行优化。

2. FISM 算法讨论分析

由上面的公式，读者可能会觉得 FISM 方法与之前讲过的矩阵分解方法有些类似，确实 FISM 算法中隐约存在着矩阵分解的思想，这里对 FISM 和 SVD、SVD++ 之间做一个讨论分析。

（1）FISM 算法与 SVD、SVD++ 的比较。这三个算法都属于基于矩阵分解的推荐算法，其模型主体都是一样的，不同的地方在于如何构造用户和物品的 embedding 表达。其中，SVD 直接构造了用户特征矩阵和物品特征矩阵，没有考虑额外的因素，预测的评分完全由两个矩阵中对应位置的特征向量内积得到：

$$\hat{r}_{ui} = \boldsymbol{q}_i^{\mathrm{T}} \boldsymbol{p}_u \tag{4.47}$$

SVD++ 在 SVD 的基础上额外融入了偏置因素（全局偏置、用户偏置、物品偏置），以及用户历史交互过的物品对当前物品隐向量的贡献：

$$\hat{r}_{ui} = \mu + b_u + b_i + q_i \left(p_u + |N(u)|^{-\frac{1}{2}} \sum_{j \in N(u)} y_j \right) \qquad (4.48)$$

FISM 和 SVD++非常相似,唯一的区别在于：对于用户隐向量的构建——FISM 仅使用用户历史交互过的物品 ID,而 SVD++不仅考虑历史交互,还将用户本身的 ID embedding 也集成到用户的最终 embedding 表达。对于这两种方法孰优孰劣,难以给出具体的结论,不同场景下往往有不同的结果。

（2）FISM 与 SLIM 的比较。相比于 SLIM 算法,FISM 算法的改进体现在哪里呢? SLIM 模型的核心是通过机器学习的方法来学习一个相似度矩阵,而 FISM 模型的核心是通过机器学习的方法来学习两个物品隐式子矩阵,这两个物品隐式子矩阵的乘积即为整个物品集合的相似度矩阵,相当于将 SLIM 中的相似度矩阵分解成了两个低维度的隐式矩阵。 SLIM 方法预测一个用户对于一个物品的评分时,仅利用到了用户曾经直接交互过的物品, 没有交互过的物品是不参与评分的计算的。但是,没有直接交互的物品和当前用户也可能存在某种（隐含的）相关性关系,如图 4-30 所示。

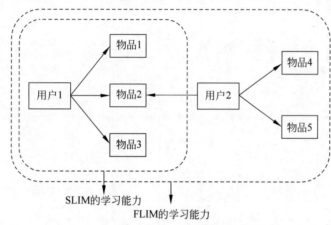

图 4-30　SLIM 和 FISM 的比较

FISM 方法通过分解相似度矩阵,将这些可能存在的直接的、间接的相关性关系融入了隐因子的学习中,使得在评分计算中包含更多的交互信息,即使是用户从未交互过的物品, 在计算之后也会有对应的得分,不像 SLIM 那样直接置为零。

为了证明 FISM 算法的效果,原论文中分别使用 MovieLens、Netflix 和 Yahoo Music 三个数据集进行了详细的对比实验。其中,Netflix 数据集是从 Netflix Prize 数据集中提取的数据子集,Yahoo Music 数据集是从 Yahoo 获得的数据子集,该数据集是一个快照,收集了音乐社区对各种音乐艺术家的偏好。

表 4-11 是各算法在二个数据集上的综合表现对比,Params 列表示相关方法中的模型参数,在 ItemKNN(cos)[9] 和 ItemKNN(log)中,参数指的是选取邻居的数量；在 ItemKNN(cprob)中,参数表示邻居的数量和一个用于调整条件概率的超参数 α；对于 PureSVD（见 4.5.1 节）,参数指代的是隐语义向量的维度；在 BPRkNN 中,参数代表学习率和正则化系数；在 BPRMF 中,参数包含隐语义向量的维度和学习率；在 SLIM 中,参数表示超参数 β 和 λ（见 4.6.2 节）；对于 FISM,参数包含隐语义向量的维度、正则化系数和学习率。对于每一个数据集,论文都使用三组不同的参数设计,以 dataset-i（i 取 1、2、3）指代。

表 4-11　FISM 算法实验结果

Method	ML100K-1			ML100K-2			ML100K-3		
	Parms	HR	ARHR	Parms	HR	ARHR	Parms	HR	ARHR
ItemKNN(cos)	100, -	0.1604	0.0578	100, -	0.1214	0.0393	100, -	0.0602	0.0193
ItemKNN(log)	100, -	0.1047	0.0336	100, -	0.0809	0.0250	100, -	0.0424	0.0116
ItemKNN(cprob)	500, 0.6	0.1711	0.0581	500, 0.3	0.1308	0.0440	400, 0.1	0.0938	0.0293
PureSVD	10, -	0.1700	0.0594	5, -	0.1362	0.0438	5, -	0.0438	0.0316
BPRkNN	1e-4, 0.01	0.1621	0.0564	1e-5, 0.01	0.1272	0.0447	1e-5, 14	0.1006	0.0319
BPRMF	400, 0.1	0.1610	0.0512	700, 0.1	0.1224	0.0407	700, 0.25	0.0943	0.0305
SLIM	0.1, 20	0.1782	0.0620	1e-4, 18	0.1283	0.0448	1e-4, 14	0.0919	0.0303
FISMrmse	96, 2e-5, 0.001	0.1908	0.0641	96, 8e-4, 0.001	0.1482	0.0462	96, 8e-4, 0.001	0.1260	0.0384
FISMauc	64, 0.001, 1e-4	0.1518	0.0504	144, 2e-5, 5e-5	0.1304	0.0424	144, 8e-5, 1e-5	0.1140	0.0340

Method	Netflix-1			Netflix-2			Netflix-3		
	Parms	HR	ARHR	Parms	HR	ARHR	Parms	HR	ARHR
ItemKNN(cos)	100, -	0.1516	0.0689	100, -	0.0849	0.0316	100, -	0.0374	0.0123
ItemKNN(log)	100, -	0.0630	0.0240	100, -	0.0838	0.0303	100, -	0.0188	0.0062
ItemKNN(cprob)	20, 0.5	0.1555	0.0678	500, 0.5	0.0879	0.0326	200, 0.1	0.0461	0.0162
PureSVD	600, -	0.1783	0.0865	400, -	0.0807	0.0297	400, -	0.0382	0.0131
BPRkNN	1e-3, 1e-4	0.1678	0.0781	1e-4, 1	0.0889	0.0329	0.01, 1e-3	0.0439	0.0148
BPRMF	800, 0.1	0.1638	0.0719	700, 0.1	0.0862	0.0318	5, 0.01	0.0454	0.0153
SLIM	1e-3, 8	0.2025	0.1008	0.1, 8	0.0947	0.0374	1e-4, 12	0.0422	0.0149
FISMrmse	192, 2e-5, 0.001	0.2118	0.1107	192, 6e-5, 0.001	0.1041	0.0386	128, 6e-5, 0.001	0.0578	0.0185
FISMauc	192, 1e-5, 1e-4	0.2095	0.1016	240, 2e-5, 1e-4	0.0979	0.0341	160, 1e-4, 5e-4	0.0548	0.0177

续表

Method	Yahoo Music-1			Yahoo Music-2			Yahoo Music-3		
	Parms	HR	ARHR	Parms	HR	ARHR	Parms	HR	ARHR
ItemKNN(cos)	100	0.1344	0.0502	100	0.0890	0.0295	100	0.0366	0.0116
ItemKNN(log)	100	0.1046	0.0358	100	0.0820	0.0261	100	0.0489	0.0153
ItemKNN(cprob)	500, 0.6	0.1387	0.0510	200, 0.4	0.0908	0.0313	20, 0.1	0.0571	0.0187
PureSVD	50	0.1229	0.0459	20	0.0769	0.0257	20	0.0494	0.0154
BPRkNN	1e-3, 1e-4	0.1432	0.0528	1e-4	0.0894	0.0304	0.1, 0.01	0.0549	0.0183
BPRMF	700, 0.1	0.1337	0.0473	0.1	0.0869	0.0288	10, 0.01	0.0530	0.0169
SLIM	0.1, 12	0.1454	0.0542	12	0.0904	0.0304	0.1, 2	0.0491	0.0159
FISMrmse	192, 1e-4, 0.001	0.1522	0.0542	160, 2e-5, 5e-4	0.0971	0.0371	160, 0.002, 0.001	0.0740	0.0230
FISMauc	144, 8e-5, 1e-4	0.1426	0.0488	176, 2e-5, 5e-4	0.0974	0.0315	176, 2e-4, 0.001	0.0722	0.0228

从表 4-11 中可以看出,FISMrmse 在所有数据集上的性能均优于其他算法,在 ML100K 数据集上,FISMauc 的效果稍显不足,并在另外两个数据集上也达不到 FISMrmse 的效果。整体来看,在 FISM 中使用 AUC 损失(FISMauc)的性能不如 RMSE 损失 (FISMrmse),这与之前普遍认可的研究结论有一些出入,一般而言,AUC(Pair-wise 类型) 损失应该比 RMSE(Point-wise 类型)损失更适用于推荐任务,因为它对数据集中未采样记录与负样本之间关系的假设更加贴近实际,FISM 的作者对此也表示疑惑。但这点也反映出机器学习方法往往缺乏高可解释性,理论上的模型效果与实际的实验效果可能会有出入,希望读者在未来进行算法科研时要秉承严谨的态度,以理论指导实验,以实验验证假设。

为了进一步说明 FISM 算法在数据稀疏环境下的效果,作者额外进行了一轮对比实验,针对三个数据集,不断改变稀疏程度,并给出 FISM 相对于表 4-11 中每个数据集下的次优方案所取得的增长率,如图 4-31 所示,随着数据集变得越来越稀疏,FISM 相对于次优方案的增长率也逐步提高,在最稀疏的数据集(Yahoo Sparsest)比次优方案高出了至少 24%。

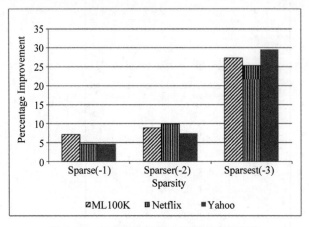

图 4-31   在不同数据集上对稀疏度的实验

参考文献

[1]   Sarwar B,Karypis G,Konstan J,et al. Item-based collaborative filtering recommendation algorithms [C]//Proceedings of the 10th international conference on World Wide Web. 2001:285-295.

[2]   Koren Y,Bell R,Volinsky C. Matrix factorization techniques for recommender systems[J]. Computer, 2009,42(8):30-37.

[3]   Koren Y. Factorization meets the neighborhood:a multifaceted collaborative filtering model[C]// Proceedings of the 14th ACM SIGKDD international conference on Knowledge discovery and data mining. 2008:426-434.

[4]   Hu Y,Koren Y,Volinsky C. Collaborative filtering for implicit feedback datasets[C]//2008 Eighth IEEE international conference on data mining. Ieee,2008:263-272.

[5]   He X,Zhang H,Kan M Y,et al. Fast matrix factorization for online recommendation with implicit feedback[C]//Proceedings of the 39th International ACM SIGIR conference on Research and Development in Information Retrieval. 2016:549-558.

[6]   Ning X,Karypis G. Slim:Sparse linear methods for top-n recommender systems[C]//2011 IEEE 11th international conference on data mining. IEEE,2011:497-506.

［7］ Kabbur S，Ning X，Karypis G. Fism：factored item similarity models for top-n recommender systems ［C］//Proceedings of the 19th ACM SIGKDD international conference on Knowledge discovery and data mining. 2013：659-667.

［8］ Rendle S，Freudenthaler C，Gantner Z，et al. BPR：Bayesian personalized ranking from implicit feedback［J］. arXiv preprint arXiv：1205. 2618，2012.

［9］ Deshpande M，Karypis G. Item-based top-n recommendation algorithms［J］. ACM Transactions on Information Systems（TOIS），2004，22(1)：143-177.

第5章

点击率预估算法

第 4 章中已详细介绍了基于协同过滤信号的推荐系统。然而,在实际的推荐场景中,数据本身的特性给推荐算法落地带来了新的困难。首先,实际场景下的数据规模非常大,如"百度糯米"App 在全中国有数以万计的优质商家,如果给每个用户直接从所有商家中进行推荐,无疑是非常耗时的。时效性影响了用户的使用体验,进而影响到用户信任感、用户黏性;也影响到网络平台的收益。因此,快速降低数据规模成为推荐系统的核心诉求之一。

本章共分为 8 节,5.1 节将讨论推荐算法的时效性问题,介绍了推荐系统的召回和排序过程;从 5.2 节开始,将讨论如何利用用户、产品和场景等特征进行推荐的问题,具体而言,5.2 节将详细介绍推荐系统中的点击率预测问题;5.3 节~5.6 节将分别介绍经典的用于点击率预测的框架和模型;5.7 节将介绍结合深度学习技术的点击率预测框架;5.8 节给出本章小结。

5.1 推荐系统中的召回和排序过程

5.1.1 为什么需要召回和排序环节

对于互联网公司而言,个性化的推荐系统的意义在于通过服务来提高用户使用黏性,以期提高公司的收入;对于用户而言,推荐系统需要在互联网上爆炸的信息中精准地推荐用户感兴趣的信息,提高用户的使用体验。试想如下场景:用户面对海量的商品列表时无从下手,而电商平台推荐的产品却又不对用户的胃口——用户很可能草草看了几页产品便因为没看到合适的产品而退出;但如果平台此时正好推荐了用户心仪的商品,则将会引发用户的兴趣,帮助用户提升了浏览体验,提升用户的购买概率,同时满足了用户和商家的需求。因此,提升推荐模型的性能是一个亟待解决的现实问题。

一般而言,推荐系统的性能需要达到两方面的要求,分别是准确性和实时性两个标准。准确性指的是给用户推荐的产品契合了用户的兴趣(用户与被推荐的产品发生交互);实时性指的是推荐系统的决策时间不宜过长。每一个用户推荐时,为了避免用户的满意程度下降,应满足实时推荐的需求。

为了提升准确性,推荐系统希望尽可能多地利用与推荐这一行为相关的"信息"。涉及用户的方面,指代的是用户的历史行为、性别、年龄等人口信息,以及社交网络关系等,可以用于建模用户的兴趣,被统称为"用户信息";对于"物品"而言,在商品推荐中指的是商品的种类、生产日期、价格等信息,在音乐推荐中指的是音乐风格、流行度等信息。简言之,可归纳为"物品信息"。同时,在特定的场景下,用户的选择会受到当前状态、地点、时间等因素的影响,统称为"上下文信息"或者"场景信息"。尽可能地收集相关信息是准确的个性化推荐列表的前提条件。相关的推荐系统示意图如图 5-1 所示。

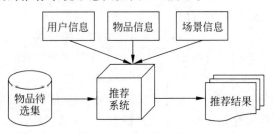

图 5-1　推荐系统示意图

　　然而,如图 5-1 所示的推荐系统示意图难以满足实时性。其原因在于,当前互联网平台候选物品集的数量巨大——百万级别,甚至千万级别的候选物品都在用户潜在的可能感兴趣的范围之内。计算每个用户对百万级别的产品的点击概率是非常耗时的。为此,工程师在设计模型时,对流程做了细化。具体而言,将流程细化分为"线下训练""评估"和"线上推断"等阶段。"线下训练"的阶段是通过收集好的数据集,在线下对整个推荐系统模型的参数、权重等进行调整;"评估"阶段则是评判一个推荐系统是否可以达到投入实际使用的标准;"线上推断"则利用训练好的模型,给用户快速、准确地提供推荐服务。同时,为了调和规模巨大的候选物品集与"实时性"的冲突,工程师们设计了推荐系统模型中的"召回层""排序层",通过"召回层"减小候选物品集的规模。

　　如图 5-2 所示,"召回层"阶段的目的是从海量的物品库中寻找用户可能感兴趣的产品,其需求是快,并且不遗漏用户感兴趣的产品。为此,召回一般使用多种策略,主要是一些简

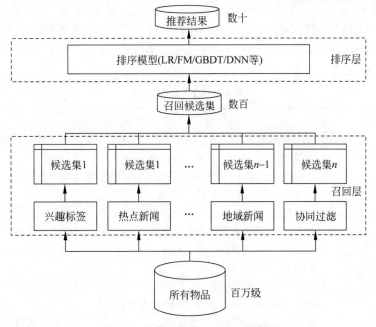

图 5-2　推荐系统的召回层、排序层

单的模型或者手工规则,避免复杂模型占用较多的时间。如用户的兴趣标签匹配模型、协同过滤表征匹配模型、根据产品热门度召回等。同时,"召回层"需要的特征通常是粗粒度的标签,具体包括用户的兴趣标签、产品的标签、热门度等即可,精细的特征会降低召回的速度。经过召回阶段,排序的产品集数量应当从百万级别快速降低到千级别或百级别,并且筛选出的都是用户有很大概率感兴趣的物品。

"排序层"的目的是为每个候选样本预测出精准的偏好分数,给出准确的推荐列表。"召回层"将候选集的规模降低到了百级别,大大减轻了计算压力,因此,"排序层"可以采用复杂的模型和更加细粒度的特征来支撑训练而不必担心时效性。

总之,"召回层"和"排序层"都是不可或缺的,"召回层"使得推荐系统满足了实时性的要求,"排序层"则解决了准确性的需要。总结其特点,"召回层"强调快,要求快速地缩小用户潜在感兴趣的范围,为下一步"排序层"减轻计算压力;"排序层"强调准,在已经缩小的用户感兴趣的范围内,精准地预测每一个候选样本的偏好分数,根据预测的偏好分数给出推荐的列表。

5.1.2 召回、排序环节的典型方法

5.1.1 节介绍了推荐系统模型中"召回层"和"排序层"的目标和特点。本节将延续对"召回层"和"排序层"的讨论,介绍在实际工程中"召回层"和"排序层"典型的实现方法。

首先,召回阶段的目的是快速地缩小用户潜在感兴趣的范围。因此,如果"召回层"召回的物品太多,那么则达不到实时性的要求;如果"召回层"召回的物品不准确,那么会导致用于排序的候选集不准确,进而影响推荐的质量。为了同时保证"召回层"的准确性和实时性,实际工程中通常选择用多种不同的策略去分别生成用户可能感兴趣的物品集,然后将这些不同的物品集作为"排序层"的候选物品集。如果直观地去理解,就是用户对物品感兴趣的原因是多种多样的。用户可能对热门的产品感兴趣,关注热点变化;用户也可能对一些符合个人兴趣偏好的产品感兴趣,如足球爱好者很可能对 2021 年欧洲杯的进球集锦感兴趣。在实际中,通过不同的策略分别生成用户可能感兴趣的物品集的方式被称作"多路召回"。典型的召回策略如表 5-1 所示。

表 5-1　典型召回策略

召 回 方 式	内　　　容
基于热门产品的召回	假设用户对热门产品的关注度比其他产品会更高些。将产品按照热门程度排列,召回最热门的产品进入候选集
基于内容的召回	根据用户画像及产品特征进行匹配和召回。根据用户的年龄、职业、地域等特征有针对性地召回相应定位的产品
基于协同过滤的召回	考虑到用户与用户、产品与产品间的相似性,根据用户和产品的历史交互记录进行召回,在无需额外特征的情况下也可以自动学习用户和产品表征。根据利用协同信号的不同,分为 UserCF,ItemCF 和利用高阶协同信号的 PersonalRank、SimRank 等
基于社交信息的召回	基于丰富的用户社交信息。为用户召回了社交邻居单击过的产品。如看一看中的"好友都在读""XXX 都在看"等相关推荐
基于场景的召回	基于当前的场景特征对产品进行召回。如利用用户刚单击过的产品这一场景特征,推荐相类似的其他产品

通过"多路召回"的方式，可以获得一个合适的候选集，大大缩小了用户可能感兴趣的产品的范围。但是千级别或者百级别的产品的数量依然略大，不能直接呈现给用户。"排序层"在给定候选集的基础上，预测精准的偏好分数，给出推荐列表。排序层的模型是整个推荐系统算法中研究的核心，得到了学术界和工业界的广泛研究。提高排序层的结果准确度的方式一般有两种，分别是提高特征工程的水平和提高模型的能力。特征工程由领域内的专家手工设计，常见的实现形式有特征交叉等。排序层的经典模型也层出不穷，既包含第4章提到的经典的协同过滤（Collaborative Filtering，CF）模型[14]，也包含在本章的后续即将介绍的点击率预测模型，如逻辑回归（Logistic Regression，LR）模型[1]、因式分解机（Factorization Machine，FM）[2]、基于集成学习的梯度提升树（Gradient Boosting Decision Tree，GBDT）[8]，以及基于深度学习的 Wide&Deep 组合模型[5]框架等。5.2节将给出点击率预测的简介；并在5.3节～5.7节，聚焦点击率预测任务，分析不同模型的优缺点，理清不同模型之间的关系，展现点击率预测技术演变的过程。

5.2　点击率预测简介

如5.1节所述，点击率（Click Through Rate，CTR）预测模型是排序阶段的一类重要模型。点击率预测模型的任务就是根据用户的特点预测用户对商品点击的概率，将用户更可能点击的物品优先推荐给用户。点击率预测有着广泛的应用场景，如广告推荐、新闻推荐、歌曲推荐等。一个优秀的点击率预测模型，应当向用户展示其有可能感兴趣的产品，进而可以提升用户的使用体验，提升平台的收益。

为了保证准确性，CTR 预测模型往往使用多种模态的特征信息来判断用户的偏好。其中，特征相互之间的差异很大，并且不同特征对于推荐结果的影响力也大相径庭。为了衡量特征对于点击率预测结果的不同影响，一般而言，点击率预测模型为每一种特征赋予一个权重，权重代表相对应的特征对点击率结果的影响力大小。通过最小化预测概率和真实点击行为之间的差异，来训练模型，调整每个权重的大小，最终训练得到多模态的特征信息到是否点击的映射函数。

经过研究者的分析发现，仅利用原始的特征，点击率预测模型的性能提升有限。幸运的是，用户的历史行为之中包含许多隐藏的特征组合关系，而这些特征组合关系的挖掘能够直接有效地提高点击率预测的准确度。常见的特征组合关系举例如下。

（1）用户经常在中午 11 点左右，打开"百度糯米"软件，其中，中午 11 点是一个时间信息，一般而言，这是准备吃午饭的时间；App 是"百度糯米"，该信号便是一个时间和 App 的组合，这样的信号被视作一个二阶特征组合关系。

（2）某男性用户经常爱听周杰伦的歌又爱玩模拟对抗游戏，在这个案例中，用户的性别、歌曲偏好、游戏偏好组成一个信号，这个信号是一个三阶特征组合关系。为了便于表达，用 AND 符号表示这种关系。如上例可以表达为 AND（性别男，爱听周杰伦的歌，爱玩游戏），对于这个样本，这个三阶交叉特征为真。

广义线性模型没有自动学习特征组合关系的能力。因此，实际中常用的方法是请专家进行特征工程，然后将特征工程产生的新特征和原特征一起赋予权重，参与点击率预测模型的训练。

通过特征工程的方式挖掘特征组合极大地提高了点击率预测模型的准确度。然而，特征工程依然有着明显的缺点，例如，依赖于场景和任务，切换场景和任务需要进行重新特征工程；需要耗费大量人力物力等。如图 5.3 所示，为了弥补特征工程的缺陷，提升点击率预测模型的性能，Rendle 等人提出因式分解机（Factorization Machine，FM）[2]，FM 将特征之间的二阶组合关系矩阵分解，为每一个特征分配一个低维的隐式向量。某个二阶特征组合关系的权重等于该组合关系对应特征的隐式向量内积，该方法可在数据稀疏的数据取得更好的效果。FM 在理论上可以扩展到高阶，但由于模型复杂度太高，实际应用只使用二阶FM。为了避免特征交叉的维度变高，导致组合爆炸、复杂度高等问题，Facebook 提出了GBDT＋LR[4]，利用 GBDT 对特征自动进行筛选和组合，进而生成新的离散的特征变量；随着深度学习的崛起，研究者们开始探索深度学习对于 CTR 预测任务的优势。Google 推荐算法团队，创新性地合二为一，综合利用浅层和深度模型，至此，Wide&Deep[5] 横空出世，进行联合训练，在当时的工业界和学术界引起了巨大的反响，时至今日依然是业界的主流模型之一。5.3 节～5.7 节的内容，将围绕图 5-3 展开。

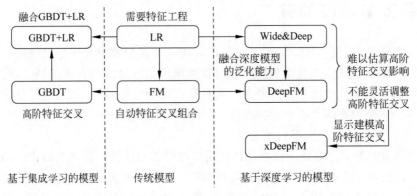

图 5-3　CTR 模型的演变

图 5-3 简单介绍了本章介绍的 CTR 模型之间的演变关系。可以看到，逻辑回归（LR）模型是一种最基础的 CTR 预测的模型。5.3 节将具体介绍 LR 模型原理，并总结其优缺点。

5.3　逻辑回归模型

5.3.1　背景

为了有效地优化推荐结果，直观的想法是将"用户信息""物品信息"和"上下文信息"等所有的信息融合起来送入一个机器学习模型中，学习一个特征信息到点击率预测概率的函数。

显然，每种特征对于最终预测的点击率的影响力大相径庭。为了衡量不同特征差异化的影响力，回归模型是一个简单直接的选择。回归模型可以给每种特征赋予一个权重，通过调整预测概率和实际单击与否的标签来调整权重的大小，以此修改每种特征对点击率预测结果的影响力。

在实际使用中，因为实际单击的标签分为单击和不单击（1 和 0），点击率预测问题也可以被看作一个二分类问题。因此，研究者们使用逻辑回归（Logistic Regression，LR[1]）模型来代替普通的线性回归：通过引入 Sigmoid 层，将输出的结果限定在（0，1）的区间内；利用

Log-loss 来代替最小二乘的优化目标,如图 5-4 所示。

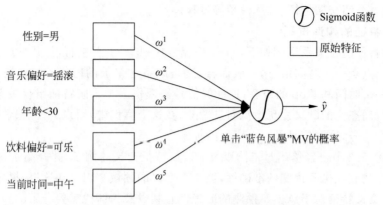

图 5-4　原始特征到单击概率的映射关系

研究者们发现,引入交叉特征组合对 CTR 预测的效果提升有直接的影响。原始的 LR 模型很难从原始特征输入中捕捉特征交叉的影响。5.2 节中举例说明了二阶三阶交叉特征组合的例子。为了直观地体现交叉特征对模型的影响,图 5-5 重画了逻辑回归的输入。具体而言,将特征进行交叉组合,然后将特征组合和原始特征一起作为逻辑回归模型的输入。

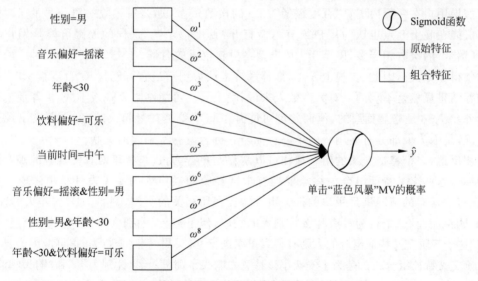

图 5-5　特征工程后,特征到单击概率的映射关系

具体的逻辑回归模型的流程将在 5.3.2 节介绍。

5.3.2　基于 LR 模型的 CTR 预测流程

将逻辑回归模型应用于点击率预测任务,一般要经历如下步骤:①将用户的连续型特征,如年龄、性别、当前时间地点等信息变换为数值型的特征向量;②对原始数值型特征向量进行特征工程,构建相关的交叉特征组合;③在模型训练阶段,以提高点击率预测的准确程度为目标,利用已有样本数据(包含原始特征、交叉特征和是否单击的结果)对逻辑回归模型进行训练,调整模型参数;④在面向用户的模型服务阶段,将当前的特征信息输入 LR 模型,模型正向传播输出预测结果,根据推断的结果得到用户单击产品的概率;根据概率大小进行排序,生成最终的推荐列表。

其中,重点介绍交叉特征、训练模型等过程。

1. 交叉特征的构造过程

"常见的特征组合关系举例如下:①用户经常在中午 11 点左右,打开'百度糯米'软件,其中,中午 11 点是一个时间信息,一般而言,这是准备吃午饭的时间;App 是'百度糯米',该信号便是一个时间和 App 的组合,这样的信号被视作一个二阶特征组合关系;②某男性用户经常爱听周杰伦的歌又爱玩模拟对抗游戏,在这个案例中,用户的性别、歌曲偏好、游戏偏好组成一个信号,这个信号是一个三阶特征组合关系。"

如上所述,5.2 节已经给出过二阶以及三阶的特征交叉的例子,并介绍了这样的交叉特征能够直接影响到点击率预测的准确性,但需要专家的领域知识。在这里,提供一种直观的理解,为什么交叉特征对于点击率预测的准确性有利以及为何说需要专家的领域知识?

首先以二阶交叉特征举例。假设某用户经常在 11 点打开"百度糯米"App 选择午饭,倾向于在 14 点打开"百度"App 搜索资料,在 20 点经常打开"百度贴吧"搜索感兴趣的内容。以上都是时间特征和 App 名称的二阶特征。如果将这些二阶特征拆开还原成一阶信号特征,其形式应该是①用户倾向于在 11 点、14 点、20 点使用手机;②用户倾向于使用"百度""百度贴吧""百度糯米"这些软件。

如果用户在一天内浏览"百度糯米"App 的次数最多,那么只接收一阶信号的 LR 模型很有可能在晚上 8 点也认为用户最有可能打开"百度糯米"。这样的原因可能是用户单击"百度糯米"的次数相当多,以至于 LR 模型在更新权重的时候,单击"百度糯米"对应的权重被调整得非常大。因此,在晚上 8 点,推荐系统也认为用户最有可能打开"百度糯米"。这样的推荐结果显然是不利的。对大多数人来说,晚上 8 点可能刚吃完晚饭不久,推荐他们打开一个外卖 App 是略显荒谬的,他们此刻可能并不想享受美食。归根结底,之所以出现这样的情况,是因为大部分时候用户的单一特征与其行为没有特别大的关联。

相反地,多个特征交叉的组合往往可以解释用户行为,这是基于对真实现象的观察得出的规律。这些交叉特征组合往往需要拥有丰富经验的领域内的专家设计得出。现实生活中,还有非常多的情况满足用户的行为组合特征密切相关的实例,例如:①"青年人"这一特征和"购买甜筒"这个行为没有什么特别大的关联,但是兼具"性别为女"且"青年人"且"带着小孩"这个三阶交叉特征组合的人则有很大概率进行"购买甜筒"这个行为,很可能因为具备这个三阶交叉特征组合的人是为了安抚小孩特意去购买了甜筒;②"性别为男"和"购买啤酒"这个行为可能有一定的关联,但"性别为男"且"当前处于夏天"这个二阶交叉特征组合则有更大的概率导致"购买啤酒"这个行为。显然,构建特征交叉需要对当前推荐场景有丰富的领域知识。换言之,只有请领域内的专家进行设计,才能有效构建出对点击率预测有利的交叉特征。

2. LR 模型的训练过程

如图 5-5 所示,将特征工程后的组合特征和原始特征拼接在一起,并赋予每一个特征一个独立的权重参数。公式表达如下。

$$\hat{z} = \boldsymbol{\omega}^\mathrm{T} \boldsymbol{x} = \omega_0 x_0 + \omega_1 x_1 + \cdots \omega_n x_n = \sum_{i=0}^{n} \omega_i x_i \tag{5.1}$$

其中,$\boldsymbol{x}$ 即为模型输入的各个特征(包含原始特征和特征工程的新特征集),$\boldsymbol{\omega}$ 即为模型需要学习的参数,代表每种特征对预测结果影响的权重,$\hat{z}$ 代表根据当前的权重参数和样本所估算出的隐变量。不同于普通线性回归的是,逻辑回归在 Sigmoid 函数的基础上引入了非线性因素,将输出的范围缩放到了(0,1)这个区间内,符合"点击率"这个概念的物理意义。

从而得到了参数值到最终预测结果的映射,表示如下。

$$h_{\omega}(\boldsymbol{x}) = \frac{1}{1 + e^{-\hat{z}}} = \frac{1}{1 + e^{-\sum\limits_{i=0}^{n} \omega_i x_i}} \tag{5.2}$$

通过以下的 Log-loss,借助梯度回传,通过调整 $\boldsymbol{\omega}$ 的取值,减小预测结果到真实标签的差异。

$$J(\boldsymbol{\omega}) - -\frac{1}{n} (\sum_{i=0}^{n} (y^i \log h_{\omega}(x^i) + (1 - y^i) \log(1 - h_{\omega}(x^i)))) \tag{5.3}$$

值得一提的是,后续介绍的 CTR 预测任务基本都采取相同的损失函数形式,后面不再赘述。

LR 模型的线上推断过程并不复杂。在模型上线后,通过当前输入的特征 x,固定模型训练的权重,通过预测候选物品集合的预测概率,根据预测概率对候选物品排序,给出最终的推荐列表。

LR 模型在很长一段时间内都是推荐系统、广告投放领域的主流模型之一。因为其突出的优点——模型简单、可解释性强、易于并行、满足工程化的需要,在工业界得到了应用。但是,LR 模型的缺点也很明显,它自身没有学习特征组合关系的能力。为了学习到数据中的特征组合关系,常用的方式是请专家进行特征工程,将特征工程获得的特征填充到原始特征中。这种方式有着明显的弊端:①依赖于场景或任务,每当点击率预测的场景迁移,就需要一个深入理解新场景中业务逻辑的专家来重新设计特征工程,需要巨大的人力成本;②网络环境下包含海量数据,用户行为背后的特征组合关系更加复杂;因此,即使耗费巨大的人力成本,人工进行特征工程也十分困难。

5.3.3 实验

本章实验部分大体上将依托于百度公司官方提供的 PaddleRec 推荐代码[①]展开,在 Python 3 的环境下安装 PaddlePaddle[②] 和 scikit-learn[③] 等机器学习包。

1. 数据准备

Criteo 数据集是一个经典的点击率预估数据集,其目的是通过 Criteo 公司的一周时间跨度的部分真实流量数据去预测广告被点击的概率。具体而言,该数据包含 13 种数值型特征和 26 种类别型特征。我们下载了 Criteo 的全数据集[④],包括约 4000 万的训练集数据和约 600 万的测试集数据。我们使用训练集里的数据来训练模型,优化模型的参数使模型输出拟合训练集数据;用测试集上的数据来计算误差,并以此估计模型在应对真实场景中的泛化误差。

2. 主要代码

通过引入截取 Wide&Deep 模型中的 Wide 部分,获得了最简单的 LR 模型格式。具体而言,LR 模型部分的核心仅仅是在模型的初始化函数(__init__)中定义了一个线性层函数

---

① https://github.com/PaddlePaddle/PaddleRec/

② https://www.paddlepaddle.org.cn/

③ https://scikit-learn.org/stable/

④ Criteo 全训练集下载地址:https://paddlerec.bj.bcebos.com/datasets/criteo/slot_train_data_full.tar.gz
Criteo 全测试集下载地址:https://paddlerec.bj.bcebos.com/datasets/criteo/slot_test_data_full.tar.gz

paddle. nn. Linear。该函数输入的维度是特征维度,输出的维度是1,代表预测的概率。

在模型的训练阶段,将会执行 forward 函数,每个 batch 的数据将先通过线性层缩放到一维,再经过 Sigmoid 层映射到 0~1 范围。forward 函数输出每个 batch 的预测结果(pred),该结果可以和真实标签构成 loss 函数,通过优化器优化 LR 模型的参数。代码如图 5-6 所示。

```python
import paddle
import paddle.nn as nn
import paddle.nn.functional as F
import math
class LR(nn.Layer):
    def __init__(self, sparse_feature_number, sparse_feature_dim,
                 dense_feature_dim, num_field, layer_sizes):
        super(LR, self).__init__()
        self.sparse_feature_number = sparse_feature_number
        self.sparse_feature_dim = sparse_feature_dim
        self.dense_feature_dim = dense_feature_dim
        self.num_field = num_field
        self.layer_sizes = layer_sizes
        self.wide_part = paddle.nn.Linear(
            in_features=self.dense_feature_dim,
            out_features=1,
            weight_attr=paddle.ParamAttr(
                initializer=paddle.nn.initializer.TruncatedNormal(
                    mean=0.0, std=1.0 / math.sqrt(self.dense_feature_dim))))
    def forward(self, dense_inputs):
        wide_output = self.wide_part(dense_inputs)
        pred = F.sigmoid(wide_output)
        return pred
```

图 5-6　LR 模型代码

3. 实验结果

本章实验的评价指标采用了 AUC(Area Under Curve)。具体而言,AUC 被定义为 ROC 曲线和 x 坐标轴所围区域的面积,其取值范围为 0.5~1。AUC 越高,则代表模型预测得越准确,也就是模型的性能越好;反之,AUC 越接近 0.5,越说明预测结果不准确。

在本次的 LR 实验的模型性能评估部分,在测试集上取得了 AUC 为 0.67 的结果。这样的结果虽然有一定准确度,但总体上不算优秀的结果。这主要是因为 LR 模型不能学习到特征之间的交叉,限制了实验性能的提升。

5.4　因式分解机模型

5.4.1　背景

5.3 节介绍了 LR 模型,也提到了其明显的缺点:对特征工程的依赖性。为了解决模型的缺点,摆脱烦琐的人工标注特征的方式,研究者们提出自动交叉特征模型的设想。Lin 等人提出了 Poly-2 模型[15],它为每一个可能存在的特征组合关系都分配了一个独立的权重。虽然该模型解决了需要特征工程的问题,但是该模型无法学习到历史数据中很少或者没有出现过的组合关系的权重,这在高维稀疏数据的情况下非常普遍。例如,推荐系统根据所在地点(精确到地级市)、年龄段的二阶交叉特征来推荐产品。在这个例子里,地级市和年龄段的特征维度都相对稀疏,在历史记录中,很多交叉特征只有寥寥的单击数据,如只有很少的 A 市的 35~40 岁的用户的历史单击记录。因为数据的缺乏,很难为"A 市的 35~40 岁的用户"这样的交叉特征学习到一个可靠的权重。

为了解决 Poly-2 模型带来的高维稀疏数据中特征权重无法学习的问题,2010 年,Rendle 等人创新性地提出了一种基于矩阵分解的机器学习算法——因式分解机(Factorization Machine,FM[2]),核心在于为每一个特征分配一个低维的隐式向量(Latent Vector),二阶特征组合关系的权重等于该组合关系中的特征的对应的隐式向量内积。在高维稀疏的特征向量上,该模型展现了优秀的性能。总之,FM 模型成功地摆脱了特征工程,并且在稀疏的特征交叉数据上的权重学习上表现出了相对不错的效果。

5.4.2 FM 模型原理

如果直接在 LR 模型的基础上,引入所有二阶线性特征的估算,则点击率预估的模型表达如下。

$$\hat{y} = b + \sum_{i=0}^{n} \omega_i x_i + \sum_{i=0}^{n} \sum_{j=i+1}^{n} \omega_{ij} x_i x_j \tag{5.4}$$

其中,$\hat{y}$ 代表预测的单击概率,b 代表网络训练的偏置值,n 是样本特征的数量,ω_{ij} 代表二阶交叉特征对应的权重,x_i 代表第 i 个特征的取值。显然,这样的方式至少有两个明显的缺点。

(1) 在这样的计算方式下,二阶的特征权重参数的数量是 n^2 数量级。

(2) 只有当 x_i,x_j 都不是 0 时,对应的权重参数才有意义。如果满足都不是 0 这一条件的样本数量很少,则 ω_{ij} 对应的二阶交叉特征的数据非常稀疏,导致权重参数 ω_{ij} 难以得到有效的训练。

FM 则改进了这种方法。FM 引入了隐向量(维度为 k)来表示每一种特征,$\boldsymbol{v}_i$,$\boldsymbol{v}_j$ 分别代表特征 x_i,x_j 对应的隐向量。x_i,x_j 对应的交叉特征的权重则由 $\boldsymbol{v}_i$,$\boldsymbol{v}_j$ 的内积决定。由式(5.4)可知,每两种特征之间都对应一个权重参数,如图 5-7(a)所示。FM 的创新之处在于将图 5-7(a)的矩阵拆分成 $n \times k$ 的隐变量矩阵,两两特征之间的权重参数由对应特征的内积来表示,如图 5-7(b)所示。以此,将原本的 n^2 数量级的权重参数数量减少到了 nk 级别,大大降低了训练开销。同时,这种方法也使得数据稀疏的二阶交叉特征的权重参数可以得到较好的训练。

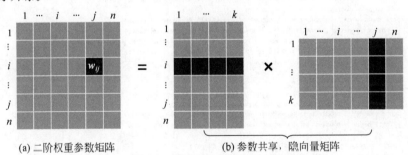

(a) 二阶权重参数矩阵 (b) 参数共享,隐向量矩阵

图 5-7 二阶权重参数矩阵分解

图 5-7 刻画了 FM 得名的由来,形象地解释了"分解"(Factorization)的含义。对应地,式(5.4)应当按照 FM 的方式进行调整,表达如下:

$$\hat{y} = b + \sum_{i=0}^{n} \omega_i x_i + \sum_{i=0}^{n} \sum_{j=i+1}^{n} <\boldsymbol{v}_i, \boldsymbol{v}_j> x_i x_j \tag{5.5}$$

其中,$<,>$ 代表两个向量的内积。式(5.5)描述了特征 x_i,x_j 及其对应的隐变量 $\boldsymbol{v}_i$,$\boldsymbol{v}_j$ 映

射到预测的点击率的过程。该模型的线上推断过程与 LR 类似,都是利用学习好的权重参数直接得出点击率的预测。

相比于简单的 LR 模型,FM 模型的优势非常明显。它避免了特征工程,可以自动地学习到二阶特征交叉的权重参数,并且模型的复杂度不算太高。在后续工作中,FFM[9] 和 DeepFM[6] 都在 FM 的基础上进行了扩展。但是对于二阶以上的特征交叉组合,单纯的 FM 模型在实际中会不可避免地导致组合爆炸和计算复杂度过高的问题。换言之,FM 在实际中不被用于自动建模三阶及以上的特征交叉。

5.4.3 实验

1. 数据准备

依托于 PaddleRec 的官方代码和 5.3 节相同的数据,使用 Criteo 全数据集。

2. 主要代码

如图 5-8 所示 FM 模型结构,定义了维度为 1 的 embedding 模块和 create_parameter 模块(参数矩阵),并将 embedding 模块取出用来计算式(5.5)中的 $\sum_{i=0}^{n} \omega_i x_i$ 项,其中,执行 self.embedding(index) 是取出索引为 index 的参数内容;self.multiply 则是通过乘法取得对应的参数内容。该项的结果对应 forward 函数中输出的 y_first_order 变量。

```python
class FM(nn.Layer):
    def __init__(self, sparse_feature_number, sparse_feature_dim,dense_feature_dim, sparse_num_field):
        super(FM, self).__init__()
        self.sparse_feature_number = sparse_feature_number
        self.sparse_feature_dim = sparse_feature_dim
        self.dense_feature_dim = dense_feature_dim
        self.dense_emb_dim = self.sparse_feature_dim
        self.sparse_num_field = sparse_num_field
        self.init_value_ = 0.1
        #sparse part coding
        self.embedding_one = paddle.nn.Embedding(sparse_feature_number,1,sparse=True,
            weight_attr=paddle.ParamAttr(initializer=paddle.nn.initializer.TruncatedNormal(
                mean=0.0, std=self.init_value_ / math.sqrt(float(self.sparse_feature_dim)))))
        self.embedding = paddle.nn.Embedding(
            self.sparse_feature_number, self.sparse_feature_dim, sparse=True,
            weight_attr=paddle.ParamAttr(initializer=paddle.nn.initializer.TruncatedNormal(
                mean=0.0, std=self.init_value_ / math.sqrt(float(self.sparse_feature_dim)))))
        #dense part coding
        self.dense_w_one = paddle.create_parameter(shape=[self.dense_feature_dim],
            dtype='float32', default_initializer=paddle.nn.initializer.Constant(value=1.0))
        self.dense_w = paddle.create_parameter(shape=[1, self.dense_feature_dim, self.dense_emb_dim],
            dtype='float32',default_initializer=paddle.nn.initializer.Constant(value=1.0))
    def forward(self, sparse_inputs, dense_inputs):
        #-------------------- first order term ----------------
        sparse_inputs_concat = paddle.concat(sparse_inputs, axis=1)
        sparse_emb_one = self.embedding_one(sparse_inputs_concat)
        dense_emb_one = paddle.multiply(dense_inputs, self.dense_w_one)
        dense_emb_one = paddle.unsqueeze(dense_emb_one, axis=2)
        y_first_order = paddle.sum(sparse_emb_one, 1) + paddle.sum(dense_emb_one, 1)
        # -------------------- second order term ------------------
        sparse_embeddings = self.embedding(sparse_inputs_concat)
        dense_inputs_re = paddle.unsqueeze(dense_inputs, axis=2)
        dense_embeddings = paddle.multiply(dense_inputs_re, self.dense_w)
        feat_embeddings = paddle.concat([sparse_embeddings, dense_embeddings],1)
        # sum_square part
        summed_features_emb = paddle.sum(feat_embeddings,1)  #None*embedding_size
        summed_features_emb_square = paddle.square(summed_features_emb)  #None*embedding_size
        # square_sum part
        squared_features_emb = paddle.square(feat_embeddings)  # None * num_field*embedding_size
        squared_sum_features_emb = paddle.sum(squared_features_emb, 1)  #None*embedding_size
        y_second_order = 0.5 * paddle.sum(summed_features_emb_square - squared_sum_features_emb,1,keepdim=True)  #None
        return y_first_order, y_second_order
```

图 5-8 FM 模型结构

为了计算 $\sum_{i=0}^{n}\sum_{j=i+1}^{n}<\boldsymbol{v}_i,\boldsymbol{v}_j>x_ix_j$，定义了与上文类似的 embedding 模块和参数矩阵，其维度是 $\boldsymbol{D}$，对应着公式中的 $\boldsymbol{V}$ 隐向量矩阵。通过计算隐向量的内积，获得了二阶项的权重。该项的结果对应 forward 函数中输出的 y_second_order 变量。

3. 实验结果

FM 模型自动进行了二阶交叉特征，在这个微型数据集的测试集上，取得了 AUC 为 0.78 的模型性能。该结果高于 LR 模型的结果，原因是 FM 模型可以自动学习二阶交叉特征，提高了 CTR 预测的性能。

5.5 梯度提升树模型

为了弥补 FM 模型无法在实际中建模二阶以上的特征交叉的缺点，如何突破二阶特征交叉的限制，提升特征交叉的维度，是推荐系统研究者们努力的方向。本节将介绍一种基于集成学习的方法，一定程度上缓解了高阶特征组合的难题。

5.5.1 背景

梯度提升树（Gradient Boosting Decision Tree，GBDT[3][8]）是应用最为广泛的机器学习的集成模型之一。集成模型的思想是将若干个基础模型或者弱学习器按一定的策略结合到一起，从而得到一个能力更强的集成分类器。集成学习的思想在中国谚语中有着直观的解释：这便是"人多力量大"和"三个臭皮匠，赛过诸葛亮"。一般而言，Boosting 采用串行的方式按一定的先后顺序训练各个学习器，通过前面学习器训练的经验来改善后续学习器的训练。具体做法是使用赋予训练集中的样本不同的关注度。在每次的迭代训练中，对于那些训练得已经很准确的样本，则给予更少的关注度；训练不好的权重，给予下一个弱学习器更高的关注度。当弱学习器 1 得到错误的结果时，下一个弱学习器将给第一个学习器学错的样本更高的关注度。按照这样的方式，GBDT 最终能综合所有弱学习器的优势，形成一个强分类器。

在正式介绍 GBDT 算法之前，还需要介绍一般情况下 GBDT 的基学习器的结构——决策树（Cart Tree）。决策树模型属于二叉树。在训练过程中，决策树的每个节点按照某种规则进行树分裂，找到一个参考特征和分割点，将当前的样本集合拆分开。决策树模型的中止条件一般是预设的，如决策树达到某深度，或者叶子节点的数量达到要求，此时，决策树模型的树分裂阶段中止，新的样本可以根据树的结构预测输出值。每个叶子节点对应一个输出值，如果样本数量超过一个，以所有样本标签的平均值作为输出。在预测过程中，从根节点开始，对样本的特征进行测试，根据测试结果，将样本逐层进行分配，最终到达一个叶子节点，该叶子节点对应一个输出值。决策树模型的特点是简单、低方差、高偏差，随着 GBDT 级联的决策树越多，偏差逐渐变小，最终的模型可以同时满足较低的方差和偏差的要求。

5.5.2 模型原理

GBDT 通过逐一生成决策树的方式生成整个树林，生成新的决策树使用的标签是利用样本的真实标签值和当前的树林预测值之间的残差。当前的树林预测值由当前树林内所有的树结构输出的总和决定。同时,因为残差是连续变量,因此 GBDT 的决策树一般采取回归树的结构。在 GBDT 中添加一棵新的回归树的过程如图 5-9 所示。

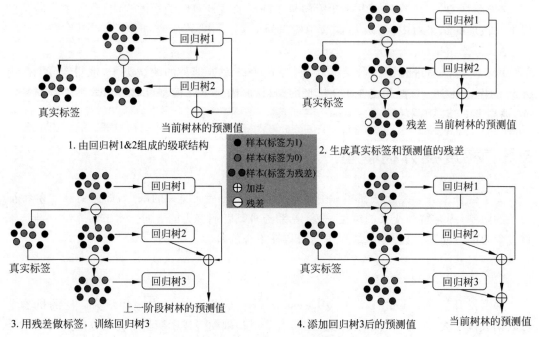

图 5-9　GBDT 中添加一棵新的回归树

每添加一棵新的回归树,首先要求和当前所有树林的预测结果,然后与真实标签做残差,并作为下一棵回归树的标签。假设当前已训练完成回归树组合 $T_1 \cdots T_M$,输入数据为 $[x_1, x_2, \cdots, x_n]$,则当前树林的预测结果可以表达为:

$$f_M(x) = \sum_{m=1}^{M} T_m(x) \tag{5.6}$$

如果添加了第 $M+1$ 棵回归树,则新的模型预测结果是:

$$f_{M+1}(x) = f_M(x) + T_{M+1}(x) \tag{5.7}$$

必须指出,梯度提升算法是利用最速下降的近似方法,即利用损失函数的负梯度在当前模型的值,作为回归问题中提升树算法的残差的近似值,拟合一棵回归树。平方差函数 $L_m(y, f(x)) = \frac{1}{2} \times (y - f_m(x))^2$ 被选择为目标函数,用平方误差最小的准则求解每个单元上的最优输出值。其梯度与残差的形式正好相契合。值得一提的是,本节的重点在于展示 GBDT 的流程,而不是探索 GBDT 算法关于不同损失函数的选择。因此,在本节的说明中,只说明第 $M+1$ 棵子树的拟合残差 $y - f_M(x)$ 的情况,而不考虑其他选择。

至此,如何在 GBDT 算法中逐次添加回归树模型已经清楚。后续内容将继续讨论基本学习器——回归树是如何工作的,以便于理解 GBDT 的内容,也为 5.6 节讨论的 GBDT＋LR 做铺垫。

要理解回归树模型,首先要把思维从反向传播算法中解放出来。回归树模型参数学习的过程就是树分裂的过程,当所有分裂的分割向量和分割点都已经决定,单棵回归树此时已经训练完毕。如上文所述,残差就是平方差目标函数的负梯度值,训练新的回归树则以残差作为标签,重新进行树分裂的过程。在实际应用中,单棵回归树的终止条件一般由指定的叶子节点数或者回归树的深度决定。

回归树的每次树分裂过程都会将当前节点分为两个子节点,其分类公式如下。

$$\min_{j,s}\left[\min_{c_1}\sum_{x_i\in R_1(j,s)}(y_i-c_1)^2+\min_{c_2}\sum_{x_i\in R_2(j,s)}(y_i-c_2)^2\right] \tag{5.8}$$

其中,y_i 是样本 i 的标签值,x^j 代表输入的第 j 种特征,s 代表切分点,R_1,R_2 分别代表被 x^j 和 s 区分开来的两个空间。例如,x^j 是用户年龄这一特征,切分点在 30 岁,则 R_1,R_2 可以是大于 30 岁和不大于 30 岁。式(5.8)的目标是,找到这样一组 x^j 和 s,能够使得分割开的两个空间满足有一组 c_1 和 c_2,能够使得目标函数最小。以此类推,直到达到回归树终止条件为止。

GBDT 的每棵回归树进行学习的过程中,都会经过数次交叉,每次交叉都以某个特征的某个值作为切分点。这样,在每棵回归树的学习过程中,GBDT 都会利用到高阶的交叉特征组合。

如图 5-10 所示,该回归树模型将输入的样本集合按特征分为四种,利用了 AND("高薪","女性")等二阶特征交叉。如果有更深的回归树模型,那么可以利用到的特征交叉的维度可以更高。用 GBDT 将多个不同回归树集成起来,每个回归树模型都对应着不同的高阶特征交叉,有效弥补了 FM 在引入高阶特征交叉时组合爆炸的问题。然而,只有 GBDT 的缺点也很明显,无法像 LR 一样,用权重参数建模特征对点击率的不同的影响力。为了弥补这个缺陷,相关研究者们继续开始了探索的旅程。

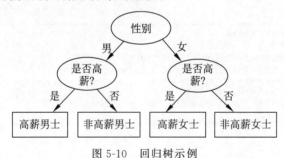

图 5-10 回归树示例

5.5.3 实验

1. 数据准备

因为树模型需要全部数据来计算节点分割的位置,而 Criteo 全部的训练集有 4000 万条数据,如果用 GBDT 树模型来对所有数据进行训练,需要的空间开销极大。因此,在本节(梯度提升树模型)和 5.6 节(梯度提升树＋逻辑回归模型)的实验中,我们替代性地使用了 Criteo 部分数据,约 1 万条数据,并按照 8∶2 原则拆分为训练集和测试集,分别用来训练模型和测试模型的性能。

2. 主要代码

我们在同样的微型数据集上,重写了数据读取函数,借助 lightgbm 构建树模型和 scikit-learn 的工具训练了 GBDT 模型,测试了其性能。如图 5-11 所示,我们从训练文件目录和测试文件目录每一行读取信息,并以 pandas 库的 DataFrame 形式保存。

```
def load_data(continuous_feature,category_feature):
    train_path = "./gbdt_data/sample_data/train/sample_train.txt"
    train_dict = defaultdict(list)
    with open(train_path, "r") as rf:
        for index,l in enumerate(rf):
            line = l.strip().split(" ")
            for i in line:
                slot_feasign = i.split(":")
                train_dict[index].append(float(slot_feasign[1]))
    train_pd = pd.DataFrame(train_dict).T

    test_path = "./gbdt_data/sample_data/test/sample_test.txt"
    test_dict = defaultdict(list)
    with open(test_path, "r") as rf:
        for index,l in enumerate(rf):
            line = l.strip().split(" ")
            for i in line:
                slot_feasign = i.split(":")
                test_dict[index].append(float(slot_feasign[1]))
    test_pd = pd.DataFrame(test_dict).T
    data = pd.concat([train_pd, test_pd])
    cloums = ['Label']
    cloums.extend(continuous_feature)
    cloums.extend(category_feature)
    data.columns = cloums
    return data
```

图 5-11　数据读取函数

如图 5-12 所示 GBDT 预测，首先按照行数拆分了数据集，在训练过程中，首先导入了 lightgbm 包，然后通过使用 LGBMClassifier 初始化了一个树模型，然后使用 fit 函数对树模型进行了训练。

```
def gbdt_predict(data, category_feature):
    for col in category_feature:
        onehot_feats = pd.get_dummies(data[col], prefix = col)
        data.drop([col], axis = 1, inplace = True)
        data = pd.concat([data, onehot_feats], axis = 1)
    # get the first 72 rows == training data
    x_train = data[:72]
    y_train = x_train.pop('Label')
    # get the last 8 rows == testing data
    x_val = data[72:]
    y_val = x_val.pop('Label')

    print('training')
    gbm = lgb.LGBMClassifier(objective='binary',
                             subsample= 0.8,
                             min_child_weight= 0.5,
                             colsample_bytree= 0.7,
                             num_leaves= 20,
                             max_depth = 5,
                             learning_rate=0.01,
                             n_estimators=10000,
                             )
    gbm.fit(x_train, y_train,
            eval_set = [(x_train, y_train), (x_val, y_val)],
            eval_names = ['train', 'val'],
            eval_metric = 'binary_logloss',
            early_stopping_rounds = 10,
            )

    tr_auc = roc_auc_score(y_train, gbm.predict_proba(x_train)[:, 1])
    val_auc = roc_auc_score(y_val, gbm.predict_proba(x_val)[:, 1])
```

图 5-12　GBDT 预测

3. 实验结果

GBDT 取得了 AUC 为 0.69 的模型性能。因为树模型规模的限制,这里仅在 1 万条数据上实现了 GBDT 模型,而 LR 和 FM 模型都在 Criteo 全数据集上完成,因此不适合相互比较。

5.6　梯度提升树＋逻辑回归模型(**GBDT＋LR**)

5.3 节提到,LR 模型具有计算复杂度低等优点,但是学习能力有限,需要依赖于经验进行特征交叉的设计。而 5.4 节中,FM 模型能够自动学习模型的二阶交叉特征,但是针对二阶以上的特征交叉,FM 模型的计算复杂度太高。5.5 节梳理了 GBDT 的思路,不难发现,GBDT 中,每棵回归树都会将样本集合分成若干类,每次树分裂的过程都利用一种特征对样本集合进行区分。如此,每一个叶子节点对应着高阶特征交叉。这暗含了 CTR 预测对高阶特征交叉的需求。因此,Facebook 于 2014 年创新性地提出了一种新的解决方案,将 GBDT 用来自动生成高阶交叉特征,用来作为 LR 模型的输入特征,也就是本节的 GBDT＋LR[4]。

5.6.1　背景

在计算广告领域,Facebook 每日活跃用户超过 7.5 亿,活跃广告超过一百万。这种数据的规模对 Facebook 来说是一大挑战。囿于特征工程的复杂、FM 不能建模高阶特征交叉的缺点,Facebook 希望使用 GBDT 自动组合特征的性质来完成对高阶特征交叉的挖掘。出于这种考虑,Facebook 提出利用 GBDT 自动学习高阶的特征交叉,代替专家手工设计的交叉特征,并将得到的高阶交叉特征与原始特征组合,用 5.3 节中介绍的 LR 模型训练得到特征到点击率的映射函数,取得了不错的效果,得到了业界的广泛实践。

值得强调的是,GBDT 进行自动的高阶特征交叉和训练 LR 模型是两个各自独立的过程。换言之,GBDT 得到的高阶交叉特征被 LR 模型当作固定输入,不会因为 LR 模型的梯度回传而改变。

5.6.2　模型原理

在特征组合方面,经过研究以后,Facebook 发现 GBDT 模型具有天然的优势。具体地,可以发现多种有区分性的特征以及特征组合,且决策树的路径(叶子节点到根节点的路径)可以被看作高阶特征交叉,省去了人工寻找特征、特征组合的步骤。GBDT＋LR 模型对输入的样本自动进行特征筛选和组合,在树分裂过程时把模型中的每棵树计算得到的预测概率值所属的叶子节点位置记为 1,进而生成新的离散特征向量。

具体而言,对于每个输入样本,根据其特征,必然在每棵二叉树上都会落到一个叶子节点上。每个叶子节点对应着一个高阶的特征交叉。将输入样本对应的叶子节点置为 1,其他叶子节点置为 0,则每个样本在每棵回归树下,都可以得到一个表征高阶特征交叉的独热编码的特征。在图 5-13 中,有两棵回归树,则可以获得两个独热编码([0,1,0] 和 [0,1])代表的特征交叉。接着,将 GBDT 生成的特征和原始的特征拼接,送入

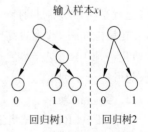

图 5-13　GBDT 自动组合特征

LR 模型中进行权重参数的学习。其中,GBDT 扮演的就是特征提取器的角色,通过 GBDT 自动组合特征的能力解决了 LR 过分依赖人工提取特征的缺陷。

目前为止,有一个问题始终不可以回避:"为什么 GBDT 叶子节点的高阶特征交叉可以直接当作 LR 模型的输入?"其实可以用一个比较直观的思路去解释这个问题。GBDT 的目标是学习一个样本的特征到点击率的映射函数,尽量区分开标签不同的样本。每棵回归树得到的高阶特征交叉都根据当前优化目标对样本集合有一定的区分性。

事实上,实践的结果也证明了 GBDT + LR 比单独的 LR 模型或者 GBDT 模型的性能都要好,大大提高了 CTR 预测的准确率。该方法是早期研究者尝试将不同类型的模型进行融合的典型案例,并为接下来的研究带来了很大的启发,很多研究人员也试图在这种方法的基础上修改模型组件,思考使用更好的分类模型替换 LR,这也就有了后来的 GBDT + FFM。该模型的第一阶段采取同样的模块,具体地,同样借助 GBDT 对输入的特征自动进行特征筛选和组合。但是第二阶段用 FFM 代替了 LR。用 GBDT 代替手动设计特征交叉,具备了捕获高阶特征组合的能力,同时也推动了特征工程模型化的趋势。

5.3 节~5.6 节介绍了多种用于解决 CTR 预测任务的传统机器学习模型。随着深度学习时代到来,深度学习模型的重要特点——特征表达能力契合了 CTR 预测任务的需求。传统学习模型至少有以下两个缺点。

(1) 模型表达能力不足,不能挖掘出更多潜藏在数据中的模式。

(2) 模型结构固定,不能像深度学习模型一样根据业务场景和数据特点,灵活地调整模型的结构。

5.6.3 实验

1. 数据准备

因为树模型需要全部数据来计算节点分割的位置,而 Criteo 全部的训练集有 4000 万条数据,如果用 GBDT 树模型来对所有数据进行训练,需要的空间开销极大。因此,在 5.5 节(梯度提升树模型)和本节(梯度提升树+逻辑回归模型)的实验中,我们替代性地使用了 Criteo 部分数据,约 1 万条数据,并按照 8:2 原则拆分为训练集和测试集,分别用来训练模型和测试模型的性能。

2. 主要代码

我们采取了与 5.5 节相同的数据读取函数,直接从 txt 文件中加载数据进 pandas 的 DataFrame。模型和预测部分如图 5-14 所示。

其中,第一步(GBDT 阶段),还是初始化树模型,然后训练树模型。不同于 GBDT 预测的是,训练树模型完成后,并没有直接进行测试,而是通过 model.predict 预测模型的叶子节点,也就是树模型带来的特征的高阶组合。

在第二阶段,首先对高阶特征组合和原始特征进行了拼接,然后通过 scikit-learn 模块,初始化一个 LR 模型,然后通过 fit 函数对模型进行了训练。至此,GBDT + LR 的训练完成,随后进行了测试。

3. 实验结果

GBDT + LR 在测试集上取得了 AUC 为 0.70 的性能结果。这样的结果对于 GBDT 模型略有提升,但是还有很大的提升空间。在我们的实现中,为了限制内存开销,限定了树模

```python
def gbdt_lr_predict(data, category_feature):
    for col in category_feature:
        onehot_feats = pd.get_dummies(data[col], prefix=col)
        data.drop([col], axis=1, inplace=True)
        data = pd.concat([data, onehot_feats], axis=1)
    x_train = data[:72]
    y_train = x_train.pop('Label')
    x_val = data[72:]
    y_val = x_val.pop('Label')
    gbm = lgb.LGBMRegressor(objective='binary',
                            subsample= 0.8,
                            min_child_weight= 0.5,
                            colsample_bytree= 0.7,
                            num_leaves= 32,
                            max_depth= 16,
                            learning_rate=0.01,
                            n_estimators=10)
    gbm.fit(x_train, y_train,
            eval_set = [(x_train, y_train), (x_val, y_val)],
            eval_names = ['train', 'val'],
            eval_metric = 'binary_logloss')
    model = gbm.booster_
    gbdt_feats_train = model.predict(x_train, pred_leaf = True)
    gbdt_feats_test = model.predict(x_val, pred_leaf = True)
    gbdt_feats_name = ['gbdt_leaf_' + str(i) for i in range(gbdt_feats_train.shape[1])]
    df_train_gbdt_feats = pd.DataFrame(gbdt_feats_train, columns = gbdt_feats_name)
    df_test_gbdt_feats = pd.DataFrame(gbdt_feats_test, columns = gbdt_feats_name)
    train = pd.concat([x_train, df_train_gbdt_feats], axis = 1)
    test = pd.concat([x_val, df_test_gbdt_feats], axis = 1)
    train_len = train.shape[0]
    data = pd.concat([train, test])
    gc.collect()
    for col in gbdt_feats_name:
        print('this is feature:', col)
        onehot_feats = pd.get_dummies(data[col], prefix = col)
        data.drop([col], axis = 1, inplace = True)
        data = pd.concat([data, onehot_feats], axis = 1)
    train, test = data[: train_len], data[train_len:]
    gc.collect()
    x_train, x_val = train, test
    lr = LogisticRegression()
    lr.fit(x_train, y_train)
```

图 5-14　GBDT＋LR 预测

型最大的高度为 4，残差树的数目为 30。这样的操作可能限制了模型性能的提升，适当调整这些参数可能进一步提升树模型的挖掘特征高阶交互的性能，进而获得更优的 CTR 预测结果。

5.7　基于深度学习的 CTR 模型

随着深度学习时代的来临，深度学习模型的特征表达能力引起了 CTR 预测的研究人员的密切关注。相比于传统机器学习模型的表达能力不足、模型结构固定等缺点，深度学习模型在图像、语音等领域取得了重要的突破。相关人员尝试结合卷积神经网络（Convolutional Neural Network，CNN）、循环神经网络（Recurrent Neural Network，RNN）等方法进行 CTR 预测。然而，这些方法在点击率预测的问题中并不使用。由于局部感受野的限制，CNN 不适合挖掘特征组合关系；RNN 更适合拟合序列之间的前后依赖关系，而不是全局的组合关系。点击率预测的问题中，用户行为并没有显著的序列关系。

为了将深度学习模型的优势融入 CTR 预测中,相关研究者们进行了融合深度学习技术的探索之旅。研究者们发现将深度的全连接层融合进 CTR 预测的任务中,起到了良好的效果,如 Deep&Cross[10]、PNN[11]、Wide&Deep[5]、DIN[13]、DIEN[12]、DeepFM[6]等,可谓是"一石激起千层浪"。深度学习技术这块"石头",在点击率预估任务的领域激起了朵朵浪花。在叙述这场探索之旅之前,首先要介绍 CTR 预测模型的记忆能力和泛化能力,分析浅层模型和深度模型的不同,以便针对性地利用不同模型的优势。

5.7.1　模型的记忆能力和泛化能力

首先比较点击率预估领域的传统模型和点击率预估模型的优点。此处采取谷歌应用商店(Google Play)的推荐团队的解释方案,即传统模型拥有更强的"记忆"性,而深度学习结合的模型拥有"泛化"性。

一般而言,传统模型的结构简单,模型倾向于记住历史数据中出现过的共现关系,包含产品或者特征的共现关系。例如,在历史数据中,用户群体经常单击了"泡面"相关的广告后,又单击"火腿肠"相关的广告。在训练过程中,模型记住了"泡面"类的产品和"火腿肠"类的产品经常同时出现。在推荐过程中,用户购买"泡面"之后,模型会继续推荐将"火腿肠"类的产品推荐给用户。"记忆"性就是指分析历史交互数据中,物品之间抑或是特征之间共同出现的关系,并加以利用的能力。

模型的"泛化"性则指的是模型能够对历史数据中不曾出现过的关系进行预测。例如,矩阵分解模型,通过引入隐向量,使数据稀疏的用户或者物品也能生成隐向量,从而获得推荐得分。这是利用全局数据传递到稀疏实例上。深度神经网络因为具有深度发掘数据中潜在的模型的能力,可以多次自动组合数据中的特征,即使推荐阶段遇到的特征组合没有在历史数据中出现过,深度学习模型依然可以给出一个相对较稳定平滑的推荐概率,这就是结合深度学习模型的"泛化"性。

概括而言,基于记忆性的推荐通常更加主题分明,它与用户历史接触过的产品直接相关。另一方面,泛化性指的是根据历史推荐数据中的共现关系,去探索历史数据中很少发生或者没有发生过的特征之间的组合。因为并非直接依托于历史数据,泛化性往往在多样性方面有高的要求。可以看到,在历史数据中出现过的共现关系中,"记忆"性取得了更优秀的效果;对于很少发生或者没有发生过的特征之间的组合,"泛化"性起到的作用高于"记忆"性。如何同时利用"记忆"性和"泛化"性是一个值得关注的问题。

2016 年,谷歌应用商店(Google Play)的推荐团队提供了一种解决方法。该团队提出的Wide&Deep[5]模型不仅在当时迅速成为业界的主流模型,其最主要的思路——综合 Wide和 Deep 模型的记忆性和泛化性的想法在今日依然有很大的影响力。

5.7.2　Wide&Deep 模型

Wide&Deep 模型的思路相当简单,既然 Wide 模型拥有更强的"记忆"性,Deep 模型有更强的"泛化"性,那么直接将两种模型融合起来,双路并行就可以同时利用到两种模型的优点。

具体而言,如图 5-15 所示,在 Wide 模型中,研究者们通常对特征执行稀疏的独热(One-hot)编码。除了这样的特征之外,为了实现记忆性,研究者们通常借助特征交叉来对特征进行处理。例如,用户的手机里安装了微信,通过独热编码来理解"用户手机安装微信"这个特征的值为 1。特征交叉则指代例如 AND("手机安装微信","手机安装 QQ"),这个交叉特征的值为 1 则代表用户同时满足"手机安装微信"和"手机安装 QQ"。通过这样的手工设计的特征交叉,Wide 模型获得了维度广阔的输入特征,并由此可以记忆用户行为特征中的信息,进而影响 CTR 预估的结果。

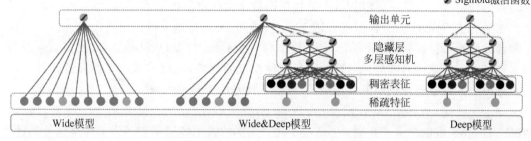

图 5-15　Wide&Deep 的模型框架[①]

在 Deep 模型部分,研究者们使用了基于嵌入的模型(Embedding-based Model),这类模型通过学习一个低维度的稠密的向量表征,具体而言,Deep 模型的输入可以是全部的特征向量,经过嵌入(Embedding)层,再对不同的嵌入进行拼接,然后将拼接好的结果送入多层神经网络之中,最终的输出结果送入输出层。Deep 模型具有很强的泛化性,对历史数据没有出现的特征组合同样有效;同时,Deep 模型不需要 Wide 模型的特征工程,成本负担更小。

具体而言,在 Wide 模型的部分,采用了 5.3 节介绍的 LR 模型,该模型的重点在于输入特征的特征工程。通过领域专家的人工设计交叉特征,Wide 模型可以捕捉历史数据中的交叉特征。用 $\phi(x)$ 表示手工设计的交叉特征,一种常见的特征交叉算子是交叉乘积转换(Cross-product Transformation),如下。

$$\phi_k(\boldsymbol{x}) = \prod_{i=1}^{d} x_i^{c_{ki}}, \quad c_{ki} \in \{0,1\} \tag{5.9}$$

其中,d 是原始输入的特征的数量,$\boldsymbol{x} = [x_1, x_2, \cdots, x_d]$,$c_{ki} = 1$ 则代表第 i 个特征属于第 k 次转换,$\phi(\boldsymbol{x})$ 则代表手工设计的交叉特征。Wide 模型可以表达为:

$$y^{\text{wide}} = \sigma(\boldsymbol{W}^{\text{wide}}[\boldsymbol{x}, \phi(\boldsymbol{x})] + \boldsymbol{b}^{\text{wide}}) \tag{5.10}$$

$\boldsymbol{W}^{\text{wide}}$ 和 $\boldsymbol{b}^{\text{wide}}$ 分别是 Wide 模型的权重矩阵和偏差向量。y^{wide} 即 Wide 模型预测的 CTR 预测的结果。

同时,Deep 模型可以通过 L 层神经网络将输入的拼接好的嵌入表征映射为预期的输出。其中,第 l 层神经网络的输入到输出如下:

$$z^l = F^l(z^{l-1}) = \sigma(\boldsymbol{W}^l z^{l-1} + \boldsymbol{b}^l) \tag{5.11}$$

其中,F^l 代表第 l 层的映射函数。σ 表示激活函数,z^{l-1} 是第 $l-1$ 层的输出,$\boldsymbol{W}^l$ 是第 l 层神经网络的可训练的权重(Weight)矩阵,维度信息为 $n \times m$,其中,n 表示第 l 层的神经元数量,m 表示第 $l-1$ 层的。而 $\boldsymbol{b}^l$ 表示第 l 层的偏差(bias)向量。若以 x 表示输入的特征,

---

① https://dl.acm.org/doi/10.1145/2988450.2988454.

E 表示嵌入（Embedding）层，则通过 L 层神经网络和激活函数的最终输出是 $y^{\text{deep}} = z^L = F^L \cdots F^l \cdots F^l(E(x))$。$y^{\text{deep}}$ 即基于深度网络的 CTR 预测结果。

最终模型的输出需要同时考虑浅层模型预测的结果 y^{wide} 和深度模型预测的结果 y^{deep} 的影响，表示为：

$$P(Y = 1 \mid \boldsymbol{x}) = \sigma(\boldsymbol{W}^{\text{wide}}[\boldsymbol{x}, \phi(\boldsymbol{x})] + \boldsymbol{W}^{\text{deep}}(E(\boldsymbol{x})) + \boldsymbol{b}) \qquad (5.12)$$

其中，$\boldsymbol{W}^{\text{deep}}$ 是一种缩略表达，表达多层神经网络的影响；E 代表嵌入网络，将原始的稀疏特征转换为稠密特征。最后，使用 logistic 损失函数来优化整个模型。

综上所述，Wide&Deep 模型融合了 Wide 模型和 Deep 模型两种模型的优点。如图 5-15 中间部分所示，通过同时利用一个 Wide 模型和一个 Deep 模型，Wide&Deep 模型能够成功应对记忆性和泛化性的挑战：它同时具备两种模型的优势，同时实现记忆性和泛化性。通过在输出单元综合两种模型的决策结果，取得了良好的效果。

如上文所述，Wide&Deep 模型中，Wide 模型采取了 5.3 节提及的 LR 模型，那么，Wide&Deep 模型也继承了其缺点：依赖于耗费成本的人工特征工程。为了解决这个问题，研究者们继续踏上了探索之旅。

5.7.3 DeepFM 模型

Wide&Deep 联合模型同时组合了 Wide 模型记忆性强的优势和 Deep 模型泛化性强的长处，取得了优秀的效果。在 Wide&Deep 模型之中，Wide 模型并没有摆脱特征工程的烦扰：Wide 模型的输入仍需要专家设计的特征交叉信息，这需要消耗大量的时间和精力。

实际中用户单击行为背后的特征之间的各种交互非常复杂。Wide&Deep 使用了联合模型的策略：利用 Wide 模型建模了用户单击行为背后的低阶特征，利用 Deep 模型建模背后的高阶特征。显然存在这样一个结论：同时考虑低阶交叉特征和高阶交叉特征能够提升模型的性能。因此，Huifeng Guo 等人围绕着如何自动构建交叉特征，将 FM 模型和 Wide&Deep 模型的策略综合起来，提出了 DeepFM 模型[6]。这是本书中详细介绍的第二朵深度学习在点击率预估领域激起的"浪花"。

事实上，很多交叉特征可以由领域内的充满经验的专家提出。例子，在炎热的夏天夜晚，吃着烧烤，喝着啤酒，多么惬意！专家观察到这一现象，便会提出"啤酒 & 烧烤"的关联规则。聘请经验更加老到的专家确实是提升点击率预估的一种解决思路，然而，聘请更多的专家也提升了点击率预测任务的成本。

相应地，更多的交叉特征则悄然隐藏在数据之中，很少被人实际中观察到和预知到。如经典的"啤酒 & 尿布"的规则，就是在隐藏的数据中发现了来购买尿布的年轻爸爸们结束了一天的劳累会经常顺手买啤酒这一现象。相比专家通过经验得出的交叉特征，更多的交叉特征是无法被专家预先得知、人工设计的。回顾 5.3 节～5.4 节，不难得出 FM 模型在自动学习二阶特征交叉方面的优秀性能。

针对以上不足，Huifeng Guo 等创新性地将无须执行任何特征工程的建模低阶特征交叉的 FM 结构和建模高阶特征交叉的 DNN 结构融合在了一起，使得提出的新模型避免 Wide&Deep 必需的特征工程。

如图 5-16 所示，与 Wide&Deep 联合模型类似，DeepFM 模型由两个模块组成，FM 模块和 Deep 模块。在输出部分，DeepFM 同样综合了两个模块的输出，表达如下。

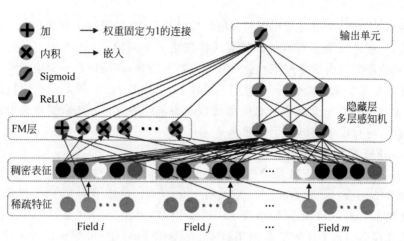

图 5-16　DeepFM 模型结构①

$$\hat{y} = \sigma(y_{FM} + y_{DNN}) \tag{5.13}$$

其中，σ 是 Sigmoid 激活函数，将最终的预测值映射到$(0,1)$的区间。y_{FM} 和 y_{DNN} 分别是 FM 模块和 DNN 模块的输出。

DeepFM 的两个模块之间共享输入。不需要做额外的特征工程。换言之，DeepFM 直接从原始输入数据 $\boldsymbol{x}$ 中同时提取低阶、高阶交叉特征。

具体而言，Deep 模型的部分并没有不同，依然是多层神经网络的整合。但是在低阶交叉特征的获取方面，模型切换成为 FM 模型，该模型具有无须进行特征工程的优势。其计算方式如下。

$$y_{FM} = <\boldsymbol{w},\boldsymbol{x}> + \sum_{j_1=1}^{d} \sum_{j_2=j_1+1}^{d} <\boldsymbol{V}_i,\boldsymbol{V}_j> x_{j_1} \cdot x_{j_2} \tag{5.14}$$

其中，$<>$代表内积的计算，$<\boldsymbol{w},\boldsymbol{x}>$衡量了特征之间的一阶交互的影响力，对应图中的相加部分；V_i,V_j 分别代表特征 i,j 的隐向量，$<\boldsymbol{V}_i,\boldsymbol{V}_j>$表示这两种特征之间的内积，代表这两种特征的交互情况。$\sum_{j_1=1}^{d} \sum_{j_2=j_1+1}^{d} <\boldsymbol{V}_i,\boldsymbol{V}_j> x_{j_1} \cdot x_{j_2}$ 则是在衡量二阶交叉特征的影响力，对应图中的内积部分。可以看到，FM 模型可以自动学习 V_i,V_j 参数，可以学习自动的交叉特征；并且，FM 模型的输入只需要 $\boldsymbol{x}$，没有引入任何额外的特征工程。

至此已经讨论了深度学习技术在点击率预估领域激起的两朵浪花：Wide&Deep 模型和 DeepFM 模型。相比于 Wide&Deep 模型，DeepFM 模型已经关注到了可以改进的空间，避免了手工设计交叉特征的高昂成本。

5.7.4　xDeepFM 模型

DeepFM 模型关注到了 Wide 模型部分的不足，然而，对深层网络模块如何利用输入特征，如何学习到高阶特征交叉过程的认识依然不足。对于这个问题，中国科学技术大学、北京邮电大学、微软公司的研究者们进行了探索，联合推出了 xDeepFM 模型[7]。这也是深度学习这块"石头"，在点击率预估领域激起的一朵新的浪花。

---

①　https://dl.acm.org/doi/10.5555/3172077.3172127.

研究者们关注到,在以往运用深层网络模块的过程中,采用拼接嵌入(Embedding)层的特征的方式,一起送入深度网络中。其实这样忽略了不同特征向量的概念,在后续的模块中,对于同一特征向量内的维度依然会计算交互特征信息,即特征自身对应的多个维度也可能被用来计算交叉特征。同时,研究者们还关注到,以往的 DNN 学习的高阶特征交叉是隐式的,因此无法获知特征交叉到什么阶数可以获得最佳的效果;如果能显式地建模高阶交叉特征,能在一定程度上缓解这个问题。

1. xDeepFM 模型原理

如图 5-17 所示,xDeepFM 模型的输入部分是稀疏的特征向量,经过嵌入层,获得特征的稠密表征 $\boldsymbol{X}^{(0)} = [e^1, e^2, \cdots, e^m]^\mathrm{T}$。假设每个 field 表征的维度为 d,这样得到的稠密表征就是 $m \times d$ 维的。xDeepFM 模型包含 LR 模型和 DNN 模型的组合。与其他模型不同的是,xDeepFM 模型引入了压缩交互网络(Compressed Interaction Network,CIN)显式地计算高阶交叉特征。该模块可以在向量级别显式地学习高阶的特征交互。具体而言,每增加一层 CIN 网络,特征交叉的阶数就多一层。

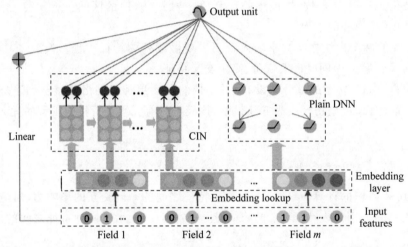

图 5-17   xDeepFM 结构总览[①]

2. xDeepFM 公式流程

CIN 网络类似于深度网络,可以堆叠深层特征,获得 $X^{(1)} \cdots X^{(k)}$ 的特征,CIN 的第 k 层输出具体表示为:

$$X_{h,*}^{(k)} = \sum_{i=1}^{H_{k-1}} \sum_{j=1}^{m} \boldsymbol{W}_{ij}^{k,h} (X_{i,*}^{(k-1)} \circ X_{j,*}^{(0)})\qquad(5.15)$$

其中,$\boldsymbol{W}^{k,h}$ 是第 h 层特征向量的参数矩阵,。代表哈达玛积(Hadamard Product)。观察式(5.15)不难发现,CIN 的第 k 层输出特征是 $X^{(0)}$ 与 $X^{(k-1)}$ 共同计算的结果。CIN 可以将每一个 field 的特征压缩成一个特征图(Feature Map),这样的一次操作类似于卷积神经网络(Convolutional Neural Network,CNN)中的一个卷积核的作用。通过引入 H_{k+1} 个类似的卷积核,可以将第 k 层的 $H_k \times m$ 个交叉向量压缩到 H_{k+1} 个向量。同时,如图 5-18 所示,CIN 综合每一层的输出并加入池化(Pooling)操作,得到 CIN 输出的交叉特征。

---

① https://dl.acm.org/doi/abs/10.1145/3219819.3220023.

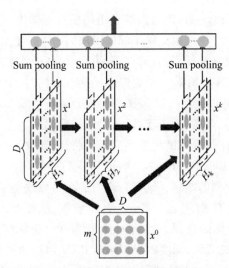

图 5-18　CIN 结构总览[1]

类似 Wide&Deep 联合训练的方式,为了同时利用多种方式得到的特征交叉,在最终的输出阶段,xDeepFM 将线性层交叉的结果($\boldsymbol{w}_l^{\mathrm{T}}\boldsymbol{x}$)、深度神经网络的结果($\boldsymbol{x}_d^k$)以及 CIN 网络输出的结果($\boldsymbol{p}^+$)结合在一起联合训练,如下:

$$\hat{y} = \sigma(\boldsymbol{w}_l^{\mathrm{T}}\boldsymbol{x} + \boldsymbol{w}_{\mathrm{dnn}}^{\mathrm{T}}\boldsymbol{x}_d^k + \boldsymbol{w}_{\mathrm{cin}}^{\mathrm{T}}\boldsymbol{p}^+ + b) \tag{5.16}$$

其中,$\boldsymbol{x}$ 是原始特征,$\boldsymbol{x}_d^k$ 和 $\boldsymbol{p}^+$ 分别是深度神经网络和 CIN 网络的输出结果。整体模型使用 Log-loss 进行优化:

$$\mathcal{L} = -\frac{1}{N}\sum_{i=1}^{N} y_i \log\hat{y}_i + (1-y_i)\log(1-\hat{y}_i) \tag{5.17}$$

虽然 xDeepFM 进一步提升了模型的性能,但是它也存在着明显的缺点。其作者在论文中提出 CIN 的时间复杂度过高,一定程度上会影响推荐系统的实时性。至此,我们已详细介绍了深度学习技术和点击率预估结合的三项经典的工作。在深度学习的潮流下,点击率预估领域激起浪花的代表性工作还有很多,如 FNN、PNN、Deep Crossing 等。然而,深度学习的潮流对于推荐系统的影响远远不止点击率预估这一方面。第 6 章将展示相关领域的研究者们如何将深度学习领域的最前沿技术和推荐系统领域有机结合起来,让推荐系统焕发新的生机。

5.7.5　实验[2]

1. 数据准备

依托于 PaddleRec 的官方代码,我们采取了与 5.3 节相同的数据。

2. 主要代码及实验结果

本节中讨论了 Wide&Deep 模型、DeepFM 模型、xDeepFM 模型。在代码部分(图 5-19～图 5-21),对应地展示三个模型的结构。

相较于简单的 LR 模型,Wide&Deep 模型额外借助了深层神经网络的帮助,具体而言,

---

① https://dl.acm.org/doi/abs/10.1145/3219819.3220023.

② https://github.com/PaddlePaddle/PaddleRec/tree/release/2.1.0/models/rank.

在代码中体现为 self.__mlp_layers。通过综合不同模块的输出,获得了 AUC 0.82 的结果。这个结果高于 LR 模型的 0.67,这也证明了深度模块的引入对于 CTR 任务是有正面作用的。比较 LR 和 FM 模型,FM 模型获得了 AUC 0.78 的结果,高于 LR 模型,说明 FM 在自动学习二阶交叉特征上的性能给 CTR 预测的性能带来了提升。同时,对比 Wide&Deep 模型(AUC 为 0.82)和 DeepFM 模型(AUC 为 0.78),我们发现 DeepFM 模型反而降低了性能。我们认为原因应该是 DeepFM 更复杂的结构,其复杂的结构容易引发在训练集上的过拟合效应,模型捕捉了一些训练集特有的而测试集并不满足的特征,导致了在测试集上的指标反而下降了。比较 DeepFM 模型和 xDeepFM 模型,xDeepFM 通过替换压缩交互网络模块(CIN),优化了模型结构,提升了 CTR 预测的结果。这充分说明了 CIN 模块能够有效帮助模型提升效果。

表 5-2 总结了本章所有模型在 Criteo 全部数据上取得的结果。在所有模型中,Wide&Deep 模型取得了最优的效果。综合对比传统模型和深度模型,融合了深度神经网络的模型取得了相对更好的结果,深度神经网络对 CTR 预测的提升显露无遗。除表 5-2 外,GBDT 和 GBDT+LR 在 Criteo 的部分数据上分别取得了 AUC 为 0.69 和 0.70 的结果。

表 5-2　CTR 模型性能

Model	LR	FM	Wide&Deep	DeepFM	xDeepFM
AUC	0.67	0.78	0.82	0.78	0.79

图 5-19　Wide&Deep 模型

```python
class DeepFMLayer(nn.Layer):
    def __init__(self, sparse_feature_number, sparse_feature_dim,
                 dense_feature_dim, sparse_num_field, layer_sizes):
        super(DeepFMLayer, self).__init__()
        self.sparse_feature_number = sparse_feature_number
        self.sparse_feature_dim = sparse_feature_dim
        self.dense_feature_dim = dense_feature_dim
        self.sparse_num_field = sparse_num_field
        self.layer_sizes = layer_sizes
        self.fm = FM(sparse_feature_number, sparse_feature_dim,
                     dense_feature_dim, sparse_num_field)
        self.dnn = DNN(sparse_feature_number, sparse_feature_dim,
                       dense_feature_dim, dense_feature_dim + sparse_num_field,
                       layer_sizes)
        self.bias = paddle.create_parameter(shape=[1],dtype='float32',
            default_initializer=paddle.nn.initializer.Constant(value=0.0))
    def forward(self, sparse_inputs, dense_inputs):
        y_first_order, y_second_order, feat_embeddings = self.fm(sparse_inputs,dense_inputs)
        y_dnn = self.dnn(feat_embeddings)
        predict = F.sigmoid(y_first_order + y_second_order + y_dnn)
        return predict
```

图 5-20　DeepFM 模型

```python
class xDeepFMLayer(nn.Layer):
    def __init__(self, sparse_feature_number, sparse_feature_dim,
                 dense_feature_dim, sparse_num_field, layer_sizes_cin,layer_sizes_dnn):
        super(xDeepFMLayer, self).__init__()
        self.sparse_feature_number = sparse_feature_number
        self.sparse_feature_dim = sparse_feature_dim
        self.dense_feature_dim = dense_feature_dim
        self.sparse_num_field = sparse_num_field
        self.layer_sizes_cin = layer_sizes_cin
        self.layer_sizes_dnn = layer_sizes_dnn
        self.fm = Linear(sparse_feature_number, sparse_feature_dim,dense_feature_dim, sparse_num_field)
        self.cin = CIN(sparse_feature_dim,dense_feature_dim + sparse_num_field, layer_sizes_cin)
        self.dnn = DNN(sparse_feature_dim,dense_feature_dim + sparse_num_field, layer_sizes_dnn)
        self.bias = paddle.create_parameter(shape=[1],dtype='float32',
            default_initializer=paddle.nn.initializer.Constant(value=0.0))
    def forward(self, sparse_inputs, dense_inputs):
        y_linear, feat_embeddings = self.fm(sparse_inputs, dense_inputs)
        y_cin = self.cin(feat_embeddings)
        y_dnn = self.dnn(feat_embeddings)
        predict = F.sigmoid(y_linear + self.bias + y_cin + y_dnn)
        return predict
```

图 5-21　xDeepFM 模型

5.8　本章小结

　　本章从推荐系统的"召回层"和"排序层"开始,以排序层的重要任务——点击率预测为中心,介绍了点击率预测任务的发展脉络。5.2 节简单地给出了本章介绍的模型之间联系的框图。5.3 节~5.7 节详细介绍了点击率预测的一些经典模型,以及结合了深度学习优势的组合模型。在 5.8 节,如表 5-3 所示,总结了对 5.3 节~5.7 节的所有模型,梳理不同CTR 模型的优缺点,帮助读者更深刻地理解 CTR 预测。

表 5-3　CTR 模型小结

模　　型	简　　述	优　　点	缺　　点
LR	给每个特征赋上可学习的权重	简单、可解释性强	需要特征工程,成本高
FM	对二阶权重矩阵进行分解	自动学习二阶特征交叉	高阶交叉情况,复杂度过高
GBDT	级联多个回归树构成强学习器	高阶特征交叉	无法给每个特征赋予权重

续表

模　　型	简　　述	优　　点	缺　　点
GBDT＋LR	用 GBDT 生成新的离散特征	利用 GBDT 生成高阶特征交叉	模型表达能力不足
Wide&Deep	同时利用 LR 和 DNN	综合 LR 和 DNN 的优势	需要特征工程,成本高
DeepFM	同时利用 FM 和 DNN	综合 FM 和 DNN 的优势	DNN 部分隐式建模,解释性差
xDeepEM	显式地学习高阶特征交叉	可解释性强,易于调整	CIN 模块的时间复杂度较高

参考文献

[1]　McMahan H B,Holt G,Sculley D,et al. Ad click prediction:a view from the trenches[C]// Proceedings of the 19th ACM SIGKDD International Conference on Knowledge Discovery and Data Mining. 2013:1222-1230.

[2]　Rendle S. Factorization machines[C]//IEEE International Conference on data mining. IEEE,2010: 995-1000.

[3]　Ke G,Meng Q,Finley T,et al. Lightgbm:A highly efficient gradient boosting decision tree[J]. Advances in neural information processing systems,2017,30:3146-3154.

[4]　He X,Pan J,Jin O,et al. Practical lessons from predicting clicks on ads at facebook[C]//Proceedings of the Eighth International Workshop on Data Mining for Online Advertising. 2014:1-9.

[5]　Cheng H T,Koc L,Harmsen J,et al. Wide & deep learning for recommender systems[C]// Proceedings of the 1st workshop on deep learning for recommender systems. 2016:7-10.

[6]　Guo H,Tang R,Ye Y,et al. DeepFM:a factorization-machine based neural network for CTR prediction [C]//Proceedings of the 26th International Joint Conference on Artificial Intelligence. 2017:1725-1731.

[7]　Lian J,Zhou X,Zhang F,et al. xdeepfm:Combining explicit and implicit feature interactions for recommender systems[C]//Proceedings of the 24th ACM SIGKDD International Conference on Knowledge Discovery & Data Mining. 2018:1754-1763.

[8]　Trofimov I,Kornetova A,Topinskiy V. Using boosted trees for click-through rate prediction for sponsored search[C]//Proceedings of the Sixth International Workshop on Data Mining for Online Advertising and Internet Economy. 2012:1-6.

[9]　Juan Y,Zhuang Y,Chin W S,et al. Field-aware factorization machines for CTR prediction[C]// Proceedings of the 10th ACM Conference on recommender systems. 2016:43-50.

[10]　Wang R,Fu B,Fu G,et al. Deep & cross network for ad click predictions[M]//Proceedings of the ADKDD'17. 2017:1-7.

[11]　Qu Y,Cai H,Ren K,et al. Product-based neural networks for user response prediction[C]//2016 IEEE 16th International Conference on Data Mining (ICDM). IEEE,2016:1149-1154.

[12]　Zhou G,Mou N,Fan Y,et al. Deep interest evolution network for click-through rate prediction[C]// Proceedings of the AAAI Conference on artificial intelligence. 2019,33(01):5941-5948.

[13]　Zhou G,Zhu X,Song C,et al. Deep interest network for click-through rate prediction[C]// Proceedings of the 24th ACM SIGKDD International Conference on Knowledge Discovery & Data Mining. 2018:1059-1068.

[14]　Su X,Khoshgoftaar T M. A survey of collaborative filtering techniques[J]. Advances in artificial intelligence,2009.

[15]　Chang Y W,Hsieh C J,Chang K W,et al. Training and testing low-degree polynomial data mappings via linear SVM[J]. Journal of Machine Learning Research,2010,11(4).

第6章

基于深度学习的推荐算法

随着互联网信息的爆炸性增长和计算能力的显著提高,深度学习技术成为人工智能领域研究的热潮。近年来,AlexNet[①],Word2vec[②] 等模型相继被提出,基于深度学习的模型在计算机视觉和自然语言处理领域取得了巨大的成功。深度学习模型通过非线性组合特征的方式,能够更好地挖掘数据中隐藏的高层次语义信息,基于深度学习的推荐算法已经成为推荐和广告领域的主流。在第 5 章中介绍了基于深度学习的 CTR 模型,本章开始将详细阐述深度学习技术在推荐系统方面的应用,并逐一介绍相关深度推荐模型的技术特点。

本章共分为 8 节,6.1 节将讨论推荐系统的两个挑战:数据稀疏和冷启动问题,并引入深度学习在推荐中应对这两个挑战的优势;6.2 节对现有深度学习推荐算法在表征学习和交互建模上进行分类和总结;6.3 节以 DeepMF[1] 为例,从表征学习的角度介绍了深度学习在推荐上的应用;6.4 节和 6.5 节分别以 NCF[3] 和 DICF[2] 为例,从交互建模的角度介绍了深度学习在推荐上的应用;6.6 节介绍了基于图神经网络的推荐算法,用于缓解数据稀疏的挑战;6.7 节介绍了基于辅助数据增强的图神经推荐算法,用于缓解冷启动的挑战;最后 6.8 节给出本章小结。

6.1 为什么需要深度学习

第 4 章介绍了传统的机器学习推荐算法及其应用。得益于易扩展、响应快等优点,传统的机器学习推荐算法(如协同过滤)早期被广泛应用在个性化服务物品中,如音乐推荐、电影推荐及电商推荐等。尽管传统基于机器学习的推荐算法取得了一定的成功,然而在实际应用上仍然存在一定的局限性。接下来,本节将围绕推荐算法的两个挑战介绍其应用局限性,并介绍深度学习模型相比传统的推荐模型的优势所在。

6.1.1 推荐算法应用的挑战

推荐算法的核心是建模用户和物品之间的关系,通过挖掘历史数据来刻画用户的兴趣偏好,来实现对用户的个性化物品推荐。在第 4 章中,依据算法使用的数据源对推荐算法进行分类:基于内容的推荐、基于协同过滤的推荐以及混合推荐算法。其中,基于内容的推荐

---

① https://dl.acm.org/doi/abs/10.1145/3065386
② https://arxiv.org/pdf/1301.3781.pdf

算法通过对物品内容特征的分析来刻画用户兴趣偏好,向用户推荐与其历史交互物品内容特征相似的物品。例如,用户 A 喜爱摇滚音乐,用户 B 喜爱抒情音乐,"百度音乐"App 则更倾向推荐摇滚类型的音乐给用户 A,而推荐抒情音乐给用户 B。基于内容的推荐虽然实现较为简单,但是其推荐精度严重依赖于人工构造的特征,且容易陷入"信息茧房"的处境。基于协同过滤的推荐算法由于其数据易获得、模型易扩展等优势被广泛应用在推荐系统中,该类算法的核心是通过对历史行为数据的分析来获得用户和物品的兴趣表征,得到用户或物品之间的相似度(协同),来预测用户可能感兴趣的物品并推荐给用户。混合推荐算法则是综合内容信息和历史行为信息来对用户和物品进行表征学习,向用户推荐可能感兴趣的物品。

因此,不管推荐系统使用什么类型的数据,精准的用户兴趣表征是实现个性化推荐的关键。然而在真实的推荐场景中,精准的用户兴趣表征常常是难以获得的,推荐系统面临着数据稀疏和冷启动问题的挑战。

数据稀疏是指在数据集中绝大多数数值缺失或者为零的情况,推荐系统中的数据稀疏度定义为

$$数据稀疏度 = \frac{用户-物品交互数量}{用户数量 \times 物品数量}$$

随着互联网信息技术的发展,各线上平台数据发生了爆炸性的增长。以"百家号"平台为例,作为一个提供百亿级别流量的内容平台,有着数亿规模的信息内容。假设以用户平均点击信息数量 100 来计算,那么用户-物品的交互矩阵的稀疏度将达到 1×10^{-6}。在用户-物品交互矩阵极端稀疏的情况下,任意两个用户交互物品的交集相对来说都是比较少的,此时计算用户兴趣的相似度是不够准确的,从而导致推荐性能下降。数据稀疏性不仅降低了最近邻居搜寻的准确率,同时也降低了推荐的覆盖率,直接影响着推荐的质量与效率。数据稀疏问题普遍存在于各类推荐系统,制约了推荐性能的进一步表达。

数据稀疏问题是所有用户的平均交互记录相对于整个物品集的规模来说都是稀疏的,如图 6-1 中用户-物品交互矩阵的规模为 $M \times N$,矩阵中存在大量的缺失值,这就导致学习的用户和物品的表征向量质量不高。值得注意的是,用户-物品交互矩阵中存在用户和物品只有少量的交互数据,如用户 $M-1$ 和物品 $N-1$。这些用户和物品在数据本就极端稀疏的情况下,直接参与训练会导致原本质量就不高的推荐性能更差,那么如何给这些很少甚至没有交互记录的用户和物品评分呢?这就是推荐系统面临的第二个挑战——冷启动问题。

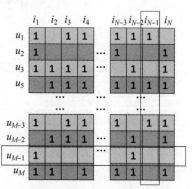

图 6-1　数据稀疏问题和冷启动问题

冷启动问题是指如何在没有大量用户数据的情况下设计个性化推荐系统并且让用户对推荐结果满意。近年来,随着科技的发展,任何互联网推荐系统中,物品和用户都是呈现爆炸式增长的,频繁在系统中出现新物品和新用户,推荐系统就面临着如何给新用户推荐感兴趣的物品,怎么将新物品推荐给可能对它感兴趣的用户等问题。另外,如果是新开发的系统,初期用户很少,用户行为也不多,物品特征除了人工标注外没有其他信息的情况下,怎么使该系统运转得好,同样也是冷启动问题的一部分。所以推荐系统的冷启动主要分为三类:①用户冷启动,新用户刚使用网站的时候,系统没有他的历史行为记录,如何给新用户做个性化推荐问题;②物品冷启动,系

统新加入的物品没有用户与其交互过,如何将它推荐给可能对它感兴趣的用户;③系统冷启动,新开发网站用户很少,用户行为也少,只有物品信息时如何给网站的用户做个性化推荐。

数据稀疏和冷启动问题给精准的表征学习带来了挑战,限制了推荐算法的效果。传统的推荐算法通过结合辅助信息(如物品标签、用户画像等)可以在一定程度上缓解这些问题,但是其应用仍然存在很大的局限性。首先,传统的推荐模型依赖于人工设计的特征,其有效性和可拓展性非常有限,这制约了推荐算法的性能。例如,物品标签等需要专家进行人工标注,用户画像则存在隐私保护等问题。其次,传统的推荐模型难以有效融合更加多源的异构辅助信息,例如文本、图像、社交关系等。幸运的是,2012 年,AlexNet 在图像识别比赛中获得了突破性的进步后,成功地将深度学习引入了工业界和学术界。近年来,深度学习在图像处理、自然语言处理及图数据处理上都取得了突破性的进展,这也为推荐系统的研究带来了新的机遇。那么深度学习在推荐任务上的优势是什么? 推荐系统应该怎么应用深度学习技术呢? 将在 6.1.2 节进行具体的介绍。

6.1.2 深度学习的优势

深度学习(Deep Learning,DL)的概念源于人工神经网络的研究,而人工神经网络是从信息处理角度对人脑神经元网络进行抽象,由大量处理单元互连组成的非线性、自适应信息处理网络,简称为神经网络或类神经网络。深层神经网络(Deep Neural Networks,DNN)是深度学习的基础,其核心在于模型中含有多个隐层的多层学习模型,深度学习可以通过组合低层特征形成更加抽象的高层表示属性类别或特征,以发现数据的分布式特征表示。其本质是通过学习一种深层非线性网络结构,实现复杂函数逼近,表征输入数据分布式表示,并展现了强大的从少数样本集中学习数据集本质特征的能力。因此,"深度模型"是手段,"特征学习"是目的。

之前已经提到,面对数据稀疏和冷启动的问题,传统的推荐模型的局限在于严重依赖于手工设计特征以及难以融合多源异构信息。相较于传统机器学习模型,深度学习对人工特征提取的依赖性降低,模型可以自动提取特征,并且能够挖掘出数据中的潜藏特征;相对于浅层学习,深度学习网络深度更深,理论上可以映射到任意函数,模型表达能力更强,可解决更复杂的问题。鉴于深度学习自动提取特征和强大的表征能力,深度推荐模型被提出用于解决传统模型存在的局限性。随着深度学习在人工智能各个领域的蓬勃发展,越来越多的深度推荐模型被提出和应用,推荐系统和计算广告领域全面进入深度学习时代。

那么深度学习技术如何在推荐系统上使用呢? 如图 6-2 所示给出了一个简化的推荐算法流程来进行说明。

推荐算法从数据输入到推荐结果输出在这里被简化为两个步骤:表征学习和交互建模。其中,表征学习步骤给定输入数据学习用户和物品的表征向量;交互建模步骤根据学习的表征向量建模预测用户对目标物品的偏好。接下来对这两个步骤进行详细的介绍。

(1) **表征学习**:该模块从输入数据中提取用户和物品的特征得到表征向量。如图 6-2 所示,笔者将推荐系统数据主要分为三个部分:与用户相关的数据 D_a,如用户画像、社交关系等信息;与物品相关的数据 D_i,如物品文本、图像、视频、属性等信息;用户-物品的交互数据 D_c。表征学习的目的在于对复杂的原始数据化繁为简,把原始数据的无效的或者冗余的信息剔除,把有效信息进行提炼,形成用户和物品的表征向量。随着深度学习在图像处理、自然语言处理等领域的发展,一些预训练好的深度学习模型可以直接用来提取数据特

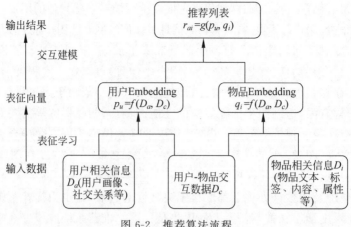

图 6-2 推荐算法流程

征。例如,可以使用 VGG[①] 模型提取图像语义特征,使用 C3D[②] 模型提取时序动作特征,使用 Bert[③] 模型提取文本语义特征。这些多模态语义特征可以结合传统的推荐模型学习用户和物品最终的表征向量。

(2)**交互建模**:该模块输入用户和物品的表征向量构建预测用户对目标物品的偏好。不同类型的推荐算法,其交互建模方式也有所区别。传统的推荐模型采用线性浅层交互的方式对用户及物品的表征进行建模,例如,矩阵分解模型通过计算用户和物品表征向量的内积来获得用户对该物品的预测评分,进而进行排序推荐。但是在推荐系统中,用户和物品之间并不是简单的线性关系。此外,多模态特征并不在同一语义空间,因此一些研究提出线性交互并不完全适用于推荐系统。深度推荐模型在选择非线性深层交互建模时,可以更好地拟合用户和物品的交互关系。

总结来说,基于深度学习的推荐模型优势在于如下两点。

(1)**深度学习可以通过强大的特征提取能力处理文本、图像、视频等结构化数据,自动获取更为复杂的特征,从而生成更好的用户和物品的表征向量。**

(2)**深度学习可以通过复杂的网络结构捕获用户和物品表征向量之间的非线性关系和深层次交互信息,从而获取更好的推荐效果。**

6.2 深度学习与推荐系统的分类

6.1 节概述了深度学习技术在推荐系统上应用的优势。接下来,本节将围绕表征学习和交互建模这两个方面对现有的主流推荐算法进行分类总结,以便读者更加直观地认识深度学习在推荐系统上的应用。

6.2.1 表征学习

推荐系统需要从大量异构、复杂的数据结构中提取用户和物品的特征表示,而深度学习

---

① https://arxiv.org/pdf/1409.1556.pdf

② https://vlg.cs.dartmouth.edu/c3d/c3d_video.pdf

③ https://aclanthology.org/N19-1423/

的强大在于它优秀的特征提取和表征学习的能力。如表 6-1 所示,笔者首先根据模型表征学习方式对不同推荐模型进行了分类总结。

表 6-1　基于表征学习的推荐模型分类 [①]

深 度 学 习 技 术	建 模 表 征	代 表 模 型
经典矩阵分解	自由表征向量	BPR[15]、MF[16]
自编码器	非线性编码器	AutoRec[14]、CDAE[17]
注意力网络	自由表征+注意力机制	ACF[18]、NAIS[19]
图神经网络	节点聚合函数	NGCF[20]、LR-GCCF[21]、LightGCN[22]

　　传统基于矩阵分解的推荐模型,使用高斯分布来随机初始化用户和物品的表征向量,然后通过用户-物品的历史行为数据进行协同表征学习。AutoRec、CDAE 等模型将用户的历史记录作为输入,自编码器模型通过复杂的编码神经网络学习用户和物品的隐含表征,并将学习到的用户和物品的表征输入解码器来预测用户的偏好或者重建所有用户对物品的偏好。ACF、NAIS 等模型引入注意力机制来刻画不同物品对用户表征向量的影响程度,这样更有利于学习用户细粒度的兴趣表征。最后是图神经网络系列推荐模型,使用图神经网络来建模用户-物品间的高阶交互关系,通过节点聚合函数来学习用户和物品的表征向量。

6.2.2　交互建模

　　在传统的推荐算法中,一般通过对用户表征向量和物品表征向量做内积来计算用户-物品对分数,简单有效,但是该方法的使用存在两个限制条件:首先是违背了三角不等式,即内积仅鼓励用户和历史物品的表征相似,但是对用户-用户和物品-物品之间的相似性没有做约束。其次,内积为向量之间的线性关系,无法捕获到用户-物品之间更为复杂的关系。利用深度学习可以捕获用户和物品表征向量之间的非线性关系和深层次交互信息,从而产生更好的推荐效果。笔者在这里结合文献[10]对具体的模型进行了归类总结,如表 6-2 所示。

表 6-2　基于交互建模的推荐模型

分　　类	核 心 思 想	代 表 模 型
内积	$\hat{r}_{ui}=\boldsymbol{p}_u^{\mathrm{T}}\boldsymbol{q}_i$	BPR[15]、MF[16]
欧氏距离	$d_{ui}=\parallel\boldsymbol{p}_u-\boldsymbol{q}_i\parallel_2^2$	CML[11]
记忆矩阵	$d_{ui}=\parallel\boldsymbol{p}_u+\boldsymbol{E}-\boldsymbol{q}_i\parallel_2^2$	LRML[12]
多层感知机	$\hat{r}_{ui}=\mathrm{MLP}(\boldsymbol{p}_u\parallel\boldsymbol{q}_i)$	NCF[3]
卷积神经网络	$\hat{r}_{ui}=\mathrm{CNN}(\boldsymbol{p}_u\otimes\boldsymbol{q}_i)$	ONCF[13]
自编码器	$\parallel r_i-\mathrm{dec}(\mathrm{enc}(r_i))\parallel_2^2$	AutoRec[14]

　　三角不等关系假设在推荐系统中对捕获用户-物品之间的潜在关系方面起着重要的作用,例如,如果用户 u 倾向于购买物品 i 和物品 j,那么物品 i 和 j 在潜语义空间距离相近。为了建模用户-用户和物品-物品之间的关系,一些推荐算法使用距离指标作为交互函数。例如,CML 算法假设每个用户的表征向量与他喜欢的物品的表征向量都接近,即最小化用户-物品对 $<u,i>$ 表征向量的欧氏距离;LRML 采用了一个增强的存储器模块,并通过这

些模块来构建用户和物品之间的潜在关系,这样使用关系向量不仅保证了三角关系不等式,又达到了很好的模型表示能力。

与之前的线性度量指标不同,最近的工作采用了多种神经网络框架(如 MLP、CNN、AE 等)作为主要模块来挖掘用户-物品交互的复杂和非线性关系。如 NCF 采用 MLP 对交互函数进行建模,来获取非线性特征,并同时使用矩阵分解来捕获非线性特征从而提高了推荐质量,ONCF 通过用户和物品的特征向量的外积生成交互图,明确捕获向量维度之间的成对相关性,这种更侧重于表示用户和物品之间的高阶相关性,但是增加了模型的复杂度。AutoRec 利用自编码直接在解码器部分完成对用户-物品矩阵的空白填充,由于编码器和解码器可以通过使用深度神经网络实现,这样的非线性变换为推荐模型提供了更强大的表示能力。

6.3　基于深度学习的矩阵分解推荐算法 DeepMF

6.3.1　背景

在 4.5 节中详细介绍了传统矩阵分解基本原理,其核心思想在于利用隐向量来表达用户和物品的特征,根据用户和物品的特征向量而产生推荐。矩阵分解是协同过滤技术中最流行的一种方法,因其可扩展性、简单性和灵活性成为至今推荐算法中的基准模型。但是传统矩阵分解如 SVD 算法要求待分解的矩阵是稠密的,但在真实数据集中用户-物品交互矩阵是极端稀疏的情况下,就需要对缺失值进行简单的补全等操作。这种方法不仅在数据中引入了额外的噪声,无法保证结果的真实性,还增加了模型的时间和空间复杂度,无法保证模型结果的准确性和效率。

传统矩阵分解方法利用线性模型,对用户-物品交互矩阵进行分解并降维,得到的向量作为用户和物品的特征向量。Xue 等人[1]认为简单的线性模型不能很好地捕获到用户的真实偏好和物品的属性特征,因此提出了基于深度学习的矩阵分解模型——DeepMF 模型。该模型凭借深度学习技术强大的特征提取能力从稀疏的交互矩阵中获得更好的用户和物品的隐向量,从而产生更高质量的推荐结果。

6.3.2　模型原理

将深度学习技术应用于推荐系统表征学习中,一般要经历如下步骤。

(1)构造用户-物品的交互矩阵,即初始表征向量。

(2)通过深度学习模块(如 MLP、CNN 等)获得用户和物品的隐向量表示。

(3)将得到的用户和物品的隐向量做交互建模,如内积等操作,得到用户对物品的评分结果。

(4)在模型训练阶段,以提高评分预测结果的准确度为目标,构造目标函数,利用已有的样本数据对深度学习模型进行训练,调整模型参数。

(5)在测试阶段,将当前的用户-物品对输入模型,模型正向传播输出预测结果,根据推断的结果得到用户对物品评分或产生 TopN 推荐列表。

DeepMF 模型在应用深度神经网络进行表征学习时采用了双塔结构的思想,一个典型的双塔结构在推荐算法上的应用如图 6-3 所示。"双塔"指图左侧部分的"用户塔"和图右侧的"物品塔"。将输入数据拆分为三大类：用户特征（如用户画像、属性等）、物品特征（如物品的基本信息、属性信息等）以及用户-物品交互信息（用户交互过的物品列表输入"用户塔"，与物品交互过的用户列表输入"物品塔"）。"双塔"是两个互相独立的深度神经网络，在训练时不共享参数。通过双塔结构分别得到用户表征向量和物品表征向量，模拟交互建模得到用户对物品的偏好。

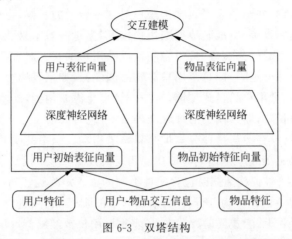

图 6-3　双塔结构

将用户和物品的表征向量分开训练，一方面可以融合更多的特征，使用更深层次的网络结构，训练速度快；另一方面保存物品塔和用户塔的表征结果到数据，线上实现简单的交互建模操作如内积等进行预测，提高用户的体验感。

DeepMF 属于双塔模型，其原理图如图 6-4 所示。其中，输入数据只使用了用户-物品交互信息，即基于用户的评分历史，通过深度神经网络建模用户表征，基于物品的评分历史，通过深度神经网络建模物品表征。深度神经网络使用的是多层感知器（Multilayer Perception，MLP），交互建模采用向量内积。下面重点介绍初始表征向量、深度学习模块和模型优化等过程。

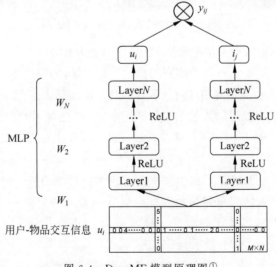

图 6-4　DeepMF 模型原理图①

---

① https://www.ijcai.org/Proceedings/2017/0447.pdf

1. 初始表征向量的构造

推荐系统中存在两种交互类型的数据——显式反馈数据和隐式反馈数据。显式反馈数据是指能直接体现用户喜好的交互数据,如百度评分模块中,百度用户可以对电影进行1~5星的评分,如果用户对某个电影打出了高分评价,就能说明该百度用户对这部电影的偏好;隐式反馈数据是指无法反映用户喜好的交互数据,如在百度 App 上用户浏览新闻的记录,用户看过这条新闻并不能直接表现出用户对这条新闻的喜好,也可能是随意浏览等。

显式反馈数据能更直接、更准确地反映用户偏好,但是一般不易获取;隐式反馈数据记录了用户在平台系统里的行为痕迹,可以隐晦地反映用户偏好。对于评分推荐模型来说,模型的输入数据是一个评分矩阵,即每个用户对物品的评分,如果直接使用这个分数作为训练数据,那么模型仅考虑了用户的显式反馈,有一部分信息没有用到,即隐式反馈数据(用户的评论、点赞或停留时间等),导致模型的评分准确率不高。同理,TopN 推荐模型仅考虑了隐式反馈数据(如用户有没有参与过评分),但是忽略了用户评分中的明显偏好信息。

针对以上问题,Xue 等人[1]提出同时使用隐式反馈数据和显式反馈数据作为模型的输入,那么就存在一个问题:"如何构造同时包含两种类型的输入矩阵呢?"如图 6-5 所示,显式反馈数据中,用户 1 对物品 3 的评分为 3 分,用户在 1~5 范围内对物品进行评分,图中"?"表示用户对该物品没有进行评分;隐式反馈数据中"1"表示该用户曾经浏览过该物品,但是没有进行评分,如用户 1 曾经浏览过物品 4 等。将两个矩阵相加就得到 DeepMF 的输入数据,如图 6-5 中等号右侧矩阵所示,从图中可以看出,用户 1 对物品 3 和物品 5 进行了评分,浏览过物品 4。

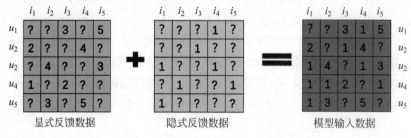

图 6-5　构造 DeepMF 输入数据

至此解决了模型的输入数据,从模型的输入如何得到用户和物品的初始表征向量呢?模型将用户-物品矩阵中的每一行作为用户的初始表征向量,如用户 1 的初始表征向量表示为 $\boldsymbol{u}_1 = [0,0,3,1,5]$;用户-物品矩阵中的每一列作为物品的初始表征向量,如物品 1 的初始表征表示为 $\boldsymbol{i}_1 = [0,2,1,1,1]$。如果输入数据集包含 100 000 个物品,那么每个用户的初始表征向量就是 $1 \times 100\ 000$ 的高维向量,接下来就是通过深度学习技术对高维向量进行降维、优化。

2. 深度学习模块

DeepMF 模型的核心思想在于利用深度学习技术将高维的特征向量映射到潜在空间的低维向量中。初始用户表征向量和物品表征向量分别输入两个多层感知机中,进行特征提取,只要保证两个 MLP 输出特征的维度一样就可以。由于用户和物品特征向量经过同样的神经网络,这里以用户 i 为例,进行详细说明。

假设该 MLP 有 N 层,在每一层中,每个输入向量被映射到新空间中的低维向量中,定义每一层的特征转换的权重矩阵为 $\boldsymbol{W}_N$,因此经过第一层神经网络后可以得到:

$$l_1 = \boldsymbol{W}_1 \boldsymbol{u}_i \tag{6.1}$$

从前序章节中了解到神经网络的神经元输出之前需要经过激活函数,该激活函数的作用是提供网络的非线性建模能力。在这里使用 ReLU 函数作为神经网络的激活函数,即

$$f(x) = \max(0, x) \tag{6.2}$$

依此类推,最终神经网络输出用户表征向量为

$$\boldsymbol{u}_i = f_N(\cdots f_2(\boldsymbol{W}_2 f_1(\boldsymbol{W}_1 \boldsymbol{u}_i)) \cdots) \tag{6.3}$$

同理,物品 j 初始表征向量经过同样的神经网络后,得到一个和用户 i 表征向量相同维度的最终表征向量,记为 $\boldsymbol{i}_j$。接下来计算两个特征的相似度,相似度越高,说明用户 i 对物品 j 越有可能感兴趣。这里选用余弦相似度描述两者的相似程度:

$$\hat{y}_{ij} = \text{cosine}(\boldsymbol{u}_i, \boldsymbol{i}_j) = \frac{\boldsymbol{u}_i^{\mathrm{T}} \boldsymbol{i}_j}{\|\boldsymbol{u}_i\| \|\boldsymbol{i}_j\|} \tag{6.4}$$

3. 模型优化

前面提到模型的输入数据中同时考虑了隐式反馈数据和显式反馈数据。显式反馈数据是一个评分矩阵,是每个用户对每个物品的评分,如果直接使用这个分数作为数据,然后使用均方误差作为损失函数,那么就仅考虑了用户的显式反馈,隐式反馈数据没有用到;隐式反馈是指用户是否浏览过物品,使用 0 和 1 来填充矩阵,然后使用交叉熵损失函数进行学习,这就仅考虑了隐式反馈,没有考虑显式反馈,只能说明用户对某类电影是否感兴趣,不知道感兴趣的程度。那么如何兼顾隐式反馈和显式反馈呢?

下面首先使用平方误差作为损失函数,即

$$L_{\text{sqr}} = \sum_{(i,j) \in \boldsymbol{R}} w_{ij}(y_{ij} - \hat{y}_{ij})^2 \tag{6.5}$$

其中, $\boldsymbol{R}$ 为用户-物品交互矩阵。 $\hat{y}_{ij}$ 是模型的输出,表示用户 i 对物品 j 感兴趣的概率,并不适用于显式反馈(即评分数据)。然后使用信息论中的交叉熵来描述误差,即

$$L_{\text{ce}} = \sum_{(i,j) \in \boldsymbol{R}} y_{ij} \log \hat{y}_{ij} + (1 - y_{ij}) \log(1 - \hat{y}_{ij}) \tag{6.6}$$

从交叉熵的定义来看, y_{ij} 必须是隐式反馈数据(即 0 或 1)。但是该模型的初衷是同时利用隐式反馈数据和显式反馈数据来增加用户和物品的表征,为了同时融合隐式反馈数据和显式反馈数据,下面将评分进行归一化处理,得到如下损失函数:

$$L = \sum_{(i,j) \in \boldsymbol{R}} \frac{y_{ij}}{\max} \log \hat{y}_{ij} + \left(1 - \frac{y_{ij}}{\max}\right) \log(1 - \hat{y}_{ij}) \tag{6.7}$$

该损失函数被称作归一化交叉熵损失函数。评分归一化是指用户对物品的评分不再表示为 $[1, 2, 3, 4, 5]$,而是一个分数的归一化 $(0, 1]$ 区间。具体做法是将分数除以评分的最大值(max),例如,五分制中,用户 i 对物品 j 的评分为 3 分,那么这个标签就为 3/5。归一化的评分可以理解为权重,评分越高误分类到 0 的惩罚越高,反之评分越低误分类到 1 的惩罚也越高。

6.3.3　实验

本章的实验部分大体上将依托于百度公司官方提供的 PaddleRec 的推荐代码[①]展开,在 Python 3 的环境下安装 PaddlePaddle[②]、scikit-learn[③]等机器学习包。

---

① https://github.com/PaddlePaddle/PaddleRec
② https://www.paddlepaddle.org.cn/
③ https://scikit-learn.org/stable/

1. 数据集描述

为了验证 DeepMF 模型的可行性和有效性,下面在四个应用广泛的真实数据集上展开实验:ML 100K(MovieLens 100K)、ML1M(MovieLens 10M)、Amusic(Amazon music)和 Amovie(Amazon movies),它们均可以从网站[①,②]公开访问。

为了更好地评估 DeepMF 模型,对两个数据集进行预处理,具体方法为:对于电影数据集,由于原始的数据集预处理过,因此数据不做任何处理;对于亚马逊数据集,仅保留与物品至少有 20 次交互记录的用户和至少有 5 个交互用户的物品。四个数据集的统计信息如表 6-3 所示。

表 6-3　数据集统计信息

统 计 信 息	ML 100K	ML 1M	Amusic	Amovie
用户数量	944	6040	844	9582
物品数量	1683	3706	18 813	92 221
评分记录	100 000	1 000 209	46 468	766 759
评分稀疏度	0.062 94	0.044 68	0.002 92	0.000 87

2. 算法主要代码

笔者截取了 DeepMF 的核心代码部分即深度学习模块的实现,如图 6-6 所示。具体而言,模型加载数据后得到 user 和 item 矩阵,该矩阵作为用户和物品初始表征向量输入,fluid.layers.fc()定义了特征转换,这里实现了一个两层的神经网络。根据代码可以看出第一层输出的特征向量维度为 200,第二层输出的特征向量维度为 64,激活函数为 ReLU 函数。最后得到的 x 和 y 分别表示用户和物品在隐空间的 64 维的表征向量。然后将两个表征向量通过 fluid.layers.cos_sim(x,y)得到用户对物品的相似度分数 y_pred。

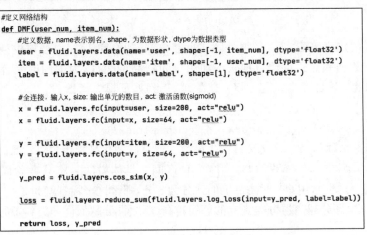

```
#定义网络结构
def DMF(user_num, item_num):
    #定义数据, name表示别名, shape, 为数据形状, dtype为数据类型
    user = fluid.layers.data(name='user', shape=[-1, item_num], dtype='float32')
    item = fluid.layers.data(name='item', shape=[-1, user_num], dtype='float32')
    label = fluid.layers.data(name='label', shape=[1], dtype='float32')

    #全连接, 输入x, size: 输出单元的数目, act: 激活函数(sigmoid)
    x = fluid.layers.fc(input=user, size=200, act="relu")
    x = fluid.layers.fc(input=x, size=64, act="relu")

    y = fluid.layers.fc(input=item, size=200, act="relu")
    y = fluid.layers.fc(input=y, size=64, act="relu")

    y_pred = fluid.layers.cos_sim(x, y)

    loss = fluid.layers.reduce_sum(fluid.layers.log_loss(input=y_pred, label=label))

    return loss, y_pred
```

图 6-6　DeepMF 代码实现

3. 基准方法

为了验证模型的有效性,选择了一些基准方法进行对比实验。由于 DeepMF 模型旨在建模用户和物品之间的关系,因此主要与用户-物品关系模型进行比较,在选取对比模型时,

---

① https://grouplens.org/datasets/movielens/

② http://jmcauley.ucsd.edu/data/amazon/

引入了大量的额外辅助数据模型和个性化用户模型。下面简要介绍这些基准方法。

（1）**ItemPop**：该模型基于物品的流行度向用户进行推荐，而物品的流行度是根据物品和用户间的交互记录计算得出的。这是一种非个性化推荐算法，其性能通常用作个性化方法的基准。

（2）**ItemKNN**：该模型为亚马逊集团在山野上使用的基于物品的标准协同过滤方法，是一种标准的 Item-based CF 方法。

（3）**eALS**[23]：该模型通过使用平方损失函数成为一种最先进的矩阵分解方法，它使用所有未观察到的缺失数据作为负样本，并基于物品的流行度对它们进行非均匀加权处理。

（4）**NeuMF**[3]：该模型用于具有交叉熵损失的物品推荐，它仅使用隐式反馈数据，利用多层感知器来学习用户和物品的交互功能。

（5）**DMF-2-ce**：该模型为本节介绍的深度矩阵分解模型，包含两层神经网络，交叉熵作为损失函数，在该模型中使用包含显式评分和隐式反馈的矩阵作为 DMF 的输入。

（6）**DMF-2-nce**：该模型与 DMF-2-ce 的深度相同，但是使用的是归一化交叉熵损失函数。

4. 实验结果与分析

模型的比较结果如表 6-4 所示，它证明了 DeepMF 模型架构和损失函数的有效性，并且几乎在所有的数据集上，与其他模型相比，DeepMF 在 NDCG 和 HR 指标上都实现了最佳性能。即使与最先进的 NeuMF-p 方法相比，DMF-2-nce 在 NDCG 和 HR 指标方面也获得了 5.1％和 3.8％的相对改进。

表 6-4 DeepMF 总体性能分析①

数据集	评价指标	基准方法				DeepMF		模型性能提升
		ItemPop	ItemKNN	eALS	NeuMF	DMF-2-ce	DMF-2-nce	
ML 100K	NDCG	0.231	0.334	0.356	0.395	0.405	**0.409**	3.5％
	HR	0.406	0.600	0.621	0.670	0.679	**0.687**	2.5％
ML 1M	NDCG	0.263	0.372	0.425	0.440	0.442	**0.451**	2.5％
	HR	0.472	0.637	0.709	0.722	0.720	**0.732**	1.4％
Amusic	NDCG	0.242	0.345	0.374	0.371	**0.403**	0.397	7.0％
	HR	0.423	0.493	0.521	0.527	**0.570**	0.563	6.8％
Amovie	NDCG	0.386	0.403	0.455	0.512	0.533	**0.550**	7.4％
	HR	0.620	0.652	0.693	0.739	0.765	**0.773**	4.6％

6.3.4 模型总结

DeepMF 构造了同时具有显式反馈数据和隐式反馈数据的矩阵作为模型的输入，通过深度学习技术学习特征并将用户和物品的特征向量映射到潜在空间的低维向量中，最后设计了一个新的基于二元交叉熵的归一化交叉熵损失函数，同时考虑到显式评分和隐式反馈以获得更好的模型优化。实验在多个真实数据集上与不同基准模型相比，证明了该模型的有效性和先进性。

---

① https://www.ijcai.org/Proceedings/2017/0447.pdf

该方法同样存在着不足之处。模型使用了简单的 MLP 作为模型的深层结构,使其存在一定的表达能力不足的问题,并且相对于传统的推荐算法来说没有缓解数据稀疏问题和冷启动问题。深度学习在表征学习上的应用还有很多,如 AutoRec 模型将用户的历史记录作为输入,自编码器模型通过复杂的编码神经网络学习用户和物品的隐含表征,并将学习到的用户和物品的表征输入解码器来预测用户的偏好或者重建所有用户对物品的偏好;对于一个目标用户来说,选择一个商品是受到之前历史商品的影响,因此用户的表征是根据物品对之间的关系来决定的,因此引入注意力机制用来监控不同的商品对用户的影响程度,如 ACF 等。由于篇幅限制,如果读者对其他模型感兴趣,可以自行了解,在这里就不进行一一介绍了。

6.4 基于深度学习的协同过滤推荐算法 NeuralCF

深度学习在推荐算法上有两个关键应用——表征学习和交互建模。6.3 节通过 DeepMF 模型带读者详细了解了深度学习技术在表征学习上的应用,并且通过实验证明了深度学习技术在推荐算法上的优越性。本节通过 NeuralCF[3](神经协同过滤)模型来学习深度学习在交互建模上的应用。

6.4.1 背景

6.3 节中介绍了目前大多数推荐领域的算法中交互建模使用的是简单的向量内积,旨在通过向量内积捕获用户和物品的交互信息。向量内积简单易实现,但是存在两个限制条件:首先是违背了三角不等式,即内积仅鼓励用户和历史物品的表征相似,但是对用户-用户和物品-物品之间的相似性没有做约束。其次,内积为向量之间的线性关系,无法捕获到用户-物品之间更为复杂的关系。

矩阵分解将用户和物品的特征映射到隐空间中,通过内积来建立用户对目标物品的偏好程度。矩阵分解成功有一个强假设条件,即假设隐空间中的每一维都是相互独立的,并且可以用相同的权重将它们线性结合。我们利用如图 6-7 所示具体的实例来说明矩阵分解中的交互建模的局限性。图 6-7(a)是一个包含 4 个用户和 5 个物品的交互矩阵,图 6-7(b)为四个用户在隐空间中的向量表示。

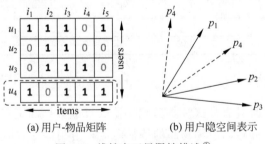

(a) 用户-物品矩阵   (b) 用户隐空间表示

图 6-7 线性交互局限性描述①

从图 6-7(a)的交互矩阵中可以看出,用户 1、用户 2 和用户 3 相对于用户 4 来说的共同偏好物品分别有 3 个、1 个和 2 个。即用户 4 的行为与用户 1 的行为更相似,因此在隐空间中用

---

① https://dl.acm.org/doi/10.1145/3038912.3052569

户 4 和用户 1 的向量更为相近,假设为 p_4' 和 p_4。用户 3 和用户 2 相对于目标用户 4 来说,用户 3 与用户 4 的行为更相似,即用户 3 距离用户 4 的向量更近。但是从图 6-7(b)的隐空间表示来看,不论是 p_4' 还是 p_4,用户 4 的特征向量都与用户 2 的特征向量更为相近,这与事实不符。

上面的示例说明了,矩阵分解使用内积来估计在低维隐空间中用户-物品的复杂交互,而存在局限性。一个很直观的解决方法就是增大特征向量的维度,然后隐向量的维度越大,可能会造成数据过拟合问题等。随着深度学习技术的发展,深度神经网络已经被证明可以拟合所有复杂函数,来自中国科学技术大学的何向南教授等人提出将传统的矩阵分解方法和神经网络结合起来,同时捕获用户-物品之间的线性和非线性关系。

6.4.2　模型原理

NeuralCF 算法引入深度学习方法对特征之间的相互关系进行非线性的描述,这样做的收益是可以直观理解的。

(1) 让用户和物品的表征向量做更充分的交叉,得到更多有价值的特征组合信息。

(2) 引入更多的非线性特征使得模型的表达能力更强。

事实上,用户和物品的表征向量在交互建模的过程中可以被任意的互操作形式所代替,这就是所谓的广义矩阵分解(Generalized Matrix Factorization,GMF)。NeuralCF 提出了将传统矩阵分解方法和神经网络结合起来,同时捕获用户-物品之间的线性关系和非线性关系。如图 6-8 所示,交互矩阵输入后使用 One-hot 编码来初始化用户和物品表征向量,分别输入 GMF 模型和 MLP 中,感知机的每一层都可以认为发现用户-物品交互的某些潜在结构,最后将两部分得到的向量进行拼接,通过最后一个隐藏层得到用户和物品的最终预测结

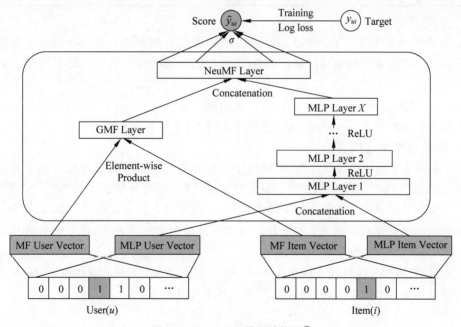

图 6-8　NeuralCF 模型结构图①

果。值得注意的是,DeepMF 将用户和物品的向量分别输入 MLP 中以获得更好的用户和物品的表征向量,不同的是,NeuralCF 模型将用户和物品的表征向量拼接后输入 MLP 中以捕获更好的用户-物品交互信息。

6.4.3 实验

1. 数据集描述

为了证明 NeuralCF 的有效性,下面在两个可公开访问的数据集 MovieLens[①] 和 Pinterest[②] 上展开实验,数据集的统计信息如表 6-5 所示。其中,电影评分数据集已广泛应用于评估协同过滤算法,这里使用的包含一百万条评分记录的 MovieLens10M,其中每个用户至少有 20 个评分,虽然它是一个显式反馈数据,这里有意选择它来研究从显式反馈中学习隐式信号的性能,为此在数据预处理的过程中将其转换为隐式数据,其中每个条目都标记为 0 或 1,表明用户是否对该物品进行了评分;对于 Pinterest 数据集,该隐式反馈数据构建用于评估基于内容的图像推荐,原始数据非常大但是高度稀疏,例如,超过 20% 的用户只有一个反馈。因此很难评估协同过滤算法,在数据预处理的过程中同样只保留了具有 20 次交互的用户,这就使得数据集包含 55 187 个用户和 1 500 809 次交互记录。

表 6-5 数据集统计信息

数据集	用户数量	物品数量	交互数量	数据稀疏度
MovieLens	1 000 209	3706	6040	95.53%
Pinterest	1 500 809	9916	55 187	99.73%

2. 主要代码

NeuralCF 代码引用了百度的 PaddleRec 的推荐代码的实现[③],图 6-9 给出了模型的核心代码展示。用户和物品的表征向量由两部分组成,一部分来自传统的矩阵分解得到的隐向量表示(mf_user_latent 和 mf_item_latent),一部分来自 MLP 引入高阶特征的隐向量表示(mlp_user_latent 和 mlp_item_latent)。最后通过 paddle.concat() 函数得到用户和物品的表征向量的预测评分,sigmoid() 函数对结果进行归一化处理。

3. 实验结果与分析

为了验证 NeuralCF 的有效性,下面选了不同类型的基准方法做对比。除了 6.3 节提到的 ItemPop、ItemKNN 和 eALS[23] 等典型方法之外,还额外增加了 BPR[15] 模型。BPR是一个使用成对排序损失优化矩阵分解的模型,该模型适合从隐式反馈中学习,它是一个极具竞争力的物品推荐基准模型。在实验的过程中使用固定的学习率,调整参数并得到最佳性能。

NeuralCF 模型总体性能分析如图 6-10 所示,可以看出,在两个数据集上 NeuralCF 模型都表现出了比基准模型更好的性能,产生了更佳的推荐结果。

---

① https://grouplens.org/datasets/movielens/
② https://paperswithcode.com/dataset/pinterest
③ https://github.com/PaddlePaddle/PaddleRec/blob/release/2.1.0/models/recall/ncf/net.py

```python
def forward(self, input_data):
    user_input = input_data[0]
    item_input = input_data[1]
    label = input_data[2]

    # MF part
    user_embedding_mf = self.MF_Embedding_User(user_input)
    mf_user_latent = paddle.flatten(
        x=user_embedding_mf, start_axis=1, stop_axis=2)
    item_embedding_mf = self.MF_Embedding_Item(item_input)
    mf_item_latent = paddle.flatten(
        x=item_embedding_mf, start_axis=1, stop_axis=2)
    mf_vector = paddle.multiply(mf_user_latent, mf_item_latent)

    # MLP part
    # The 0-th laryer is the concatenation of embedding layers
    user_embedding_mlp = self.MLP_Embedding_User(user_input)
    mlp_user_latent = paddle.flatten(
        x=user_embedding_mlp, start_axis=1, stop_axis=2)
    item_embedding_mlp = self.MLP_Embedding_Item(item_input)
    mlp_item_latent = paddle.flatten(
        x=item_embedding_mlp, start_axis=1, stop_axis=2)
    mlp_vector = paddle.concat(
        x=[mlp_user_latent, mlp_item_latent], axis=-1)

    for n_layer in self.MLP_fc:
        mlp_vector = n_layer(mlp_vector)

    # Cancatenate MF and MLP parts
    predict_vector = paddle.concat(x=[mf_vector, mlp_vector], axis=-1)

    # Final prediction layer
    prediction = self.prediction(predict_vector)
    prediction = self.sigmoid(prediction)
    return prediction
```

图 6-9　NeuralCF 代码实现

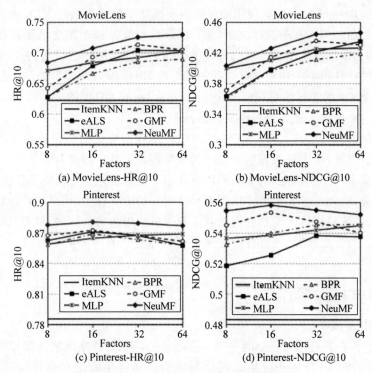

(a) MovieLens-HR@10

(b) MovieLens-NDCG@10

(c) Pinterest-HR@10

(d) Pinterest-NDCG@10

图 6-10　NCF 模型性能分析[①]

---

① https://dl.acm.org/doi/10.1145/3038912.3052569

6.4.4　模型总结

NeuralCF 提出了一个通用的深度学习推荐模型框架,其核心在于使用多层感知机(MLP)来建模用户和物品表征向量的交互关系。相较于传统矩阵分解方法以向量内积的形式来建模用户和物品之间的线性关系,多层感知机通过深层非线性网络,可以更好地拟合推荐数据的复杂交互关系。尤其在面对更丰富的输入特征数据时,如用户属性、物品内容信息等,MLP 有着更好的表征学习能力,更利于模型的拟合。但是考虑到工业界的大规模应用需求,在召回阶段使用向量内积能够更快地满足系统的相应要求。因此,向量内积和 MLP 哪个更好,需要在不同的推荐场景和实践目标下进行探究,在此不进行论述。

6.5　基于深度学习的物品协同过滤算法 DICF

依赖深度网络中的隐层结构学习物品之间的高阶交互的 DICF(Deep Item-based Collaborative Filtering)[2]算法,既可以看成基于物品的协同过滤算法(Item-based CF),又可以被视为基于深度网络的协同过滤算法(DNN-based CF)。由于 Item-based CF 的有效性和一定的可解释性被广泛应用于工业界构建实时推荐系统,这类算法通过用户的历史交互记录来构建用户本身(即利用用户曾经有过交互的物品的集合来表示用户本身,这些物品的特征属性可以在一定程度上反映出用户的偏好),进而根据历史交互物品之间的相似性来向用户推荐新的物品。可以看出,Item-basedCF 推荐算法的关键在于物品相似度的估算。然而,这些 Item-based CF 方法仅使用简单的内积函数来建模交互行为(预测用户对物品的评分),忽略了物品之间的高阶交互关系,而在实际的交互数据中蕴含的潜在模型往往是高度非线性的,那么以线性模型去拟合这些实际数据是不切实际的。目前,有许多相关的工作都是使用浅层的线性模型去建模物品之间的相似度(即仅以线性模型去建模物品间的二阶交互关系),将 DNN 的非线性建模能力应用于 Item-based CF 中的工作很少,基于此,DICF 提出融入深度神经网络来建模这种物品间的高阶交互关系。

所谓物品间的高阶交互关系,指的是当向用户推荐新物品时不再仅根据物品之间的相似性作为依据进行推荐,而是根据物品之间的其他潜在关系进行推荐。举例而言,一个用户在电商站点购买了一个手机壳,购买的原因不再是系统根据该用户的购买历史(如以前该用户购买过手机壳)向他推荐相似的手机壳而导致用户的购买行为,而是用户在该电商站点购买了一部手机,系统根据这次购物经历向其推荐手机的周边物品(如手机壳),导致了用户的此次购买行为。简言之,物品间存在着比相似度更加复杂的高阶交互关系。下面详细介绍 DICF 的模型细节。

6.5.1　DICF 模型结构

1. embedding 层

DICF 沿用了基于 embedding 的推荐方法的思想,使用 ID 映射的向量作为用户和物品的表示,这些向量即为 ID embedding,可以看成用户和物品的潜在属性特征。具体来说,DICF 使用物品的 ID embedding 代表物品,同时,通过聚集用户历史交互过的物品的 ID embedding 来表示该用户的特征,如下述公式所示。

$$q_u = |R_u^+|^{-\alpha} \sum_{j \in R_u^+ \setminus \{i\}} q_j \tag{6.8}$$

其中，q_j 表示物品 j 的 embedding 表示，注意，q_j 是为了表示用户而声明的一种辅助向量，对于物品 i 的表示，DICF 额外设置了对应的 ID embedding p_i 表示，R_u^+ 表示用户 u 历史交互过的物品集合，q_u 即为用户 u 的向量表示。在 DICF 模型中，用户和物品的向量表示可以看成深度神经网络的输入。

2. 模型交互层

正如上述提及的传统的 Item-based CF 方法的局限性，即只能建模物品之间的低阶交互关系，限制了模型的表达能力，为此，设计一种更加复杂有效的交互函数来建模物品间的关系显然是更好的举措。源于深度神经网络具有拟合任意连续函数的强大能力，DICF 使用标准的多层感知机（MLP）结构来建模物品交互函数，在对物品和物品 embedding 进行 concatenation 或者 element-wise product 操作之后堆叠若干层隐藏层，最终输出层的输出即为用户 u 对物品 i 的评分预测值 $\hat{r}_{ui}$。

如何构建 DNN 的输入也是在模型设计中不得不慎重考虑的。以上给出的两个构建神经网络输入的方式，即 concatenation 和 element-wise product，它们各有优缺点：对于 element-wise product 方式，即以 $p_i \odot q_j$ 的方式作为网络的输入，虽然存在着信息损失现象，但是我们认为这样的方式在物品之间的二阶交互关系上能够促进隐藏层更好地学习出物品的交互函数；而对于 concatenation 方式，即以 $[p_i, q_j]^T$ 的方式作为网络的输入，虽然没有信息的损失，但是它会导致模型收敛缓慢并且最终效果不佳。通过实验发现，以第二种方式来构造网络的输入得到的最终效果远不如以第一种方式构造网络的输入，并且模型收敛速度极其缓慢。因此，在 DICF 模型中，使用 $p_i \odot q_j$ 来构建神经网络的输入。从理论上来说，即基于物品之间的二阶交互关系，通过 MLP 学习出物品间的高阶非线性交互关系。DICF 准确的评分预测公式定义如下：

$$
\begin{cases}
z_1 = \displaystyle\sum_{j \in R_u^+ \setminus \{i\}} |R_u^+|^{-\alpha} (\varphi_1(p_i, q_j)) = \sum_{j \in R_u^+ \setminus \{i\}} |R_u^+|^{-\alpha} (p_i \odot q_j) \\
z_2 = \varphi_2(z_1) = a_2(\boldsymbol{W}_2^T z_1 + b_2) \\
\cdots \\
z_L = \varphi_L(z_{L-1}) = a_L(\boldsymbol{W}_L^T z_{L-1} + b_L) \\
\hat{r}_{ui} = \boldsymbol{h}^T z_L + b_u + b_i
\end{cases} \tag{6.9}
$$

公式中，$\boldsymbol{W}_x$，b_x 和 a_x 分别表示网络中第 x 个隐藏层中的权重系数矩阵、偏置项和神经元节点的激活函数；$\boldsymbol{h}^T$ 表示的是将最后一个隐藏层的输出值映射为输出层的评分预测值的向量；b_u 和 b_i 分别表示用户 u 和物品 i 的偏置项。对于隐藏层神经元节点的激活函数，由于 ReLU 函数的非饱和特性并且能够有效地保证模型免于过拟合，DICF 选择 ReLU 函数作为隐藏层中神经元节点的激活函数，最终保证网络模型能够有效地学习出物品之间的非线性交互关系。而对于 MLP 的结构，被设计成标准的塔型结构，即后一层网络层的神经元节点个数是前一层神经元节点个数的一半。此时 DICF 的模型图如图 6-11 所示。

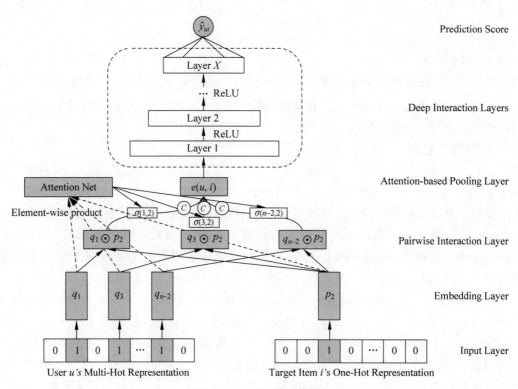

图 6-11 DICF 算法模型

6.5.2　DICF 模型优化

1. 目标函数

DICF 作为一种基于学习的模型,需要定制一个目标函数来优化模型和更新参数。将用户-物品交互矩阵 $\boldsymbol{R}$ 中观察到的交互记录作为正样本,由于 DICF 模型是面向隐式反馈信息的,需要将交互矩阵中的缺失数据考虑进来。因此,对于模型需要的负样本,可以直接从这些缺失数据中进行采样。使用 R^+ 和 R^- 分别表示正样本集合和负样本集合,则目标函数的定义如下。

$$\mathcal{L}=-\frac{1}{N}(\sum_{(u,i)\in R^+}\log(\sigma(\hat{r}_{ui}))+\sum_{(u,i)\in R^-}\log(1-\sigma(\hat{r}_{ui})))+\lambda\|\theta\|^2 \tag{6.10}$$

式中,N 表示训练集的总样本数,σ 表示网络中输出层使用的激活函数。由于 DICF 模型关注点集中在隐式反馈信息,为此选择 Sigmoid 函数作为输出层的激活函数。Sigmoid 函数能够将 DICF 预测出的评分值限制在 $(0,1)$。$\theta=\{\{p_i\},\{q_j\},\boldsymbol{W},b,h\}$ 代表模型中所有可训练的参数的集合,是用于防止模型过拟合的正则化项,模型使用一种 SGD 的变体(称为 Adagrad 优化器)进行训练。关于负采样策略,对于训练集中的每个正样本,从该正样本对应的用户未曾有过交互的物品集中随机抽样若干个作为负样本作为训练集输入网络中一起训练模型。

2. 预训练

DICF 使用上述目标函数来训练模型,该目标函数是一个非凸函数,当采用基于 SGD 的优化器时,训练模型往往会收敛到一个局部最优值而非全局最优。模型的初始化对于基于深度学习的模型的收敛和最终表现起到了极其重要的作用。为了能够获得最好的推荐效果,使用 FISM 模型(等价于去除 DICF 中的网络层并使用线性内积作为交互函数的模型)的最优结果对应的 item embedding 来初始化 DICF 的 item embedding。对于其他参数,采用随机初始化的方法让它们服从均值为 0、标准差为 0.01 的高斯分布。

3. Attention 机制

正如在上述 embedding 层中所提及的,用户使用历史交互的物品的 ID embedding 来表示自身。实际上,这样的方式获得用户的向量表达存在一个不足之处——用户交互过的物品以同等贡献程度预测用户 u 对目标物品 i 的偏好得分是不严谨的。例如,一个偏好喜剧片电影的用户,也会观看恐怖片、文艺片等其他类型的电影。在这种情境下,利用该用户的观看历史表示其本身对喜剧片电影相对于其他类型的电影而言贡献程度更大。为了进一步提升 DICF 模型的表达能力,额外引入 Attention 机制,使得用户不同的历史交互物品对模型的最终预测起到不同的作用(让不同的历史交互物品以不同大小的权重组合成最终用户的表达)。具体而言,就是根据目标物品 p_i 和用户历史交互物品 q_j,为这些历史交互物品赋予一个权重来区分其在生成用户表示时的贡献程度。这样的权重计算过程即为一个简单的 Attention 网络,对于一对物品 (i,j) 而言,具体的计算如下:

$$a_{ij} = \frac{e^{h^{\mathrm{T}}\mathrm{ReLU}(W(p_i \odot q_j)+b)}}{\left[\sum_{j \in R_u^+\backslash\{i\}} e^{h^{\mathrm{T}}\mathrm{ReLU}(W(p_i \odot q_j)+b)}\right]^{\beta}} \tag{6.11}$$

其中,W,b 和 h 分别表示输入层到隐藏层之间的权重系数矩阵、偏置项和隐藏层到输出层之间的权重系数向量。ReLU 是隐藏层的激活函数,β 是取值范围在 $[0,1]$ 的平滑超参数。这个基于 DICF 的改进模型称为 DICF+a,该模型的交互层的计算过程和 DICF 类似,如下:

$$\begin{cases} z_1 = \sum_{j \in R_u^+\backslash\{i\}} |R_u^+|^{-\alpha}(\varphi_1(p_i,q_j)) = \sum_{j \in R_u^+\backslash\{i\}} |R_u^+|^{-\alpha}(p_i \odot a_{ij}q_j) \\ z_2 = \varphi_2(z_1) = a_2(W_2^{\mathrm{T}}z_1 + b_2) \\ \cdots \\ z_L = \varphi_L(z_{L-1}) = a_L(W_L^{\mathrm{T}}z_{L-1} + b_L) \\ \hat{r}_{ui} = h^{\mathrm{T}}z_L + b_u + b_i \end{cases} \tag{6.12}$$

可以看到,主要区别在于聚集用户历史交互的物品时,为每个物品 q_j 赋予权重 α_{ij},其余计算过程和 DICF 完全一样。

6.5.3　实验评估

1. 实验设置

1) 实验数据集描述

我们使用两份公开的数据来验证 DICF 方法的有效性:①MovieLens 是一份被广泛使用于验证 CF 算法表现效果的电影评分数据集。MovieLens 具有多个版本,在实验中选择含有大约 100 万条交互记录的版本 ML-1M。在这个版本的 MovieLens 数据集中,每个用户至少有 20 条交互记录。②Pinterest 是一份被构建来评估基于内容的图像推荐算法效果的数据集,这份数据集是极其稀疏的。为了能够更好地评估 DICF 模型,我们将 Pinterest 进行过滤操作,使得在这份数据集中每个用户同样至少含有 20 条交互记录。两份数据集具体的数值指标如表 6-6 所示。

表 6-6　MovieLens 和 Pinterest 数据集的相关数据统计

数据集	用户数量	物品数量	交互数量	数据稀疏度
MovieLens	1 000 209	3706	6040	4.47%
Pinterest	1 500 809	9916	55 187	0.27%

2) 评估指标

在实验中,我们采用 leave-one-out 策略。首先根据数据集中的时间戳信息来对每个用户的交互记录按时间由远及近进行排序,然后取每个用户的最后一条交互记录作为测试集,每个用户剩余的交互记录均为训练集。对于测试集中的每条交互记录,我们会随机采样对应于同一用户 u 的未交互的 99 个物品编号以便后续评估指标的计算。之所以对测试集中每一用户 u 采样 99 个未交互物品编号而不是使用用户 u 所有的未交互物品,是为了减轻后续在每次训练迭代过程中计算评估指标的时间耗费问题。关于评价指标,我们采用 HR(Hit Ratio)和 NDCG(Normalized Discounted Cumulative Gain)来评价模型推荐出来的 item 列表的质量。对于这两个指标的计算参考文献[5]和[9],这里不再赘述。这两个评价指标的值越高,表示模型推荐出来的 item 列表质量越好。

3) 基准方法

为了验证提出的模型的有效性,我们选择了一些基准方法进行对比实验。这些基准方法覆盖了推荐算法的多种类型:ItemKNN 和 FISM 代表了 Item-based CF,主要是用来验证提出模型的效果;BPR 和 eALS 是目前最顶尖的 User-based CF 方法;而 MLP 是近期被提出的一种基于 DNNs 的 CF 方法。这些基准方法的实现均源于 Librec 这个开源库[27],下面简要介绍这些基准方法。

(1) **ItemPop**:这是一种非个性化的推荐算法,它基于物品的流行度向用户进行推荐。而物品的流行度是根据物品和用户间的交互记录计算得出的。

(2) **ItemKNN**[24]:ItemKNN 是一种标准的 Item-based CF 方法,在实验中尝试了不同数量的 item neighbors,发现使用全部的 item neighbors 可以达到最优的效果。

(3) **BPR**[15]:这个方法通过构造比较对贝叶斯个性化排序损失来优化矩阵分解模型。这个方法往往会被选作为 TopN 推荐的基准比较方法。

(4) **eALS**[23]:eALS 是目前业界最顶尖的 MF-based 方法,它会将所有的缺失数据视为负样本并根据基于物品的流行度来做适当的加权处理。

(5) **MLP**[3]:这个方法利用标准的 MLP 替换简单的内积来建模用户和物品之间的交互关系。实验部分 MLP 结构为含有三层隐藏层的塔型结构。

(6) **FISM**[26]:这是目前业界最优的 Item-based CF 方法。我们在实验中从 $0, 0.1, \cdots, 1$ 测试 α 的值,发现当 $\alpha = 0$ 时 FISM 的效果最好。

4) 参数设置

为了避免模型过拟合,对于每个方法我们会在 $[1e-7, 1e-6, \cdots, 1e-1, 1, 10]$ 范围内调整 λ 的值;对于 item embeddings 的大小,在实验中分别取 8,16,32,64 进行测试;为了得到公平的实验结果,依旧使用与 DICF 一样的目标函数(即二值交叉熵损失)来训练 FISM 模型,最后以 FISM 的 item embedding 初始化 DICF 模型的 item embedding;对于学习速率,我们在实验中分别测试 0.001,0.05,0.01 这三个值;DICF 中 α 的值分别取 $0,0.1,\cdots,0.9$, 1 这些值进行实验。如果没有额外说明,将使用三层塔型 MLP 结构。如当 DICF 的 item embedding 大小为 16 时,则对应 MLP 隐藏层结构为 $[64,32,16]$。

2. 实验结果与分析

DICF(+a) 与选定的基准方法的实验结果对比如下。

首先将 DICF(+a)与其他选定的基准方法做一个总体的对比,结果如表 6-7 所示。为了能够公平地进行比较,表中每个 Embedding-based 方法的 embedding 大小均为 16。我们将在下个实验中比较不同 embedding 大小对 DICF 的影响。

表 6-7 DICF(+a)和其他基准方法关于 HR 和 NDCG 的结果对比

Dataset	MovieLens			Pinterest		
Methods	HR@10	NDCG@10	p-Value	HR@10	NDCG@10	p-Value
ItemPop	0.4558	0.2556	-	0.2742	0.1410	-
ItemKNN	0.6300	0.3341	-	0.7565	0.5207	-
MLP	0.6841	0.4103	4.1e-5	0.8648	0.5385	1.7e-2
BPR	0.6674	0.3907	2.3e-3	0.8628	0.5406	3.5e-3
eALS	0.6689	0.3977	7.3e-3	0.8755	0.5449	1.3e-2
FISM	0.6685	0.3954	2.2e-2	0.8763	0.5529	4.2e-2
DICF	0.6881	0.4113	7.0e-6	0.8806	0.5631	1.6e-5
DICF+a	**0.7084**	**0.4380**	6.2e-5	**0.8835**	**0.5666**	6.8e-4

从表 6-7 中可以看到,DICF 和 DICF+a 模型在两份数据集上的两个评价指标(HR 和 NDCG)均优于其他基准方法,特别是 FISM 方法。我们将 DICF 能取得这样的效果归功于基于 DNN 建模物品之间复杂的高阶非线性交互关系而不是像 FISM 一样使用简单的内积并且仅建模出物品和物品之间的二阶交互。DICF 因引入 Attention 机制(DICF+a 模型)进一步提升了其最终的表现。这证明了用户不同的历史交互物品对用户最终的表现其贡献程度是不一样的。此外,learning-based 的方法会明显优于那些 heuristic-based 的方法 (ItemPop,ItemKNN)。特别是在 Item-based CF 的相关方法中,FISM 方法的 HR 和 NDCG 分别优于 ItemKNN 方法 7.9% 和 4.7%。

为了展示 DICF+a 模型引入 Attention 机制的可解释性,我们从 MovieLens 和 Pinterest 两份数据集中分类采样两个用户。这两个用户均为正样本,故而对应的预测值 $\sigma(\hat{r}_{ui})$ 应该比较高。同时,对每个采样用户分别随机选择 5 个目标物品。如图 6-12 所示,将 DICF+a 模型学习出来 Attention 权重进行可视化。图中的一行表示特定的用户 u 的某一个历史交互物品,图中的一列表示一个目标物品。上边两幅热度图源于 MovieLens 数据集,而下边另外两幅热度图源自 Pinterest 数据集。

以 MovieLens 数据集中用户 #268 和目标物品 #1525 为例。可以看出,DICF 模型以相同的权重衡量用户 #268 所有历史交互物品(物品 #1254,#499,#381,#936 和 #315)对模型最终预测的贡献程度;而 DICF+a 为用户 #268 的每个历史交互物品分别分配了不同的 Attention 权重。具体而言,DICF+a 为物品 #1254 分配了更高的 Attention 权重值而给剩余的 4 个物品分配了较低的权重。如表 6-8 所示,DICF+a 在 MovieLens 数据集上对

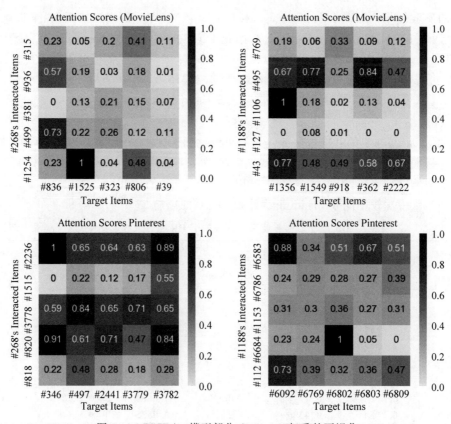

图 6-12　DICF＋a 模型部分 Attention 权重的可视化

物品♯1525 的预测值为 0.52，高于 DICF 对♯1525 的预测值 0.20。可视化的结果验证了将 Attention 机制引入 DICF 模型的正确性。

表 6-8　DICF＋a 和 DICF 模型对用户 u 和物品 i 的预测值

MovieLens										
Sampled Users	♯268					♯1188				
Target Items	♯836	♯1525	♯323	♯806	♯39	♯1356	♯1549	♯918	♯362	♯2222
$\sigma(\widetilde{r}_{ui})_{\mathrm{DICF+a}}$	0.51	0.52	0.56	0.80	0.70	0.64	0.52	0.70	0.62	0.67
$\sigma(\hat{r}_{ui})_{\mathrm{DICF}}$	0.19	0.20	0.37	0.61	0.53	0.31	0.37	0.48	0.42	0.57
Pinterest										
Sampled Users	♯268					♯1188				
Target Items	♯346	♯497	♯2441	♯3779	♯3782	♯6092	♯6769	♯6802	♯6803	♯6809
$\sigma(\widetilde{r}_{ui})_{\mathrm{DICF+a}}$	0.32	0.66	0.41	0.34	0.72	0.49	0.52	0.17	0.63	0.69
$\sigma(\hat{r}_{ui})_{\mathrm{DICF}}$	0.18	0.62	0.22	0.30	0.68	0.39	0.50	0.10	0.39	0.59

　　图 6-13 为 Embedding Size 取 8,16,32,64 这四个值时对不同 learning-based 方法的影响的实验结果。从图中观察出，当 Embedding Size 的值为 8,32,64 时，各个方法的表现效

果其趋势同 Embedding Size 为 16 时的趋势基本一致。DICF 模型均取得最优表现,除去在 MovieLens 数据集上当 DICF 的 Embedding Size 为 8 时的这种情况。在这种情况下,MLP 的表现效果最佳。我们认为在相对稠密的数据集上,基于用户(User-based)的非线性方法在 Embedding Size 的值比较小时能够比其他方法(线性方法和 Item-based 的非线性方法)有更强的表现能力。引入 Attention 机制的 DICF 模型(DICF＋a)很好地弥补了上述缺陷。

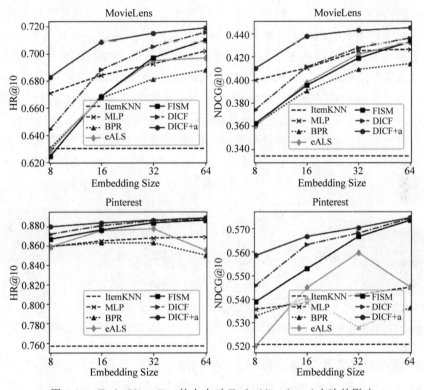

图 6-13　Embedding Size 的大小对 Embedding-based 方法的影响

6.5.4　DICF 模型总结

　　DICF(＋a)是针对 FISM 模型固有缺陷而提出的深度推荐模型,大量的实验证明了 DICF(＋a)的有效性。FISM 以简单内积的形式来对物品和物品之间的二阶交互关系进行建模,这样的方式会在一定程度上限制 FISM 的进一步表现。为了能够有效地解决 FISM 暴露出来的缺陷,同时源于 DNN 具有强大的非线性建模能力,DICF 模型利用 DNN 而非简单地使用内积方法来建模物品之间的高阶非线性交互关系。同时,DICF(＋a)引入 Attention 机制以区分用户不同的历史交互物品对表现用户本身的贡献程度。实验结果证明了 DICF 的有效性及引入 Attention 机制的准确性。

6.6　基于 GNN 的协同过滤算法

　　6.1 节介绍了推荐系统中面临的两个瓶颈问题——数据稀疏问题和冷启动问题。本节将详细讨论图神经网络如何缓解数据稀疏问题,即在只考虑用户-物品的交互记录情况下,如何利用图神经网络来发掘更有价值的信息,构建更有效的推荐模型。

6.6.1　背景

从早期的矩阵分解方法到基于深度学习的推荐算法,核心在于通过从用户和物品的已有特征(如用户 ID、物品属性、用户-物品交互记录等)映射到隐空间来获得用户和物品的表征向量。但是这些方法存在一个缺点:在进行表征学习的过程中,不能够对协作信号进行显式编码,这种信号潜伏在用户-物品交互中,解释用户和物品之间的行为相似性。为了弥补表征向量的编码不足问题,NCF 和 DICF 构造复杂的交互函数。在真实世界中,用户-物品交互很容易达到百万级别甚至更大,这使得模型捕获用户-物品协作信号更为困难。

为了解决协作信号无法捕获的问题,He 等人将用户-物品交互矩阵转换为二部图,推荐问题可以表示为图 6-14 的链接预测问题,利用图的一个重要特性——高阶连通性,来捕获用户-物品的协作信号。什么是高阶连通性?为什么高阶连通性能够捕获用户-物品的协作信号?

图的高阶连通性是指通过在图的拓扑结构上传递信息,节点可以获得来自高阶邻居对中心节点的特征影响,从而获得更为准确的节点表征,因此建模图的高阶连通性在推荐系统中是非常重要的。图 6-15 给出了一个高阶连通性在推荐系统中的示例。

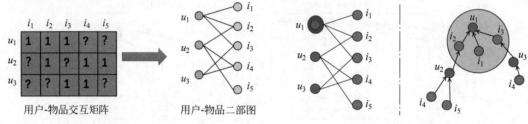

图 6-14　交互矩阵转换为二部图　　　　图 6-15　高阶连通性示例①

图 6-15 通过举例说明了图的高阶连通性的概念。其中推荐的目标用户为 u_1,在用户-物品交互图中用双色圈表示,右侧子图为左侧子图展开后顶点为 u_1 的树状结构。高阶连通性表示到达路径长度 l 大于 1 的任何节点到达 u_1 的路径。这种高阶连通性包含的协作信号携带了丰富的语义信息。例如,路径 $u_1 \leftarrow i_2 \leftarrow u_2$ 表示用户 u_1 和 u_2 之间的相似性,因为两个用户都与 i_2 相连。更长的路径 $u_1 \leftarrow i_2 \leftarrow u_2 \leftarrow i_4$ 表示用户 u_1 很可能采用物品 i_4,因为它的相似用户 u_2 之前采用过物品 i_4。而且从 $l=3$ 的整体来看,物品 i_4 更有可能被目标用户 u_1 所采用,因为有两条路径连接 $<i_4,u_1>$,但是只有一条路径连接 $<i_5,u_1>$。

图神经网络成功应用于推荐系统在于图的高阶连通性能对用户-物品交互记录中的协作信号进行显式编码,弥补传统的协同过滤算法中的不足,从而可以缓解传统推荐算法中的数据稀疏问题。

6.6.2　模型原理

如何将图神经网络应用于推荐任务?模型分为几部分呢?在这里,笔者整理了一个基于图神经网络的推荐系统框架。如图 6-16 所示,模型包含以下四个组成部分。

---

①　https://dl.acm.org/doi/10.1145/3331184.3331267

（1）初始表征层：初始化用户表征向量 $e_u^{(0)}$ 和物品表征向量 $e_i^{(0)}$。

（2）特征传播层：通过堆叠多个图卷网络层，聚合来自不同阶的邻居信息，捕获用户-物品的高阶协同信号。

（3）拼接层：不同的图网络层捕获了不同阶的协同信号，这些协同信号携带着不同维度的用户和物品特征，通过拼接层将不同维度的特征向量进行组合来确定用户和物品的最终表征向量。

（4）预测层：通过用户和物品的最终表征向量计算获得用户对物品的最终评分或概率值。

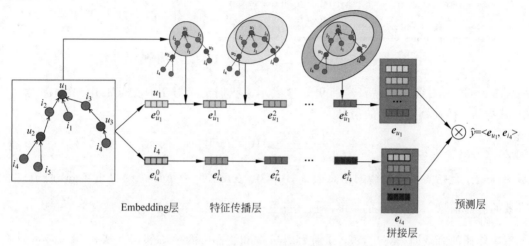

图 6-16　基于图神经网络的推荐算法图

其中，在 6.2 节已经介绍了图神经网络的原理，本节将以 NGCF[20] 为例重点介绍图神经网络传播和拼接层等过程，并给出具体的代码实现。

1. 初始表征层

初始表征层，顾名思义是初始化用户和物品的表征向量。假设数据集中有 N 个用户和 M 个物品，表征向量的初始维度为 d，$e_u \in \mathbb{R}^d$ 用来描述一个用户 u，然后构建一个参数矩阵作为表征向量查找表：

$$E^{(0)} = [\underbrace{e_{u1}, \cdots, e_{uN}}_{\text{用户初始表征向量}}, \underbrace{e_{i1}, \cdots, e_{iM}}_{\text{物品初始表征向量}}] \tag{6.13}$$

值得注意的是，作为用户和物品的表征向量的初始状态 $e_u^{(0)}$ 和 $e_i^{(0)}$，以端到端的方式进行优化。在传统的推荐模型如矩阵分解（Matrix Factorization，MF）和神经协同过滤（Neural Collaborative Filtering，NCF），将 ID 的 One-hot 编码输入交互层来进行优化实现评分的预测等任务。在基于图神经网络的推荐算法中，初始表征向量在用户-物品交互图上传播并更新，显式地将协同信号编码进特征向量中，从而获得更高质量的用户和物品的表征向量。

定义 __init_weight( ) 函数初始化模型中的所有参数，通过 paddle.nn.initializer. XavierUniform( ) 函数初始化用户和物品的表征向量，如图6-17所示。

2. 特征传播层

图神经网络中特征提取的核心在于通过聚合函数和特征转换来更新节点的特征向量，

```python
def __init_weight(self):
    self.num_users  = self.dataset.n_users
    self.num_items  = self.dataset.m_items
    self.latent_dim = self.config['latent_dim_rec']
    self.n_layers = self.config['lightGCN_n_layers']
    self.gcn = NGCFConv(self.latent_dim, self.latent_dim, self.n_layers)
    weight_attr1 = paddle.framework.ParamAttr(initializer=paddle.nn.initializer.XavierUniform())
    weight_attr2 = paddle.framework.ParamAttr(initializer=paddle.nn.initializer.XavierUniform())
    self.embedding_user = nn.Embedding(
            num_embeddings=self.num_users, embedding_dim=self.latent_dim, weight_attr=weight_attr1)
    self.embedding_item = nn.Embedding(
            num_embeddings=self.num_items, embedding_dim=self.latent_dim, weight_attr=weight_attr2)
    self.f = nn.Sigmoid()
    num_nodes = self.dataset.n_users + self.dataset.m_items
    edges = paddle.to_tensor(self.dataset.trainEdge, dtype='int64')

    self.Graph = pgl.Graph(num_nodes=num_nodes, edges=edges)
    print(f"lgn is already to go(dropout:{self.config['dropout']})")
```

图 6-17 初始表征层代码实现

堆叠多个 GNN 对节点的特征进行更好地表示。我们定义对于有交互的用户-物品对(u,i)，从物品 i 传递到用户 u 的信息为

$$m_{u \leftarrow i} = \frac{1}{\sqrt{|N_u||N_i|}}(\boldsymbol{W}_1 \boldsymbol{e}_i + \boldsymbol{W}_2(\boldsymbol{e}_i \otimes \boldsymbol{e}_u)) \tag{6.14}$$

其中，$m_{u \leftarrow i}$ 是指需要被传播的信息表征，$\boldsymbol{W}_1, \boldsymbol{W}_2 \in \mathbb{R}^{d' \times d}$ 为可训练的权重矩阵，用于提取有效的传播信息，d' 为变换的维度，$\dfrac{1}{\sqrt{|N_u||N_i|}}$ 为图拉普拉斯范数，作为系数来控制边(u,i)上每次传播的衰减因子，N_u，N_i 分别为用户 u 和物品 i 的一阶邻居。从式(6.14)可以看出，不同于传统的图卷积网络，这里额外通过 $\boldsymbol{e}_i \otimes \boldsymbol{e}_u$ 表示 $\boldsymbol{e}_i$ 和 $\boldsymbol{e}_u$ 之间的交互编码传递的消息，这样模型能够从相似物品中传播更多的消息，以至于不仅提高了模型的表示能力，而且提高了推荐性能。

由上面高阶连通性的概念可知，堆叠 l 个传播层来探索高阶连接信息，一个用户（或一个物品）能够接受从多跳邻居传播过来的信息，在第 l 层中，用户 u 的递归公式为

$$\boldsymbol{e}_u^{(l)} = \text{LeakyReLU}(m_{u \leftarrow u}^{(l)} + \sum_{i \in N_u} m_{u \leftarrow i}^{(l)}) \tag{6.15}$$

其中，$\begin{cases} m_{u \leftarrow i}^{(l)} = p_{ui}(\boldsymbol{W}_1^{(l)} \boldsymbol{e}_i^{(l-1)} + \boldsymbol{W}_2^{(l)}(\boldsymbol{e}_i^{(l-1)} \otimes \boldsymbol{e}_u^{(l-1)})) \\ m_{u \leftarrow u}^{(l)} = \boldsymbol{W}_1^{(l)} \boldsymbol{e}_u^{(l-1)} \end{cases}$，$\boldsymbol{W}_1^{(l)}, \boldsymbol{W}_2^{(l)} \in \mathbb{R}^{d' \times d}$ 为可训练的权重矩阵，$\boldsymbol{e}_i^{(l)}$ 是从前面的信息传播过程生成的物品表征，进一步有助于在 l 层获得用户 u 的表征向量。

类 NGCFConV() 用来定义用户和物品的特征向量在 GCN 上的传播过程，其中，_init_() 函数初始化权重 $\boldsymbol{W}_1^{(l)}$ 和 $\boldsymbol{W}_2^{(l)}$，nn.LeakyReLU() 函数实现特征向量的非线性转换，输出向量作为下一层的输入向量。代码如图 6-18 所示。

3. 拼接层

经过上述的 L 层传播后，模型得到了关于用户 u 的多个特征向量 $\{\boldsymbol{e}_u^{(0)}, \boldsymbol{e}_u^{(1)}, \cdots, \boldsymbol{e}_u^{(L)}\}$。但是不同层特征向量都在不同程度上反映了用户的偏好信息，因此将其拼接起来组成用户的最终表征向量（物品表征向量同理）：

$$\boldsymbol{e}_u^* = \boldsymbol{e}_u^{(0)} \| \boldsymbol{e}_u^{(1)} \| \cdots \| \boldsymbol{e}_u^{(L)}, \quad \boldsymbol{e}_i^* = \boldsymbol{e}_i^{(0)} \| \boldsymbol{e}_i^{(1)} \| \cdots \| \boldsymbol{e}_i^{(L)} \tag{6.16}$$

```python
class NGCFConv(nn.Layer):
    def __init__(self, input_size, output_size, n_layers=3):
        super(NGCFConv, self).__init__()
        self.n_layers = n_layers
        self.gcn = nn.LayerList()
        self.linear = nn.LayerList()
        self.mess_dropout = []
        weight_attr = paddle.ParamAttr(
            initializer=paddle.nn.initializer.XavierUniform())
        bias_attr = paddle.ParamAttr(
            initializer=paddle.nn.initializer.XavierUniform(fan_in=1, fan_out=output_size))
        for i in range(n_layers):
            self.gcn.append(CustomGCNConv(input_size, output_size))
            self.linear.append(nn.Linear(input_size, output_size, weight_attr, bias_attr))
            self.mess_dropout.append(0.1)

    def forward(self, graph:pgl.Graph, user_feature:nn.Embedding, item_feature:nn.Embedding):
        ego_embeddings = paddle.concat([user_feature, item_feature])

        embs = [ego_embeddings]
        for i in range(self.n_layers):
            sum_embeddings, side_embeddings = self.gcn[i](graph, ego_embeddings)
            bi_embeddings = paddle.multiply(ego_embeddings, side_embeddings)
            bi_embeddings = self.linear[i](bi_embeddings)
            ego_embeddings = nn.LeakyReLU(negative_slope=0.2)(sum_embeddings + bi_embeddings)
            # ego_embeddings = nn.Dropout(self.mess_dropout[i])(ego_embeddings)
            norm_embeddings = F.normalize(ego_embeddings, p=2, axis=1)
            embs.append(norm_embeddings)
        embs = paddle.concat(embs, axis=1)
        users, items = paddle.split(embs, [user_feature.shape[0], item_feature.shape[0]])
        return users, items
```

图 6-18 传播层代码

其中，‖表示向量拼接操作。每传播一层得到的输出向量都是用户的输出向量,直接使用 emb.append()函数拼接在之前的特征向量上,如图 6-19 所示。

```python
for i in range(self.n_layers):
    sum_embeddings, side_embeddings = self.gcn[i](graph, ego_embeddings)
    bi_embeddings = paddle.multiply(ego_embeddings, side_embeddings)
    bi_embeddings = self.linear[i](bi_embeddings)
    ego_embeddings = nn.LeakyReLU(negative_slope=0.2)(sum_embeddings + bi_embeddings)
    # ego_embeddings = nn.Dropout(self.mess_dropout[i])(ego_embeddings)
    norm_embeddings = F.normalize(ego_embeddings, p=2, axis=1)
    embs.append(norm_embeddings)
embs = paddle.concat(embs, axis=1)
users, items = paddle.split(embs, [user_feature.shape[0], item_feature.shape[0]])
```

图 6-19 拼接层代码

4. 预测层

以上得到了所有用户和物品的表征向量,此时表征向量已经很好地捕捉到了用户-物品交互的协同信号,接下来通过向量内积来计算用户对物品的评分:

$$\hat{y}(u,i) = e_u^{*\mathrm{T}} \cdot e_i^* \tag{6.17}$$

定义 getUserRating()函数来获得用户-物品缺失值,函数的输入是用户列表,通过 paddle.matmul()函数完成两个向量的内积操作,得到用户对物品的评分,代码如图 6-20 所示。

```python
def getUsersRating(self, users):

    users_emb = self.embedding_user.weight
    items_emb = self.embedding_item.weight

    all_users, all_items = self.gcn(self.Graph, users_emb, items_emb)

    users_emb = paddle.to_tensor(all_users.numpy()[users.numpy()])
    items_emb = all_items
    rating = self.f(paddle.matmul(users_emb, items_emb.t()))
    return rating
```

图 6-20 预测层代码实现

6.6.3 实验

1. 数据集描述

为了验证 NGCF 模型的有效性,下面通过在三个公开访问的真实数据集 Gowalla[①]、Yelp2018[②] 和 Amazon-Book[③] 上展开实验,数据集的预处理方法同 6.4 节相同,数据集的统计信息如表 6-9 所示。

表 6-9 数据集统计信息

数 据 集	用户数量	物品数量	交互数量	数据稠密度
Gowalla	29 858	40 981	1 027 370	0.000 84
Yelp2018	31 668	38 048	1 561 406	0.001 30
Amazon-Book	52 643	91 599	2 984 108	0.000 62

2. 基准方法

为了验证模型的有效性,这里选择了一些基准方法进行对比实验。下面简要介绍这些基准方法。

(1) BPR[15]:该模型是经典的基于隐向量学习的协同过滤模型,基于用户观测到的物品评分大于未观测的物品评分进行的假设,通过设计正负样本之间的 Pair-wise 排序损失函数来对隐式反馈数据进行学习。

(2) GC-MC[29]:该模型通过聚集节点的一阶邻居来生成用户和物品的表征向量,实验中,设置图神经网络隐藏层维度为初始化节点维度。

(3) PinSage[30]:该算法首次将图神经网络应用到工业界推荐场景,通过学习节点邻居聚合参数来将图神经算法扩展到归纳式的图中。实验中设置两层图神经网络,隐藏层参数统一设置为初始化节点维度。

(4) CMN[31]:该模型为基于内存的最先进模型,其中,用户表示通过记忆层专注地组合相邻用户的记忆槽,一阶连接用于查找与相同物品交互的相似用户。

(5) Hop-Rec[32]:该模型也是基于图的模型,利用随机游走的高阶邻居来丰富用户-物品的交互数据,从而实现更好的模型性能。

3. 实验结果与分析

模型的总体性能分析如表 6-10 所示,它证明了 NGCF 的有效性和先进性,在所有的数据集和指标上都展现了最优的性能。与其他模型相比,NGCF 在 NDCG 和 Recall 指标上都实现了最佳性能。

表 6-10 NGCF 总体性能分析[④]

数据集 模型	Gowalla		Yelp2018		Amazon-Book	
	Recall	NDCG	Recall	NDCG	Recall	NDCG
MF	0.1291	0.1109	0.0433	0.0354	0.0250	0.0196
NeuMF	0.1399	0.1212	0.0451	0.0363	0.0258	0.0200

---

① https://snap.stanford.edu/data/loc-gowalla.html

② https://www.yelp.com/dataset

③ https://jmcauley.ucsd.edu/data/amazon/

④ https://dl.acm.org/doi/10.1145/3331184.3331267

数据集 模型	Gowalla		Yelp2018		Amazon-Book	
	Recall	NDCG	Recall	NDCG	Recall	NDCG
GMN	0.1405	0.1221	0.0457	0.0369	0.0267	0.0218
HOP-Rec	0.1399	0.1214	0.0517	0.0428	0.0309	0.0232
GC-MC	0.1395	0.1204	0.0462	0.0379	0.0288	0.0224
PinSage	0.1380	0.1196	0.0471	0.0393	0.0282	0.0219
NGCF-3	**0,1569**	**0.1327**	**0.0579**	**0.0477**	**0.0337**	**0.0261**
性能提升	11.68%	8.64%	11.97%	11.29%	9.61%	12.50%

6.6.4 模型改进

NGCF 模型虽然在推荐性能上取得了很大的进展,但是图神经网络具体是哪一模块起到了作用? 研究者们又进行了进一步的研究,Chen 和 He 等人分别通过消融实验验证了图神经网络中的特征转换和非线性激活反而导致模型的性能下降,对推荐性能起到积极作用的是邻居聚合。上面笔者分析到这是由于图的高阶连通性捕获到了更加丰富的协同信号,因此邻居聚合传播在推荐性能提升上起到了关键作用。接下来将介绍两项对 NGCF 的改进工作,分别是 Chen 等人提出的 LR-GCCF[21] 模型和 He 等人提出的 LightGCN[22] 模型。

1. LR-GCCF

6.6.3 节介绍了 NGCF 模型,也提到了其明显的缺点:非线性特征转换对模型性能的提升起到了抑制作用。这是由于协同过滤算法数据简单,只包含用户-物品交互记录,每个节点在输入时不具有具体含义的特征,因此使用非线性特征转换反而会增加模型的复杂度并且降低模型推荐性能。为了缓解该问题,Chen 等人提出了基于图的线性残差图卷积协同过滤模型 LR-GCCF,该模型相对于 NGCF 最大的改进是提出了线性特征转换,具体如下。

给定用户-物品二部图的初始表征矩阵 $E^{(0)}$,遵循图神经网络的原理,在每个迭代步骤,假设 $k+1$ 层的特征向量是由上一层 k 层的特征向量经过线性聚合得到的,即

$$E^{k+1} = SE^k W^k \tag{6.18}$$

其中,$S = D^{-\frac{1}{2}} \hat{A} D^{-\frac{1}{2}}$ 为加入了自循环的标准化的邻接矩阵,W^k 为线性转换参数,以用户 u 为例,上述公式可以写为

$$e_u^{k+1} = \left[\frac{1}{d_u} e_u^k + \sum_{j \in R_u} \frac{1}{d_j \times d_u} e_i^k \right] W^k \tag{6.19}$$

其中,d_u 为用户 u 的度,R_u 表示用户 u 的邻居集合。如图 6-21 所示,在卷积层的 forward() 函数中,聚合邻居后得到的特征向量没有再经过 Sigmoid 函数做非线性特征转换。

2. LightGCN

LR-GCCF 相对于 NGCF 取得了一定的改进效果,但是关于图神经网络对推荐算法的有效性仍缺乏解释。He 等人经过彻底的消融实验验证了图神经网络中的特征转换和非线性激活不仅增加了训练的难度,并且降低了推荐性能,因此他们提出了一种简化的图推荐网

```
def forward(self, graph, user_feature, item_feature):
    norm = GF.degree_norm(graph)
    feature = paddle.concat([user_feature, item_feature], axis=0)
    embs = [feature]

    for layer in range(self.n_layers):
        feature = feature * norm
        feature = graph.send_recv(feature, 'sum')
        feature = feature * norm
        embs.append(self.linear[layer](feature))
    final_embs = paddle.concat(embs, axis=1)
    users, items = paddle.split(final_embs, [user_feature.shape[0], item_feature.shape[0]])
    return users, items
```

图 6-21   LR-GCCF 代码实现

络——LightGCN。该模型相对于 LR-GCCF 的改进在于取消了特征转换,使用邻居聚合后的特征向量作为卷积层的输出向量,并且使用不同层特征向量的加权和作为最终用户和物品的表征向量。

特征传播层:在这里采用简单的加权求和实现对邻居聚合的操作,放弃了特征转换和非线性激活,因此节点的表征定义为

$$e_u^{(k+1)} = \sum_{i \in N_u} \frac{1}{\sqrt{|N_u||N_i|}} e_i^{(k)} \tag{6.20}$$

$$e_i^{(k+1)} = \sum_{u \in N_i} \frac{1}{\sqrt{|N_u||N_i|}} e_u^{(k)} \tag{6.21}$$

不同于传统的图神经网络,这里的节点表征只聚合了邻居节点并没有关注目标节点本身(即自连接),原作者证明了引入节点自连接并不能提升模型的效果,在这里不做详细说明。

拼接层:经过 K 个传播层后,不同于 NGCF 的向量拼接操作,LightGCN 认为每层得到的特征向量对于推荐结果的重要程度是不一样的,因此对每层得到的节点特征向量进行线性加权的操作:

$$e_u = \sum_{k=0}^{K} a_k e_u^k, \quad e_i = \sum_{k=0}^{K} a_k e_i^k \tag{6.22}$$

其中,a_k 表示第 k 层表征在构成最终表征时的重要性,可以作为超参数进行手动调整,也可以视为模型参数进行自动优化。

在代码实验的过程中,对每层的特征向量进行一个平均的操作,使用 paddle.stack() 和 paddle.mean() 函数实现,如图 6-22 所示。

```
def forward(self, graph, user_feature, item_feature):
    norm = GF.degree_norm(graph)
    feature = paddle.concat([user_feature, item_feature], axis=0)
    embs = [feature]

    for layer in range(self.n_layers):
        feature = feature * norm
        feature = graph.send_recv(feature, 'sum')
        feature = feature * norm
        embs.append(feature)
    final_embs = paddle.stack(embs, axis=1)
    light_out = paddle.mean(embs, axis=1)
    users, items = paddle.split(final_embs, [user_feature.shape[0], item_feature.shape[0]])
    return users, items
```

图 6-22   LightGCN 代码实现

6.6.5　模型总结

本节首先提出了一个基于图神经网络的协同过滤算法框架,它利用图神经网络的高阶连通性,捕获用户和物品的高阶协同信号来优化节点特征向量,并且可以灵活地进行不同特征的组合(线性加权、矩阵拼接等操作)。图神经网络在推荐任务上的优势在于——利用图神经网络的高阶连通性能够更好地捕获用户和物品之间的非线性关系和协同信号,灵活地对不同的特征表征进行组合,模型复杂度低,在一定程度上缓解了数据稀疏问题。

在实践中同样也要注意:并不是模型结构越复杂,网络越深越好。一是要防止过度平滑现象的风险,二是往往需要更多的数据和更长的时间才能使复杂的模型收敛,这需要算法工程师在模型的实用性、实时性和效果之间进行权衡。

图神经网络推荐算法也存在局限性。由于是基于协同过滤的思想进行构造的,所以该模型并没有引入更多的其他类型的特征。这在实际应用中浪费了其他有价值的信息,同时对于没有交互记录的用户或者物品在图中为孤立节点,无法通过图神经网络的传播获得高阶信号。因此 6.7 节将引入辅助数据用来加强对用户和物品表征的建模以获得更好的推荐效果。

6.7　基于 GNN 的混合推荐算法

本节将深入讨论图神经网络同时缓解数据稀疏和冷启动问题的解决方法,即在用户-物品交互记录的基础上,通过图神经网络来融合额外的辅助数据来更好地学习用户和物品的表征,提高推荐系统的预测准确度。常用的辅助数据有:用户和物品的评论信息、内容信息、属性信息及社交网络等,这些对用户和物品的表征能够起到增强效果。本节将主要介绍应用辅助数据做推荐增强的两个主要模型:融合社交网络的 DiffNet[33] 模型和融合属性特征的 AGCN[34] 模型。

6.7.1　DiffNet 模型

1. 背景

准确地学习用户和物品的表征向量是建立一个成功的推荐系统的关键。协同过滤算法提供了一种从用户和物品的交互历史中学习的方法,但是这样的系统将会被用户行为数据的稀疏性而限制,因此引入社交网络利用用户邻居的表现去缓解数据稀疏性的问题,从而得到更好的用户表征向量。

社交网络是以用户为核心的系统,用户可以自由地创建内容、发布信息、与好友便捷交互等,如百度网盘、百度贴吧、百家号均为基于社交网络存在的软件。对一个社交平台的用户来说,隐向量是受其信任用户的影响的,而这些信任用户又受到社会关系的影响。将社交网络引入推荐系统中,一方面能够帮助用户过滤社交网络中的无关信息,缓解信息过载的问题,提高用户的满意度和参与度;另一方面用户在社交网络上的活动,如与其他用户的交互,给推荐系统提供了很多新的偏好数据和信任信息,为缓解数据稀疏和冷启动问题带来了新的启发。

受到图神经网络的启发,Wu 等人利用图神经网络来模拟社交影响力的传播,提出了

DiffNet 模型[33]。该模型的核心思想在于为用户设计一个多层次的影响传播系统,建模在社交传播过程中,用户的特征向量是如何变化的。

2. 模型原理

如图 6-23 所示,DiffNet 模型流程可以分为以下几个步骤。

(1) 嵌入层:初始化用户和物品的特征向量。以 Yelp[①] 数据集的物品为例,每个物品包含用户对该物品的评论信息。该物品的初始化特征向量是由两部分组成的,一部分来自 Word2Vec 提取的评论特征向量 q_i,一部分是随机初始化的特征向量 y_i。

(2) 融合层:对两个特征向量进行融合,如拼接、线性转换、非线性特征转换等操作,得到最终的初始化的用户特征向量 h_a^0 和物品特征向量 v_i。

(3) 影响力传播层:建模用户潜在偏好在社交网络中的动态传播过程,得到用户在社交网络上的特征向量。

(4) 预测层:预测用户对目标物品的偏好。其中,笔者将重点介绍影响力传播层的具体实现,也是 DiffNet 模型的核心部分。

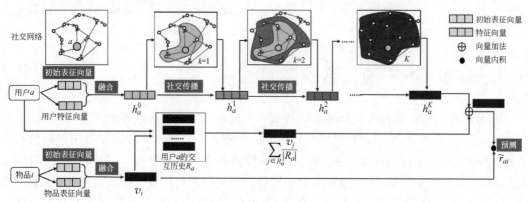

图 6-23　DiffNet 模型流程图[②]

影响力传播层主要是建模用户潜在偏好在社交网络中的动态传播过程。信息在社交网络中随着时间是不断传播的,所以在该层建模用户的社交网络对用户表征的影响力是合理的。每层都会从之前的层中获得用户的特征向量作为输入,在当前社交传播过程结束后,输出用户更新的特征向量作为下一层的输入,完成当前层社交网络的信息融合以优化用户特征向量。下面通过一个用户 a 进行解释说明。

对于用户 a,h_a^k 表示他在第 k 层的特征表示,把 h_a^k 作为输入送到第 $k+1$ 层中,就得到了 h_a^{k+1}。此时的 h_a^{k+1} 分为两步计算:

首先,用户 a 从第 k 层的信任好友处聚合得到的传播影响力,用 $h_{s_a}^{k+1}$ 表示:

$$h_{s_a}^{k+1} = \text{Pool}(h_b^k \mid b \in S_a) \tag{6.23}$$

其中,Pool()函数可以用平局池化操作,来计算用户的信任好友在第 k 层的平均值,也可以是其他的池化操作。然后将邻居的影响力和用户 a 从 k 层的表征进行拼接,通过一个带有激活函数的全连接层就可完成当前层的社交网络的信息的融合优化用户 a 的特征向量。

---

① yelp. com/dataset

② https://dl. acm. org/doi/10. 1145/3331184. 3331214

表示如下:

$$h_a^{k+1} = s^{(k+1)}(\boldsymbol{W}^k \times [h_{s_a}^{k+1}, \boldsymbol{h}_a^k]) \tag{6.24}$$

其中,$\boldsymbol{W}^k$ 为第 k 层的特征转换矩阵,在社交网络中影响力传播过程是复杂且无法预知的,无法确定两部分影响系数,因为在计算过程中使用了非线性激活函数进行映射,$s(\cdot)$ 函数为非线性激活函数。那么如何确定用户最后的表征向量呢? 将用户 a 的社交网络特征向量 $\boldsymbol{h}_a^K$ 和物品 i 的表征向量 $\boldsymbol{v}_i$ 融合,建模预测用户 a 的偏好信息为

$$u_a = \boldsymbol{h}_a^K + \sum_{i \subset R_a} \frac{\boldsymbol{v}_i}{|R_a|} \tag{6.25}$$

其中,R_a 表示用户 a 交互过的所有的物品集合,将其拼接到用户的最后建模中有利于更好地表示用户的偏好。其中,通过定义 infomation_gcn_layer()函数实现用户从交互记录中获得的特征向量,定义 social_gcn_layer()函数实现用户从社交网络中获得的特征向量,定义 paddle.index_select()函数实现用户和物品最终表征向量。代码如图 6-24 所示。

```python
def forward(self, user, item):
    user, item = paddle.to_tensor(user), paddle.to_tensor(item)

    self.init_nodes_feature()

    user_embedding_from_consumed_items = self.infomation_gcn_layer
    (paddle.concat([self.init_user_feature, self.init_item_feature], axis=0))[: self.conf['num_users']]

    first_gcn_user_embedding = self.social_gcn_layer(self.init_user_feature)
    second_gcn_user_embedding = self.social_gcn_layer(self.init_user_feature)

    # get the item embedding
    final_item_embed = paddle.index_select(self.item_embedding.weight + self.init_item_feature, item)

    final_user_embed = paddle.index_select(user_embedding_from_consumed_items + second_gcn_user_embedding, user)

    # predict ratings from user to item
    prediction = paddle.nn.functional.sigmoid(paddle.sum(final_user_embed * final_item_embed, axis=1, keepdim=True))

    return prediction
```

图 6-24　DiffNet 模型核心代码实现

3. 实验

1) 数据集描述

为了验证 DiffNet 模型的有效性,下面在两个社交数据集上展开实验。Yelp 是一个基于位置的在线社交网络,用户通过评论和评分的形式与他们的朋友表达自己的喜好。Flickr 是一个基于信任的在线图像分享平台,用户关注其他用户并将自己的图像偏好分享给关注者,用户通过点赞行为表达他们的偏好。两个数据集的统计信息在表 6-11 中给出。

表 6-11　数据集统计信息

数　据　集	Yelp	Flickr
用户数量	17 237	8358
物品数量	38 342	82 120
隐式反馈数量	143 765	187.273
评分数量	204 448	314 809
隐式反馈稠密度	0.048%	0.268%
评分稠密度	0.031%	0.046%

2）基准方法

为了验证模型的有效性，这里选择了一些基准方法进行对比实验，除了已经介绍过的 BRR、SVD++、FM、GC-MC、PinSage 之外，这里还选用了两个基于社交网络的推荐模型 TrustSVD 和 ContextMF 方法。下面简要介绍这两个方法。

（1）**TrustSVD**[①]：该方法建议在最先进的推荐算法 SVD++ 的基础上，进一步融合社交网络中受信任用户对目标用户的显式和隐式影响。

（2）**ContextMF**[②]：该方法考虑了社交上下文，将用户社交行为动机的社交情景因素融合到社交推荐中，提出了一种新的概率分解方法将用户的个人偏好和社交影响融合到隐空间的特征向量中。

3）实验结果与分析

模型的总体性能分析如表 6-12 所示，它证明了 DiffNet 的有效性和先进性，在两个真实数据集和指标上都展现了最优的性能。对 Yelp 数据集来说，PinSage 模型在基准方法上取得了最优推荐性能，DiffNet 相比于该方法在 HR@10 和 NDCG@10 指标方面分别取得了 13.44％和 13.54％的提升。对 Flickr 数据集来说，ContextMF 模型在基准方法取得了最优推荐性能，DiffNet 相比于该方法在 HR@10 和 NDCG@10 指标方面分别取得了 14.52％和 15.52％的提升。

表 6-12　DiffNet 模型性能分析[③]

数据集 模型	Yelp		Flickr	
	HR@10	NDCG@10	HR@10	NDCG@10
BPR	0.2632	0.1575	0.0851	0.0679
SVD++	0.2831	0.1711	0.1054	0.0852
FM	0.2835	0.1720	0.1233	0.0968
TrustSVD	0.2915	0.1738	0.1427	0.1085
ContextMF	0.3043	0.1818	0.1433	0.1102
GC-MC	0.2937	0.1740	0.1182	0.0956
PinSage	0.3065	0.1868	0.1242	0.0991
DiffNet	**0.3477**	**0.2121**	**0.1641**	**0.1273**
性能提升	13.44％	13.54％	14.52％	15.52％

4. DiffNet 模型特点和局限性

社会化推荐系统是指融合了社交关系的增强型推荐系统，是随着社交网络的普及而发展起来的新型推荐系统。DiffNet 不同于之前的社会化推荐系统，只利用社交网络中固定的邻居来构建用户的表征，而是基于图神经网络设计了一个层级的影响传播结构，建模用户的潜在嵌入表示是如何随着社交传播过程的传播而改变的，不仅提高了推荐的性能，还为社会化推荐提供了一种新的可能，模型的通用性更强。

---

① https://guoguibing.github.io/papers/guo2015trustsvd.pdf
② https://ieeexplore.ieee.org/abstract/document/6714549
③ 实验数据来源于 DiffNet 论文原文：https://dl.acm.org/doi/10.1145/3331184.3331214

6.7.2 AGCN 模型

1. 背景

在个性化推荐过程中,往往注重于物品推荐的性能,却忽略了用户和物品的属性信息。属性信息刻画用户和物品的特性,在用户画像、物品标注等方面有着广泛的应用。由于标注用户(物品)属性需要耗费大量的时间和资源,因此用户和物品的属性信息通常是不完整的,属性值存在缺失。研究发现,用户和物品的属性信息和偏好行为是高度相关的,二者之间可以相互增强提高性能。但是现在的工作往往通过简单的模型将属性推理和物品推荐结合起来,不能达到很好的效果。因此 Wu 等人提出了一种基于自适应图卷积网络的联合属性推理和物品推荐方法 AGCN[34]。

2. 模型原理

如图 6-25 所示,AGCN 的核心在于以下两个步骤。

(1) 图学习模块:根据真实的属性值和推测的属性值来学习图网络参数来获得两个任务上较好的模型性能。

(2) 属性更新模块:将推测的属性值返回到图网络学习模块进行属性更新,以实现更精准的图学习。

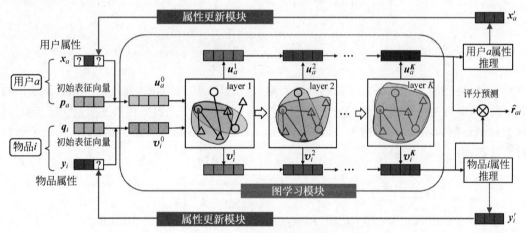

图 6-25   AGCN 模型结构图[①]

1) 图学习模块

图学习模块主要包含两个步骤:特征融合和特征传播。其中,节点特征融合实现多源信息融合,将节点通过协同过滤模型得到的特征向量和属性特征向量融合;特征传播是指堆叠多个图卷积层进行邻居聚合的操作,从而迭代式地将更高阶的节点特征编码到当前节点特征中,以得到更为精准的节点表征。

特征融合的输入为节点的协同特征向量和属性特征向量,经过特征融合层后得到融合后的用户表征向量 $u_a^{l,0}$ 和物品表征向量 $v_i^{l,0}$:

$$u_a^{l,0} = \mathrm{concat}[p_a, x_a^l \times W_u], \quad v_i^{l,0} = \mathrm{concat}[q_i, y_i^l \times W_v] \quad (6.26)$$

---

① https://dl.acm.org/doi/abs/10.1145/3397271.3401144

其中，l 表示当前属性更新次数，p_a 表示用户 a 的协同向量，q_i 表示物品 i 的协同向量，x_a^l 表示用户 a 的属性特征向量，y_i^l 表示物品 i 的属性特征向量，拼接融合函数定义为 concat(·)，可以有效地同时捕捉到用户和物品的协同信息和属性信息。定义 agcn_out() 函数实现节点信息融合，通过 paddle.concat() 函数将协同特征向量与属性特征向量进行拼接，如图 6-26 所示。

```python
def agcn_out(self, item_attri_missing):
    '''
    输入: 当前的属性值
    输出: 通过AGCN之后的用户/产品embeddings
    '''
    attri_item_emb = paddle.matmul(item_attri_missing, self.item_trans_w.weight) + self.item_trans_b.weight
    user_emb_layer0 = paddle.concat([self.latent_user_emb.weight, self.attri_user_emb.weight], 1)
    item_emb_layer0 = paddle.concat([self.latent_item_emb.weight, attri_item_emb], 1)
    all_users, all_items = self.agcn(self.Graph, user_emb_layer0, item_emb_layer0)
    return all_users, all_items
```

图 6-26　AGCN 特征融合代码实现

如 6-25 的中间部分所示，模型堆叠多个图卷积层来建模节点的特征传播过程。假设用户 a 和物品 i 在第 k 个图卷积层输出的用户特征向量和物品特征向量分别为 u_a^k 和 v_i^k，那么在第 $k+1$ 个卷积层的输出结果可以描述为

$$\begin{cases} u_a^{l,k+1} = \left(u_a^{l,k} + \sum_{j \in R_a} \frac{v_j^{l,k}}{|R_a|}\right) \times W^{k+1} \\ v_i^{l,k+1} = \left(v_i^{l,k} + \sum_{b \in S_i} \frac{u_b^{l,k}}{|S_i|}\right) \times W^{k+1} \end{cases} \quad (6.27)$$

其中，可以将当前节点的邻居表征融合到当前节点的下一层表征中，通过多个图卷积层的迭代，可以捕捉到更高阶的协同信息。类 AGCNConv() 定义了节点特征传播过程，其中，_init_() 函数初始化图卷积层参数，通过 paddle.stack() 函数和 paddle.mean() 函数聚合邻居节点特征。代码如图 6-27 所示。

```python
class AGCNConv(nn.Layer):
    def __init__(self, n_layers):
        super(AGCNonv, self).__init__()
        self.n_layers = n_layers
    def forward(self, graph, user_feature, item_feature):
        '''
        AGCN propagation, return last layer as final embedding
        '''
        norm = GF.degree_norm(graph)
        feature = paddle.concat([user_feature, item_feature])
        embs = [feature]

        for layer in range(self.n_layers):
            feature = embs[-1] * norm
            agg_message = graph.send_recv(feature, 'sum')
            out = agg_message * norm #+ embs[-1]
            embs.append(out)
        embs = paddle.stack(embs, axis=1)
        agcn_out = paddle.mean(embs, axis=1)
        users, items = paddle.split(agcn_out, [user_feature.shape[0], item_feature.shape[0]])
        return users, items
```

图 6-27　AGCN 节点特征传播代码实现

2）属性更新模块

属性更新模块主要包含两个步骤：评分预测和属性推荐。其中，**评分预测**是指根据图

卷积网络输出的节点表征进行属性推理和评分预测；属性更新是指将预测的缺失属性值返回到图卷积网络学习中的特征融合层，进行下一次迭代学习，直到模型在两个任务都达到了较好的性能。

通过图卷积学习的过程可以得到用户 a 和物品 i 在第 K 个特征传播层输出的节点表征 $\boldsymbol{u}_a^{l,K}$ 和 $\boldsymbol{v}_i^{l,K}$。根据学习到的用户表征向量 $\boldsymbol{u}_a^{l,K}$ 和物品表征向量 $\boldsymbol{v}_i^{l,K}$，可以计算用户 a 对物品 i 的预测评分 $\hat{r}_{ai}$ 和属性推理过程：

$$\hat{r}_{ai} = <\boldsymbol{u}_a^{l,K}, \boldsymbol{v}_i^{l,K}> \tag{6.28}$$

$$\begin{cases} \hat{x}_a = \text{softmax}(\boldsymbol{u}_a^{l,K} \times \boldsymbol{W}_x) \\ \hat{y}_a = \text{softmax}(\boldsymbol{v}_a^{l,K} \times \boldsymbol{W}_y) \end{cases} \tag{6.29}$$

根据上面的公式，可以预测出全部用户的属性矩阵 $\hat{\boldsymbol{X}}$ 和全部物品的属性矩阵 $\hat{\boldsymbol{Y}}$。接下来根据推理的属性结果，对用户和物品属性缺失的部分进行填充，对于已知的属性值则保持不变。因此，第 $l+1$ 次属性更新的过程如下：

$$\begin{cases} \boldsymbol{X}^{l+1} = \boldsymbol{X}^l \cdot \boldsymbol{A}^X + \hat{\boldsymbol{X}} \cdot (\boldsymbol{I}^X - \boldsymbol{A}^X) \\ \boldsymbol{Y}^{l+1} = \boldsymbol{Y}^l \cdot \boldsymbol{A}^Y + \hat{\boldsymbol{Y}} \cdot (\boldsymbol{I}^Y - \boldsymbol{A}^Y) \end{cases} \tag{6.30}$$

其中，$\boldsymbol{I}^X \in \mathbb{R}^{d_x \times M}$ 和 $\boldsymbol{I}^Y \in \mathbb{R}^{d_y \times N}$ 是元素值全部为 1 的矩阵。更新后的用户属性矩阵 $\boldsymbol{X}^{l+1}$ 和物品属性矩阵 $\boldsymbol{Y}^{l+1}$ 将送到图学习模型进行第 $l+1$ 次模型训练迭代过程。模型重复图学习模块和属性更新模块学习，直到在属性推理和物品推荐两个任务上分别收敛，如图 6-28 所示。

```python
def infer_attributes(self,cur_attributes):
    '''
    输入：当前属性值
    输出：推理的缺失属性
    '''
    missing_label1 = paddle.to_tensor(np.array(self.dataset.missing_label1_list))
    missing_label2 = paddle.to_tensor(np.array(self.dataset.missing_label2_list))
    missing_label3 = paddle.to_tensor(np.array(self.dataset.missing_label3_list))
    all_users, all_items = self.agcn_out(cur_attributes)   #获得agcn输出的embeddings
    item_vector_1 = paddle.index_select(all_items, missing_label1)
    item_vector_2 = paddle.index_select(all_items, missing_label2)
    item_vector_3 = paddle.index_select(all_items, missing_label3)
    attribute_1 = self.activate(paddle.matmul(item_vector_1, self.attri_infer_w.weight) + self.attri_infer_b.weight)
    attribute_2 = self.activate(paddle.matmul(item_vector_2, self.attri_infer_w.weight) + self.attri_infer_b.weight)
    attribute_3 = self.activate(paddle.matmul(item_vector_3, self.attri_infer_w.weight) + self.attri_infer_b.weight)
    a1, a2, a3 = paddle.split(attribute_1, [14,52,10], axis=1)
    b1, b2, b3 = paddle.split(attribute_2, [14,52,10], axis=1)
    c1, c2, c3 = paddle.split(attribute_3, [14,52,10], axis=1)
    label1_infer, label2_infer, label3_infer = a1, b2, c3
    return label1_infer.numpy(), label2_infer.numpy(), label3_infer.numpy()
```

图 6-28　属性推理过程代码

3）模型优化

AGCN 模型同时进行了物品推荐和属性推理两个任务的学习，因此模型的优化目标主要由两部分组成：物品推荐损失函数 L_r 以及属性推理损失函数 L_a：

$$\text{argmin}_\theta L = L_r + \gamma L_a \tag{6.31}$$

其中，物品推荐损失函数使用的是常用的 BPR 损失：

$$\text{argmin}_{\theta_r} L_r = \sum_{a=0}^{M-1} \sum_{(i,j) \in D_a} -\ln\sigma(\hat{r}_{ai} - \hat{r}_{aj}) + \lambda \parallel \theta_1 \parallel^2 \tag{6.32}$$

属性推理损失函数使用交叉熵损失函数来计算推理属性和真实属性之间的误差。

$$\operatorname{argmin}_{\theta_a} L_a = \sum_{j=0}^{M-1} \sum_{i=0}^{d_x-1} -x_{ij} \log \hat{x}_{ij} a_{ij}^X + \sum_{j=0}^{N-1} \sum_{i=0}^{d_y-1} -y_{ij} \log \hat{y}_{ij} a_{ij}^Y \tag{6.33}$$

其中,θ 表示模型中的可训练参数,γ 用来平衡两个任务的损失函数权重。定义 get_loss() 函数实现损失函数,如图 6-29 所示。

```python
def get_loss(self, cur_attributes, u_input, i_input, j_input):
    '''
    输入: 当前属性值以及训练三元组:[u,i,j]
    输出: loss
    '''
    all_users, all_items = self.agcn_out(cur_attributes)  # 获得agcn输出的embeddings

    #bpr loss
    batch_user_emb = paddle.index_select(all_users, u_input)
    batch_pos_emb = paddle.index_select(all_items, i_input)
    batch_neg_emb = paddle.index_select(all_items, j_input)
    pos_scores = paddle.sum(paddle.multiply(batch_user_emb, batch_pos_emb), axis=1)
    neg_scores = paddle.sum(paddle.multiply(batch_user_emb, batch_neg_emb), axis=1)
    bpr_loss = paddle.mean(paddle.nn.functional.softplus(neg_scores - pos_scores))
    reg_loss = (1/2)*(batch_user_emb.norm(2).pow(2) + batch_pos_emb.norm(2).pow(2) + \
                batch_neg_emb.norm(2).pow(2))/float(len(batch_user_emb))
#       pdb.set_trace()
    rating_loss = bpr_loss + self.lamda * reg_loss

    #attribute infer loss
    item_vector_1 = paddle.index_select(all_items, self.label1_id)
    item_vector_2 = paddle.index_select(all_items, self.label2_id)
    item_vector_3 = paddle.index_select(all_items, self.label3_id)
    attribute_1 = self.activate(paddle.matmul(item_vector_1, self.attri_infer_w.weight) + self.attri_infer_b.weight)
    attribute_2 = self.activate(paddle.matmul(item_vector_2, self.attri_infer_w.weight) + self.attri_infer_b.weight)
    attribute_3 = self.activate(paddle.matmul(item_vector_3, self.attri_infer_w.weight) + self.attri_infer_b.weight)
    a1, a2, a3 = paddle.split(attribute_1, [14,52,10], axis=1)
    b1, b2, b3 = paddle.split(attribute_2, [14,52,10], axis=1)
    c1, c2, c3 = paddle.split(attribute_3, [14,52,10], axis=1)
    label1_infer, label2_infer, label3_infer = a1, b2, c3
    label1_loss = paddle.nn.functional.softmax_with_cross_entropy(logits=label1_infer, label=self.label1_gt, soft_label=True)
    label2_loss = paddle.nn.functional.softmax_with_cross_entropy(logits=label2_infer, label=self.label2_gt, soft_label=True)
    label3_loss = paddle.nn.functional.softmax_with_cross_entropy(logits=label3_infer, label=self.label3_gt, soft_label=True)
    infer_loss = paddle.mean(label1_loss) + paddle.mean(label2_loss) + paddle.mean(label3_loss)
    all_loss = rating_loss + self.beta*infer_loss
    return all_loss, bpr_loss, reg_loss, infer_loss
```

图 6-29　损失函数部分代码

3. 实验

1)数据集设置

为了验证 AGCN 模型的有效性,下面在 MovieLens-1M 数据集上展开实验,MovieLens-1M 是一个流行的电影推荐数据集,包含 6040 个用户对 3952 部电影的评分记录(1～5 分)。此外,该数据集还带有丰富的用户属性:性别、年龄和职业。由于原始数据集十分稠密,并不符合大部分的推荐场景,因此在数据预处理过程中,仅保留评分等于 5 分的评分记录。由于用户的三个属性都是单标签,采用独热编码的方式对用户属性进行编码。

2)基准方法

为了验证模型的有效性,这里选择了一些基准方法进行对比实验。除了已经介绍过的 BPR、FM、NGCF 模型,这里还选用了联合训练模型 BLA 和对 NGCF 进行属性信息的改进方法 PinNGCF 作为基准方法,下面对这两个模型进行简要的介绍。

(1)**PinNGCF**:该模型建立在 NGCF 的基础上,结合属性信息提出的对比方法,可以看成 NGCF 的扩展。其中,图节点表征由协同向量和属性向量两部分组成,图卷积过程和

NGCF 保持一致。

（2）**BLA**[36]：该模型是一个联合训练模型，用于实现社交图上的链接预测和节点分类。作者将该方法迁移到用户-物品二部图上，以完成用户和物品节点属性推理和物品预测任务。

3）实验结果与分析

模型的总体性能分析如表 6-13 所示，证明了 AGCN 的有效性和先进性，在 MovieLens-1M 数据集的所有指标上都展现了最优的推荐性能。与 BPR 方法相比，AGCN 在 HR@10 和 NDCG@10 指标上都实现了最佳性能，获得了 9.39% 和 8.51% 的相对改进。

表 6-13 AGCN 总体性能分析①

模 型	HR@10	NDCG@10	HR@20	NDCG@20
BPR	0.2076	0.1903	0.2801	0.2166
FM	0.2151	0.1953	0.2871	0.2211
BLA	0.2126	0.1952	0.2866	0.2214
NGCF	0.2211	0.2006	0.2953	0.2275
PinNGCF	0.2207	0.2014	0.2935	0.2274
AGCN	**0.2261**	**0.2065**	**0.3004**	**0.2327**
性能提升	**9.39%**	**8.51%**	**7.25%**	**7.43%**

4. 模型总结

针对推荐系统中存在属性缺失的问题，AGCN 设计了一个自适应图卷积模型来实现属性推理和物品推荐的多任务学习。该方法首先通过构造带有节点属性二部图的方式，将已知的评分信息和属性信息融合在一起，然后堆叠多个图卷积层捕捉节点之间的高阶协同关系以获得更好的节点表征。

AGCN 可以根据学习的节点表征对该节点属性进行预测，进而根据预测后的属性值进行图网络参数更新，以便提供弱监督信息来提高推荐性能。此外，AGCN 有着很好的扩展性，可以结合最先进的图学习方法来获得更好的节点表征提高模型性能。

AGCN 模型同时存在局限性。首先，属性推理和物品推荐任务之间的关联性较为薄弱，对节点表征并未做后续处理以应对不同的预测任务。其次，属性推理的准确性极大程度上影响了模型的推荐性能，对于预测的属性值缺乏置信度判断。

6.8 本章小结

本章从推荐系统的挑战——数据稀疏问题和冷启动问题开始，引入深度学习在推荐任务上的优势，分析了深度学习在推荐系统上应用的两个关键步骤——表征学习和交互建模，随后在 6.2 节给出了不同推荐系统算法的分类总结。从 6.3 节~6.7 节，本章为读者详细介绍了有代表性的深度学习推荐模型，包括模型的背景介绍、模型原理及基于 PaddlePaddle 的代码实现和模型总结。

---

① https://dl.acm.org/doi/abs/10.1145/3397271.3401144

参考文献

［1］　Xue H J，Dai X，Zhang J，et al. Deep Matrix Factorization Models for Recommender Systems［C］// IJCAI. 2017，17：3203-3209.

［2］　Feng X，Xiangnan H，Xiang W，et al. Deep Item-based Collaborative Filtering for Top-N Recommendation. ACM Transactions on Information Systems（TOIS），2019，37，3：1-25.

［3］　He X，Liao L，Zhang H，et al. Neural collaborative filtering［C］//Proceedings of the 26th international conference on World Wide Web. 2017：173-182.

［4］　Friedman J H. The elements of statistical learning：Data mining，inference，and prediction［M］. Springer Open，2017.

［5］　Kramer M A. Nonlinear principal component analysis using autoassociative neural networks［J］. AICHE journal，1991，37（2）：233-243.

［6］　Goodfellow I，Bengio Y，Courville A. Deep learning［M］. MIT Press，2016.

［7］　Schmidhuber J. Habilitation thesis：System modeling and optimization［J］. Page 150 ff demonstrates credit assignment across the equivalent of 1，200 layers in an unfolded RNN，1993.

［8］　Hochreiter S，Schmidhuber J. Long short-term memory［J］. Neural computation，1997，9（8）：1735-1780.

［9］　Scarselli F，Gori M，Tsoi A C，et al. The graph neural network model［J］. IEEE transactions on neural networks，2008，20（1）：61-80.

［10］　Wu L，He X，Wang X，et al. A Survey on Neural Recommendation：From Collaborative Filtering to Content and Context Enriched Recommendation［J］. arXiv preprint arXiv：2104. 13030，2021.

［11］　Hsieh C K，Yang L，Cui Y，et al. Collaborative metric learning［C］//Proceedings of the 26th international conference on World Wide Web. 2017：193-201.

［12］　Tay Y，Anh Tuan L，Hui S C. Latent relational metric learning via memory-based attention for collaborative ranking［C］//Proceedings of the 2018 World Wide Web Conference. 2018：729-739.

［13］　He X，Du X，Wang X，et al. Outer product-based neural collaborative filtering［J］. arXiv preprint arXiv：1808. 03912，2018.

［14］　Sedhain S，Menon A K，Sanner S，et al. Autorec：Autoencoders meet collaborative filtering［C］// Proceedings of the 24th international conference on World Wide Web. 2015：111-112.

［15］　Rendle S，Freudenthaler C，Gantner Z，et al. BPR：Bayesian personalized ranking from implicit feedback［J］. arXiv preprint arXiv：1205. 2618，2012.

［16］　Mnih A，Salakhutdinov R R. Probabilistic matrix factorization［C］//Advances in neural information processing systems. 2008：1257-1264.

［17］　Wu Y，DuBois C，Zheng A X，et al. Collaborative denoising auto-encoders for top-n recommender systems［C］//Proceedings of the ninth ACM International Conference on web search and data mining. 2016：153-162.

［18］　Campos P N，Jiménez A S M. Attentive Collaborative Filtering：Multimedia Recommendation with Item-and Component-Level Attention［J］. 2018.

［19］　He X，He Z，Song J，et al. Nais：Neural attentive item similarity model for recommendation［J］. IEEE Transactions on Knowledge and Data Engineering，2018，30（12）：2354-2366.

［20］　Wang X，He X，Wang M，et al. Neural graph collaborative filtering［C］//Proceedings of the 42nd international ACM SIGIR conference on Research and development in Information Retrieval. 2019：165-174.

［21］　Chen L，Wu L，Hong R，et al. Revisiting graph based collaborative filtering：A linear residual graph convolutional network approach[C]//Proceedings of the AAAI conference on artificial intelligence. 2020,34(01): 27-34.

[22]　He X, Deng K, Wang X, et al. Lightgcn: Simplifying and powering graph convolution network for recommendation[C]//Proceedings of the 43rd International ACM SIGIR conference on research and development in Information Retrieval. 2020: 639-648.

[23]　He X, Zhang H, Kan M Y, et al. Fast matrix factorization for online recommendation with implicit feedback[C]//Proceedings of the 39th International ACM SIGIR conference on Research and Development in Information Retrieval. 2016: 549-558.

[24]　Sarwar B, Karypis G, Konstan J, et al. Item-based collaborative filtering recommendation algorithms [C]//Proceedings of the 10th international conference on World Wide Web. ACM, 2001: 285-295.

[25]　He X, Chen T, Kan M Y, et al. Trirank: Review-aware explainable recommendation bymodeling aspects[C]//Proceedings of the 24th ACM International on Conference on Information and Knowledge Management. ACM, 2015: 1661-1670.

[26]　Kabbur S, Ning X, Karypis G. Fism: factored item similarity models for top-n recommender systems [C]//Proceedings of the 19th ACM SIGKDD international conference on Knowledge discovery and data mining. ACM, 2013: 659-667.

[27]　Guo G, Zhang J, Sun Z, et al. LibRec: A Java Library for Recommender Systems[C]//UMAP Workshops. 2015,4.

[28]　Deshpande M, Karypis G. Item-based top-n recommendation algorithms[J]. ACM Transactions on Information Systems (TOIS), 2004,22(1): 143-177.

[29]　Berg R, Kipf T N, Welling M. Graph convolutional matrix completion[J]. arXiv preprint arXiv: 1706.02263, 2017.

[30]　Ying R, He R, Chen K, et al. Graph convolutional neural networks for web-scale recommender systems[C]//Proceedings of the 24th ACM SIGKDD International Conference on Knowledge Discovery & Data Mining. 2018: 974-983.

[31]　Ebesu T, Shen B, Fang Y. Collaborative memory network for recommendation systems[C]//The 41st international ACM SIGIR conference on research & development in information retrieval. 2018: 515-524.

[32]　Yang J H, Chen C M, Wang C J, et al. HOP-rec: high-order proximity for implicit recommendation [C]//Proceedings of the 12th ACM Conference on Recommender Systems. 2018: 140-144.

[33]　Wu L, Sun P, Fu Y, et al. A neural influence diffusion model for social recommendation[C]// Proceedings of the 42nd international ACM SIGIR conference on research and development in information retrieval. 2019: 235-244.

[34]　Wu L, Yang Y, Zhang K, et al. Joint item recommendation and attribute inference: An adaptive graph convolutional network approach[C]//Proceedings of the 43rd International ACM SIGIR Conference on Research and Development in Information Retrieval. 2020: 679-688.

[35]　Ta A P. Factorization machines with follow-the-regularized-leader for CTR prediction in display advertising[C]//2015 IEEE International Conference on Big Data (Big Data). IEEE, 2015: 2889-2891.

[36]　Yang C, Zhong L, Li L J, et al. Bi-directional joint inference for user links and attributeson large social graphs [C]//Proceedings of the 26th International Conference on World Wide Web Companion. 2017: 564-573.

第7章

一个简易的推荐系统

在前面的章节中,讲解了推荐系统领域里的相关理论和算法,分析了多种推荐算法的思路、特征和优缺点,而推荐系统是一门应用型技术,有了理论的支撑,更重要的是如何将智能化的推荐算法内置到拥有较大数据体量的电商、资讯等系统中,通过提供在线的个性化推荐服务,来帮助系统用户更好、更快地发现感兴趣的物品,同时也能帮助平台提供商带来更多的点击率和销售额。因此,在这一章中,会基于前面所讲解的知识,从零搭建一个简易的电影推荐系统,将推荐系统的理论与实践相结合,从而让读者更好地感受推荐系统的作用。

经过百度飞桨官方授权,本章所采用的推荐思路、算法和案例主要来源于百度飞桨官方教程[①],利用百度飞桨 PaddlePaddle 深度学习框架构建一个神经网络推荐模型,将训练后的模型二次封装,搭建一个可视化的在线电影推荐网站,让读者更清晰地感受一个简易的推荐系统能发挥的效果和作用。

7.1 简易推荐系统需求描述

在第 1 章对推荐系统的概述中,提到过推荐系统的总体流程,一般可以分为信息收集、模型训练、预测推荐三个阶段。信息收集阶段需要尽可能多地获取用户信息、物品信息以及最重要的交互数据,经过一定的数据清洗、过滤等步骤,得到能用于训练智能推荐模型的数据集,然后根据算法的输入参数需要,设计合适的特征工程,将数据集不同的或连续或离散的各种数据转换为模型可以使用的特征。模型训练阶段负责利用前一步骤生成的特征和交互数据,离线训练出各种推荐模型,并采用一定的文件格式保存好训练的模型参数,以供在线推荐阶段能快速得到结果。预测推荐阶段就是最终面向用户的阶段,需要根据具体应用场景提供推荐接口,当用户在线访问推荐系统时,迅速地得到个性化的推荐列表,发送到系统前端进行渲染。

7.1.1 数据集准备

麻雀虽小五脏俱全,虽然这里只是一个用作示例的简易推荐系统,还是会尽可能按照上述三个步骤进行处理。因此,第一步需要获取一定量的数据。在真实的系统开发中,一开始并没有用户数据和交互数据,通常只有自己系统所提供的物品数据,这属于推荐系统的冷启动问题的一种(第 8 章会着重对推荐系统里的各种问题进行讲解)。一般在开发个性化推荐

---

① https://www.paddlepaddle.org.cn/tutorials/projectdetail/2166620

功能之前,只能利用非个性化推荐先收集一些用户数据和交互数据,等这些数据量足够时,再使用合适的推荐算法训练个性化推荐模型并部署到业务系统中。在本章的案例中,主要目的是展现个性化推荐,不涉及其他复杂的业务,因此没有前置的收集数据功能,读者可以使用爬虫软件自行爬取一些类似于电影评论网站中的数据,但由于交互数据存在一定的隐私性,并且出于数据的真实性和有效性考虑,最好是使用一些推荐系统领域的公开数据集。本章选择使用 GroupLens 组织提供的 MovieLens-1M① 数据集,这是该组织在 MovieLens 电影网站上收集的电影评分数据集,在前面介绍推荐算法的章节里,也大量使用了该组织提供的相关数据集对算法的性能进行验证测试,它包含 6000 多位用户对近 3900 个电影的共 100 万条评分数据,评分为 1~5 的整数,其中每个电影的评分数据至少有 20 条。

得到了数据集后,需要针对数据集中已有的各类数据设计特征工程,选用适合当前数据体量和系统环境的推荐算法,将数据集中的各种属性转换为向量化的特征,配合协同过滤方法进行推荐。下载的 MovieLens-1M 数据集中一共包含三个数据文件,分别为用户数据 users.dat、电影数据 movies.dat 和交互数据 ratings.dat。

(1)首先来看一下用户数据,用户数据的格式如图 7-1 所示,它一共包含五栏数据,分别是用户 ID、性别、年龄、职业和压缩码,其中前四栏数据是推荐系统可以利用的特征属性。数据集中的某些属性经过了一定程度的映射处理,映射后的值表示一种编号,不具备真实含义,是对该属性某一类别的指代。完整的用户数据映射关系如图 7-2 所示。为了隐私考虑,所有的用户都没有用真实姓名,全部使用 ID 来指代某个用户,用户 ID 从 1 开始计数,每一个 ID 都唯一映射了某个用户;用户的性别是二分类的数据,因此数据集中简单地使用 M 代表男性,F 代

```
1::F::1::10::48067
2::M::56::16::70072
3::M::25::15::55117
4::M::45::7::02460
5::M::25::20::55455
6::F::50::9::55117
7::M::35::1::06810
8::M::25::12::11413
9::M::25::17::61614
10::F::35::1::95370
```

图 7-1 用户数据 user.dat
截取片段

表女性;年龄属性一共被分成了七类,每一类表示了一个年龄的范围,并且使用该范围的下限数字作为映射后的编号值,当然这里也可以自行将其转换为连续的 1~7 的编号;该数据集中用户职业一共包含 20 个具体职业,在这 20 类之外的职业统一用"其他"来代替,因此一共分成了 21 类,数据集使用 0~21 的数字分别代表这 21 类的编号;压缩码表示的是用户所在地的邮政编码,我们的简易推荐系统示例没有将该属性纳入考虑。

(2)其次是物品,也就是电影数据,电影数据 movies.dat 的结构如图 7-3 所示,一共包含三栏数据,按照先后顺序分别为电影 ID、电影标题、电影类别。与用户数据不同,数据集本身没有对 ID 之外的其他数据进行映射,而是直接记录了原始的文本信息,各个数据对应的关系如图 7-4 所示。电影的 ID 属性和用户 ID 类似,都是使用编号来唯一指代一部电影;电影的标题同时包含每部电影的名称和上映时间,名称属于文本类信息,若想要将文本类信息运用到推荐中,需要将文本转换为向量,在本章后续部分对数据集进行处理时,会详细介绍如何抽取出标题的名称并生成对应标题的向量;电影类别属性是一个列表,因为一部电影可能同时属于多个类别,数据中使用竖线将一部电影的多个类别隔开,从数据示例中可以看出,完整的类别包含"动作类""冒险类""动画类"等多种类别,在数据集处理部分也会详细讲解如何对这种特征进行处理。

---

① https://grouplens.org/datasets/movielens/1m/

数据类别	数据说明	数据示例
UserID	每个用户的数字代号	1、2、3等序号
Gender	F表示女性，M表示男性	F或M
Age	用数字表示各个年龄段	• 1: "Under 18" • 18: "18-24" • 25: "25-34" • 35: "35-44" • 45: "45-49" • 50: "50-55" • 56: "56+"
Occupation	用数字表示不同职业	• 0: "other" or not specified • 1: "academic/educator" • 2: "artist" • 3: "clerical/admin" • 4: "college/grad student" • 5: "customer service" • 6: "doctor/health care" • 7: "executive/managerial" • 8: "farmer" • 9: "homemaker" • 10: "K-12 student" • 11: "lawyer" • 12: "programmer" • 13: "retired" • 14: "sales/marketing" • 15: "scientist" • 16: "self-employed" • 17: "technician/engineer" • 18: "tradesman/craftsman" • 19: "unemployed" • 20: "writer"

图 7-2　用户数据映射关系图

```
1  1::Toy Story (1995)::Animation|Children's|Comedy
2  2::Jumanji (1995)::Adventure|Children's|Fantasy
3  3::Grumpier Old Men (1995)::Comedy|Romance
4  4::Waiting to Exhale (1995)::Comedy|Drama
5  5::Father of the Bride Part II (1995)::Comedy
6  6::Heat (1995)::Action|Crime|Thriller
7  7::Sabrina (1995)::Comedy|Romance
8  8::Tom and Huck (1995)::Adventure|Children's
9  9::Sudden Death (1995)::Action
10 10::GoldenEye (1995)::Action|Adventure|Thriller
11 11::American President, The (1995)::Comedy|Drama|Romance
12 12::Dracula: Dead and Loving It (1995)::Comedy|Horror
13 13::Balto (1995)::Animation|Children's
14 14::Nixon (1995)::Drama
15 15::Cutthroat Island (1995)::Action|Adventure|Romance
```

图 7-3　电影数据 movies.dat 截取片段

数据类别	数据说明	数据示例
MovieID	每个电影的数字代号	1、2、3等序号
Title	每个电影的名字和首映时间	比如：Toy Story (1995)
Genres	电影的种类，每个电影不止一个类别，不同类别以 ｜ 隔开	比如：Animation|Children's|Comedy 包含的类别有：【Action, Adventure, Animation, Children's, Comedy, Crime, Documentary, Drama, Fantasy, Film-Noir, Horror, Musical, Mystery, Romance, Sci-Fi, Thriller, War, Western】

图 7-4　电影数据映射关系图

（3）最后来看一下评分数据。评分数据 ratings. dat 的结构如图 7-5 所示，包含四栏数据，分别代表用户 ID、电影 ID、该组评分值、打分时间戳。通过前三栏记录，可以唯一地确定某个用户对某部电影的评分，而最后一栏时间戳数据通常可以用于基于时序的推荐任务，或者用于捕获用户一定时间内的兴趣，在本次实验中没有用到该栏属性。

```
1   1::1193::5::978300760
2   1::661::3::978302109
3   1::914::3::978301968
4   1::3408::4::978300275
5   1::2355::5::978824291
6   1::1197::3::978302268
7   1::1287::5::978302039
8   1::2804::5::978300719
9   1::594::4::978302268
10  1::919::4::978301368
```

图 7-5　评分数据 ratings. dat
截取片段

可以看到，除了基本的交互数据和 ID 信息以外，MovieLens 数据集中还包含许多的额外信息，例如，用户的年龄、职业，电影的标题、类别等，可以将其作为辅助信息加入推荐系统中。从前面给出的样例数据和分析里，可以总结出以下三类特征。

（1）ID 类特征：UserID、MovieID、Gender、Age、Occupation，这些特征的内容都是 ID 值，前两个 ID 分别将数据映射到具体用户和电影，后三个 ID 会将数据映射到具体的某种分类。

（2）列表类特征：Genres，每个电影有多个类别标签。对于这种特征可以将电影的类别编号，使用数字 ID 替换原始类别，特征内容是对应几个 ID 值的列表，再将 ID 值列表转换为向量。

（3）文本类特征：Title，它的内容是一段英文文本，对于这种离散的文本属性信息，可以使用自然语言处理领域的方法，将其转换为向量表示，从而方便融入整体的推荐模型中，在 7.2 节中会详细介绍如何处理这里离散的属性信息，将其转换为推荐可以利用的数据。

7.1.2　推荐模型准备

数据处理完后，就会进入模型训练环节，首先需要选择一个合适的推荐模型。针对准备好的数据集，如果能将用户的原始特征转变成一种代表用户喜好的特征向量，将电影的原始特征转变成一种代表电影特性的特征向量，那么，我们计算两个向量的相似度，就可以表示该用户对当前电影的喜欢程度。在 4.1.3 节中介绍过推荐系统中 Point-Wise 损失函数和 Pair-Wise 损失函数，由于 MovieLens 数据集中原始的交互数据为显式评分数据，方便起见，可以使用 Point-Wise 损失函数，建模模型计算得到相似度作为预测评分与真实评分之间的差距。这种模型设计的核心是要确保两个特征向量的有效性，它们会决定推荐的效果。

那么如何获取两种有效代表用户和电影的特征向量？首先，需要明确什么是"有效"，对于用户评分较高的电影，我们认为电影所具有的各种特性应该比较符合用户的喜好特征，表现在模型中就是电影的特征向量和用户的特征向量应该高度相似，反之则相异。我们已经获得大量评分样本，因此可以构建一个训练模型，如图 7-6 所示，根据用户对电影的评分样本，学习出用户特征向量和电影特征向量的计算方案。

整个过程分为以下三部分。

（1）特征变换，将原始特征集合变换为两个特征向量。

（2）计算向量相似度，为确保结果与电影评分可比较，两个特征向量的相似度从 0～1 放大 5 倍到 0～5。

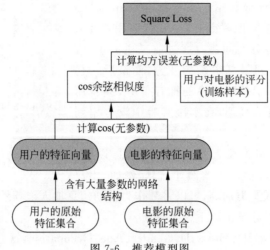

图 7-6　推荐模型图

（3）计算损失，计算缩放后的相似度与用户对电影的真实评分的"均方误差"。基于这种分析，大致可以将推荐模型的网络初步设计为如图 7-7 所示的结构，要做的是将每个原始特征转变成 Embedding 表示，再合并成一个用户特征向量和一个电影特征向量，从而可以计算两个特征向量的相似度，再与训练样本即已知的用户对电影的评分做损失计算。

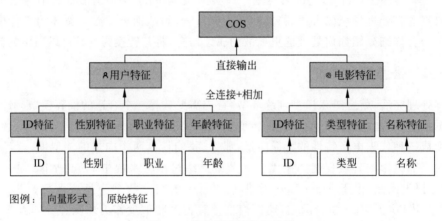

图 7-7　推荐模型网络结构图

通过不断地迭代训练模型，最终会得到多个收敛的参数矩阵，每个用户、每部电影的特征向量都可以通过 ID 在矩阵中找到。而在真实的推荐应用中，不会每次生成推荐都经历耗时的训练环节，为了快速生成推荐结果，需要在模型训练完成后，将模型得到的用户隐向量矩阵和物品隐向量矩阵参数保存下来，从而在提供推荐服务时，能够快速得到特征向量并计算预测值。

7.1.3　构建在线推荐接口

在模型训练及保存完成后，基本就完成了推荐系统上线所需要进行的准备工作，接下来就可以根据应用需要，设计一些推荐的思路，封装成接口提供给其他业务模块调用。一般而言，存在两种主要的推荐应用场景：首页推荐、相关推荐。首页推荐是用户登录账户后，进入到系统的首页,此时推荐系统需要根据用户的 ID 查找到用户画像,调用后端的推荐服务为用户生成推荐列表并返回给前端页面渲染针对当前用户的个性化首页展示结果。第二个应用场景是相关推荐,即当用户进入某个物品的详细界面时,表明用户可能对该物品感兴趣,那么可以提供一组与当前物品类似或有关联的物品,让用户快速地接触到它们。

由于我们的模型是针对评分数据来构建的,模型的输出值是一个评分值而不是具体的物品列表,因此对于推荐结果的生成需要一定的转换,推荐服务可以如此构建:假如给用户 A 进行首页推荐,可以计算电影库中"每一个电影的特征向量"与"用户 A 的特征向量"的余弦相似度,作为用户对全部电影的预测评分,再根据预测值从高到低排序电影库,取前 K 部电影推荐给用户 A,推荐算法流程图如图 7-8 所示。

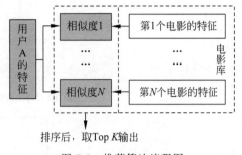

图 7-8   推荐算法流程图

针对相关推荐的场景,也可以设计类似的一个简单推荐思路,要做的就是把用户 A 的特征向量替换成具体某个电影的特征向量,这部电影是我们要进行相关推荐的目标,计算目标电影和电影库中其他所有电影的余弦相似度,并根据相似性对电影库进行排序,从而得到与目标电影最相似的前 K 部电影推荐给用户。

7.2   数据集处理

7.1 节中,把 MovieLens 数据集里包含的用户信息、物品信息以及它们之间的交互信息进行了汇总,在将数据输入到模型进行训练之前,还需要对这些数据进行一定的预处理,把目前人脑容易理解的数据转换为机器容易理解的形式,一般是向量形式。需要将 7.1 节里的三个数据文件中的记录导入到内存中,经过一定的处理得到推荐模型能利用的形式,然后以 Python 语言的字典形式保存,划分出训练集和验证集,最后封装成一个统一的数据加载工具,以供下一步模型直接调用。本章采用 Python 实现,深度学习框架采用百度的 PaddlePaddle 搭建网络模型。数据集的处理制作流程如图 7-9 所示,整个过程可以划分为 4 部分:①读取用户数据,存储到字典;②读取电影数据,存储到字典;③读取评分数据,存储到字典;④将各个字典中的数据拼接,形成数据读取器,生成迭代器,每次提供一个批次的数据。

7.2.1   用户数据处理

首先是用户数据的处理,在 7.1 节中已经提到 MovieLens 数据集中用户数据记录中包含四类数据:用户 ID、性别、年龄、职业,并且原始数据集中对各个属性都进行了离散值映射,其中,ID 和年龄的映射比较好理解,年龄和职业的映射相对复杂,这里再展示一下年龄和职业属性中数据的映射关系,如图 7-10 所示。根据映射关系,可以知道用户数据中的第一条记录"1::F::1::10::48067"表示的是 ID 为 1 的用户,性别为女,年龄在 18 岁以下,职业 10 表示她是一位学生。

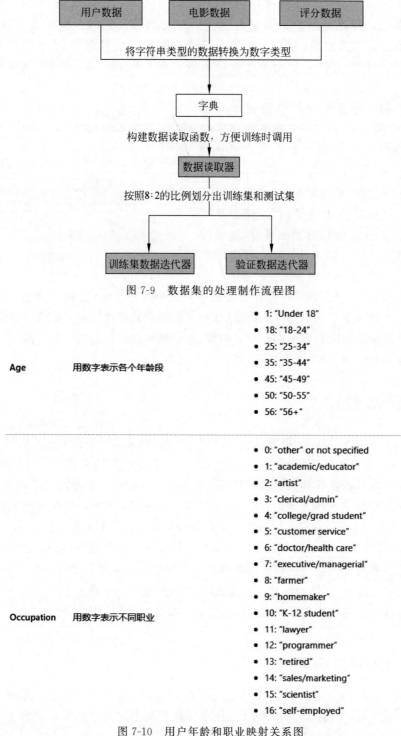

图 7-9　数据集的处理制作流程图

Age　用数字表示各个年龄段

- 1: "Under 18"
- 18: "18-24"
- 25: "25-34"
- 35: "35-44"
- 45: "45-49"
- 50: "50-55"
- 56: "56+"

Occupation　用数字表示不同职业

- 0: "other" or not specified
- 1: "academic/educator"
- 2: "artist"
- 3: "clerical/admin"
- 4: "college/grad student"
- 5: "customer service"
- 6: "doctor/health care"
- 7: "executive/managerial"
- 8: "farmer"
- 9: "homemaker"
- 10: "K-12 student"
- 11: "lawyer"
- 12: "programmer"
- 13: "retired"
- 14: "sales/marketing"
- 15: "scientist"
- 16: "self-employed"

图 7-10　用户年龄和职业映射关系图

　　首先,需要读取用户数据文件,将存储在硬盘上的文件记录读取到内存中,如图 7-11 所示。

　　以上代码会将用户数据文件导入到内存中,并打印出用户数据集的长度和第一条数据

```
usr_file = "./data/users.dat"
#打开文件，读取所有得到data中
with open(usr_file, 'r') as f:
    data = f.readlines()
#打印data的数据长度、第一条数据、数据类型
print("用户数据长度是: ",len(data))

print("第一条数据是: ", data[0])
```

图 7-11　用户数据文件读取代码

的完整记录，其输出结果如图 7-12 所示。从打印结果可以得知，用户数据一共有 6040 条，这个数字后续会被用于设置用户特征向量的行维度，表示一共有多少个用户，每个用户都通过 ID 与具体的一行向量相互映射；每一条用户记录都是字符串类型，并且包含五个属性，各个属性之间通过"::"进行了分隔，和 7.1 节中对数据集的介绍内容一致。

用户数据长度是: **6040**
第一条数据是: **1::F::1::10::48067**

图 7-12　读取用户数据结果

为了方便推荐模型的数据读取，区分用户的 ID、年龄、职业等属性，一个简单的方式是将数据存储到字典中，并且由于文本数据无法直接输入到神经网络中进行计算，所以需要将字符串类型的整个记录分隔成表示各个特征的数字记录，再通过数字映射到各个向量上。在原始用户数据中，用户 ID、年龄和职业都已经默认被映射为数字形式，因此在分隔的时候，就不需要再对这三个属性进行额外的处理，而性别属性在数据集中是使用 M 和 F 来代表两类记录，可以将它转换为 0、1 的表示形式，将"F"和"M"分别映射成离散的数字记录，上述步骤的完整代码如图 7-13 所示。

```
path = "./data/users.dat"
with open(path, 'r') as f:
    data = f.readlines()
# 建立用户信息的字典
usr_info = {}
# 最大的用户ID值
max_usr_id = 0
# 按行索引数据
for item in data:
    #去除每一行中和数据无关的部分
    item = item.strip().split("::")
    usr_id = item[0]
    #将字符数据转成数字并保存在字典中
    usr_info[usr_id] = {'usr_id': int(usr_id),
                        #对性别进行映射,M->0,F->1
                        'gender': 1 if item[1] == 'F' else 0,
                        'age': int(item[2]),
                        'job': int(item[3])}
    max_usr_id = max(max_usr_id, int(usr_id))
```

图 7-13　用户数据处理代码

至此，就完成了用户数据的处理，可以使用打印函数来查看处理后的各个数据，usr_info 是以键值对形式保存每个用户信息的字典，它的键是用户唯一的 ID，值是一个嵌套的字典（其内部包含用户的 ID、性别、年龄、职业四个离散数字形式的属性），使用打印函数来查看 usr_info 中键为 1 的记录，可以得到如下的输出：{'usr_id': 1, 'gender': 1, 'age': 1, 'job': 10}，所有的属性特征都被处理为数字类型。

7.2.2　物品（电影）数据处理

接下来再来看物品（电影）数据的处理，首先来回顾一下电影数据的格式和具体有哪些属性，如图 7-14 所示，电影数据中包含电影 ID、电影标题以及每部电影所述的多个类别，这

三个属性都是推荐系统可以利用的。

数据类别	数据说明	数据示例
MovieID	每个电影的数字代号	1、2、3等序号
Title	每个电影的名字和首映时间	比如：Toy Story (1995)
Genres	电影的种类，每个电影不止一个类别，不同类别以	隔开	比如：Animation| Children's|Comedy 包含的类别有：【Action, Adventure, Animation, Children's, Comedy, Crime, Documentary, Drama, Fantasy, Film-Noir, Horror, Musical, Mystery, Romance, Sci-Fi, Thriller, War, Western】

图 7-14　电影数据属性说明

第一步要做的同样是将电影文件数据导入到内存中，这里需要额外注意的是，在原数据集中，电影数据和用户数据的编码方式不一样，在导入电影数据时需要手动将编码方式设置为 ISO-8859-1，导入的代码和运行结果分别如图 7-15 和图 7-16 所示。

```python
movie_info_path = "./data/movies.dat"
# 打开文件，编码方式选择ISO-8859-1，读取所有数据到data中
with open(movie_info_path, 'r', encoding="ISO-8859-1") as f:
    data = f.readlines()

item = data[0]
print(item)
item = item.strip().split("::")
print("movie ID:", item[0])
print("movie title:", item[1][:-7])
print("movie year:", item[1][-5:-1])
print("movie genre:", item[2].split('|'))
```

图 7-15　电影数据文件读取代码

```
1::Toy Story (1995)::Animation|Children's|Comedy

movie ID: 1
movie title: Toy Story
movie year: 1995
movie genre: ['Animation', "Children's", 'Comedy']
```

图 7-16　读取电影数据结果

从上述代码以及它的运行结果可以看出，每条电影数据原本也是字符串类型，类似处理用户数据的方式，需要将字符串类型的数据转换成数字类型，存储到字典中。不同的是，在用户数据处理中，可以简单地将性别数据 M、F 处理成 0、1，然而原电影数据记录中的辅助属性标题和类别都是文本信息，无法直接离散化成数字形式，本章中借助自然语言处理领域的词嵌入技术（Word Embedding）完成文本到数字向量之间的转换。下面分三步对电影 ID、标题和类别分别进行处理。

（1）对电影 ID 的处理比较简单，与用户 ID 的处理方式一样，遍历每一行数据并分隔记录，将得到的子字符串转换为数字格式即可，在得到所有电影的 ID 后，统计一下所有 ID 的最大值，作为后续构建电影特征矩阵的行维度。代码如图 7-17 所示。

（2）与 ID 类型的特征不同，电影的标题是文本类特征，每一部电影的标题都由一个或多个单词组合而成，想要将标题转换为模型可以接受的向量形式，可以借助自然语言处理词嵌入（Word Embedding）的方法，词嵌入的思路是将每个单词都视为高维空间中的一个点，

```
#所有电影将存入一个字典
movie_info = {}
for item in data:
    item = item.strip().split("::")
    #获得电影的ID信息
    v_id = item[0]
    movie_info[v_id] = {'mov_id': int(v_id)}
#最大的电影id
max_id = max([movie_info[k]['mov_id'] for k in movie_info.keys()])
```

图 7-17　电影 ID 特征处理代码

在向量空间中的表现形式就是具有多个维度的向量，通过构造一种能够让语义相近单词之间向量相似度尽可能小的损失函数来训练模型，从而让单词对应的向量保持原有的语义关系。

在我们的推荐应用中选择使用一种简化的思路，将标题中每个单词用数字代替，从 1 开始计数，形成单词到数字的映射关系，从而每个单词都对应了一个数字，而每个标题原本是单词的组合，就转换为数字的组合。首先统计出全部标题中出现过的单词数量，以此作为单词嵌入矩阵的维度，出现的每一个新单词都给予一个自增的编号，这样在处理电影数据时，每一个单词都可以找到一组向量与之对应，再通过某种方法将这多个向量组合成单个向量，作为该标题的特征向量表示。在此处，先完成文本到数字的转换，即把电影名称的单词用数字代替，后续将数字映射到向量的步骤会在推荐模型部分进行讲解，代码如图 7-18 所示。

```
movie_info = {}
#用于记录电影title每个单词对应哪个序号
movie_titles = {}
#记录电影名字包含的单词最大数量
max_title_length = 0
#对不同的单词从1开始计数
t_count = 1
#按行读取数据并处理
for item in data:
    item = item.strip().split("::")
    v_id = item[0]
    v_title = item[1][:-7]    #去掉title中年份数据
    titles = v_title.split()
    #获得title最大长度
    max_title_length = max((max_title_length, len(titles)))
    #统计电影名字的单词，并给每个单词一个序号，放在movie_titles中
    for t in titles:
        if t not in movie_titles:
            movie_titles[t] = t_count
            t_count += 1
    #将当前标题中的所有单词都映射为数字
    v_tit = [movie_titles[k] for k in titles]
    #保存电影ID数据和title数据到字典中
    movie_info[v_id] = {'mov_id': int(v_id),
                        'title': v_tit,}
```

图 7-18　电影标题特征处理代码

在这段代码中，新构造了一个字典 movie_titles 用于记录全部的标题中出现的单词，每一个单词与一个数字唯一对应，从 1 开始计数，并利用 max_title_length 记录了标题所含单词个数的最大值，这会在后续统一每个标题对应的数字组合列表的大小时使用，读者可暂时忽略该参数，后续将有详细的讲解。在对电影数据的每一行进行迭代时，提取出标题的子串，并且剔除了标题中的年份数据，这是考虑到年份对衡量两个电影的相似度没有很大的影响，后续推荐模型并不使用年份数据，出现新的单词时，会在字典中给它赋予一个自增过的编号，然后把原本由单词组合成的标题，转换为一个由数字组合成的列表 v_tit，保存到全部电影的字典 movie_info 中。通过这种处理逻辑，相当于把每一个单词都当作一种分类来处

理,每个标题被处理为包含多个分类 ID 的列表,在后续的模型构造中,可以通过分类 ID 映射到对应单词的特征向量,再通过线性组合或其他的方式合并成单个向量用来指代一部电影的标题。实际的词嵌入方法往往需要单独训练词向量,与之相比,这种简化后的处理可能会损失一些语义信息,但是我们的主要目标是搭建一个推荐系统,这里就不额外引入复杂的词嵌入过程。

(3)在处理完电影 ID 和电影标题后,只剩下电影的类别没有处理。如果已经理解了上述对电影标题的处理过程,那么对类别的处理就比较简单了,因为我们对标题的处理过程使用的是类似多分类数据处理方法。现在,只需要给数据集中出现的所有电影类别映射一个编号,再将原始的每一部电影的多类别字符串转换成由类别编号组成的数字列表即可,代码如图 7-19 所示。

```python
movie_info = {}
#用于记录电影类别每个单词对应哪个序号
movie_cat = {}
#一部电影拥有类别的最大数量
max_cat_length = 0
c_count = 1
#按行读取数据并处理
for item in data:
    item = item.strip().split("::")
    v_id = item[0]
    cats = item[2].split('|')
    #获得电影类别数量的最大长度
    max_cat_length = max((max_cat_length, len(cats)))
    #统计电影类别单词,并给每个单词一个序号,放在movie_cat中
    for cat in cats:
        if cat not in movie_cat:
            movie_cat[cat] = c_count
            c_count += 1
    #将当前电影类别映射为数字列表
    v_cat = [movie_cat[k] for k in v_cat]
    #保存电影ID数据和类别数据到字典中
    movie_info[v_id] = {'mov_id': int(v_id),
                        'category': v_cat}
```

图 7-19   电影类别特征处理代码

至此,就完成了对电影数据中包含的三类特征的处理,然而前面的处理还存在一些问题。要注意的是,在一条电影记录里,它的标题和类别都是不定长的,也就是说,每个标题中所含有的单词个数可能不一致,每部电影拥有的类别个数也可能是不一样的。然而我们的模型会首先将数字列表转换为向量列表,再利用神经网络对将多个向量组合为单个向量,这就要求作为输入数据的数字列表维度是一致的,因此在将文本转换为数字时,需要通过补 0 将每种特征转换为相同大小的数字列表。

在前面对标题和类别进行处理时,特地构造了 max_title_length 和 max_cat_length 这两个参数,分别代表电影标题中含有单词数量的最大值和一部电影拥有类别数量的最大值,正是作为两种数字列表的统一大小,如果已经运行过前面的代码,并打印这两个参数,可以知道数据集中最大电影名字长度是 15,最大电影类别长度是 6,就以这两个参数为基准,在处理标题和类别时加入补齐的步骤,加入补齐部分处理后的代码如图 7-20 所示。

在生成 v_tit 和 v_cat 的过程中,只要它们的大小没有达到规定的数量,就循环地将 0 填充到列表的末尾。最终,所有的电影都被存入了 movie_info 中,以键值对的形式存储了每部电影的离散化数字信息。例如,打印其中键为 1 的记录,可以得到如下的输出:"{'mov_id': 1, 'title': [1,2,0,0,0,0,0,0,0,0,0,0,0,0,0],'category': [1,2,3,0,0,0]}",第一组键值对表示了该电影的 ID 是 1;第二组键值对是处理过后的标题数据,每个标题都以大小为 15 的数

```
for item in data:
    item = item.strip().split("::")
    v_id = item[0]
    v_title = item[1][:-7]
    cats = item[2].split('|')
    titles = v_title.split()
    for t in titles:
        if t not in movie_titles:
            movie_titles[t] = t_count
            t_count += 1
    for cat in cats:
        if cat not in movie_cat:
            movie_cat[cat] = c_count
            c_count += 1
    v_tit = [movie_titles[k] for k in titles]
    while len(v_tit)<15:
        v_tit.append(0)     #补0使电影名称对应的列表长度为15
    v_cat = [movie_cat[k] for k in cats]
    while len(v_cat)<6:
        v_cat.append(0)     #补0使电影种类对应的列表长度为6
    movie_info[v_id] = {'mov_id': int(v_id),
                        'title': v_tit,
                        'category': v_cat}
```

图 7-20　特征补齐功能代码

字列表代替,该标题中的 1 和 2 两个数字表示这个标题原本只有两个单词,并且已经被映射到单词字典 movie_titles 中键分别为 1 和 2 的两个单词,而后续的 13 个 0 是为了将列表统一为固定的大小而填充的记录,在构建模型向量时,它们会被映射为零向量,因此不会对原结果产生任何影响;第三组键值对是处理后的电影类别,它同样也做了 0 填充的操作,该记录中 1、2 和 3 表示该电影具有三个类别,并且已经被映射为数字化的格式。这条记录在原始数据集中的格式为"1∶∶Toy Story (1995)∶∶Animation|Children's|Comedy",可以看到,我们把电影标题 Toy Story 映射为一个 15 维的向量,其中只有前两个维度有具体的值,而它的类别"Animation|Children's|Comedy"被映射为一个长度为 6 维的向量,在后续搭建推荐模型时,可以直接从内存中调用该字典来获得各个电影的离散属性值。

7.2.3　评分数据处理

最后来看一下对评分数据的处理。评分数据是推荐系统中最重要的数据,将被直接用于损失函数的计算迭代,从而训练推荐模型。首先回顾一下评分数据的格式,在评分数据 ratings.dat 中,需要利用的属性一共有三类:用户 ID、电影 ID、该用户对该电影的评分。这里的每个 ID 都分别和用户数据和物品数据中某一记录相对应,编程代码中可以使用一个嵌套字典,分别以用户 ID 到电影 ID 再到评分的双重映射关系,保存每个用户对每个电影的评分,详细代码处理步骤如图 7-21 所示。

```
rating_path = "./data/ratings.dat"
#打开文件,读取所有行到data中
with open(path, 'r') as f:
    data = f.readlines()
# 创建一个字典
rating_info = {}
for item in data:
    item = item.strip().split("::")
    #处理每行数据,分别得到用户ID,电影ID,和评分
    usr_id,movie_id,score = item[0],item[1],item[2]
    if usr_id not in rating_info.keys():
        rating_info[usr_id] = {movie_id:float(score)}
    else:
        rating_info[usr_id][movie_id] = float(score)
```

图 7-21　评分数据处理代码

rating_info 是一个嵌套的字典,它以用户 ID 的字符串为键,对应的值是一个子字典,子字典以物品 ID 的字符串为键,值是当前用户对当前物品的评分,以浮点数的形式存储。想要找到某个用户对某个物品的评分,只需要通过两次精确匹配即可,例如想要得到 ID 为 1 的用户对 ID 为 1 的电影的评分,可以打印 rating_info["1"]["1"],就能输出对应的评分值。

7.2.4 构建数据读取器

至此,就把 MovieLens 数据集中全部的数据处理完毕,并以字典的形式保存在系统内存中,在搭建好模型并进行训练时,可以根据 ID 直接索引这些字典得到用户数据、电影数据、评分数据。然而一般而言,为了模块化的开发,会把每个功能进行抽取和封装,形成可以直接调用的函数,我们把前三节中讲解的对三个数据进行处理的步骤进行抽取,封装为三个函数,代码如图 7-22 所示。

```python
def get_usr_info(path):
    with open(path, 'r') as f:
        data = f.readlines()
    #处理后的用户信息和最大用户ID, 返回给函数调用者
    usr_info = {}
    max_usr_id = 0
    #具体的处理逻辑
    ...
    return usr_info,max_usr_id

def get_movie_info(path):
    with open(path, 'r', encoding="ISO-8859-1") as f:
        data = f.readlines()
    #处理后的电影信息、电影标题单词映射、电影类别映射, 均返回给函数调用者
    movie_info, movie_titles, movie_cat = {}, {}, {}
    #对电影名字、类别中不同的单词计数
    t_count, c_count = 1, 1
    #具体的处理逻辑
    ...
    return movie_info, movie_cat, movie_titles

def get_rating_info(path):
    with open(path, 'r') as f:
        data = f.readlines()
    #处理后的评分信息, 返回给函数调用者
    rating_info = {}
    #具体的处理逻辑
    ...
    return rating_info
```

图 7-22　数据处理函数封装代码

get_usr_info(path),get_movie_info(path)和 get_rating_info(path)三个函数分别处理了用户、电影和评分数据集,并将处理得到的各个字典返回给调用者,这里省略了具体的处理逻辑,只需要将原本的过程代码复用过来即可,三个函数都传入一个数据文件所在路径的参数。接下来可以利用处理好的数据,构建一个数据读取器,方便在训练的时候直接调用,首先将读取并处理好的三类数据整合到一起,在 rating 数据中补齐用户和电影的所有可用特征字段,代码如图 7-23 所示。

整合好所有的数据后,就可以构建数据读取函数 load_data(),先来看一下整体结构,如图 7-24 所示。

数据读取器函数的实现,其核心是将多个样本数据合并到一个列表(batch),当该列表达到我们定义的批处理大小 batchsize 后,以 yield 的方式返回(Python 数据迭代器)。在模型训练时,一般每一轮迭代不会每次使用全部的交互记录进行迭代,可以使用小批量处理的

```
def get_dataset(usr_info, movie_info, rating_info):
    trainset = []
    #按照评分数据的key值索引数据
    for usr_id in rating_info.keys():
        usr_ratings = rating_info[usr_id]
        for movie_id in usr_ratings:
            trainset.append({'usr_info': usr_info[usr_id],
                             'mov_info': movie_info[movie_id],
                             'scores': usr_ratings[movie_id]})
    return trainset

user_path = "./data/users.dat"
movie_path = "./data/movies.dat"
rating_path = "./data/ratings.dat"

dataset = get_dataset(get_usr_info(user_path),
                      get_movie_info(movie_path),
                      get_rating_info(rating_path))
```

图 7-23　数据整合接口代码

```
def load_data(dataset=None, mode='train'):
    """定义一些超参数等等"""

    #定义数据迭代加载器
    def data_generator():
        """定义数据的处理过程"""

        data = None
        yield data

    #返回数据迭代加载器
    return data_generator
```

图 7-24　数据读取接口示意图

方式,每次从全部记录中提取出数量为 batchsize 大小的一批记录,组成一个 batch,然后将其送给模型进行训练。

这里,由于我们的模型搭建是基于 PaddlePaddle 深度学习框架,在进行批次数据拼合的同时,还需要完成一些数据格式和数据尺寸的转换:①由于飞桨框架的网络接入层要求将数据先转换成 np.array 的类型,再转换成框架内置变量 tensor 的类型,所以在数据返回前,需将所有数据均转换成 np.array 的类型,方便后续处理。②每个特征字段的尺寸也需要根据网络输入层的设计进行调整。根据之前的分析,用户和电影的所有原始特征可以分为三类:ID 类(用户 ID,电影 ID,性别,年龄,职业)、列表类(电影类别)、文本类(电影名称),因为每种特征后续接入的网络层方案不同,所以要求它们的数据尺寸也不同。我们设计将 ID 类(用户 ID,电影 ID,性别,年龄,职业)处理成(256)的尺寸,以便后续接入Embedding 层,数值 256 是自定义的 batchsize;列表类(电影类别)处理成(256,6)的尺寸,数值 6 是电影最多的类别个数,以便后续接入全连接层;文本类(电影名称)处理成(256,1,15)的尺寸,15 是电影名称的最多单词数,以便接入 2D 卷积层。这里读者不用过度考虑尺寸的设置细节,这是出于适配 PaddlePaddle 中不同神经网络所需的输入考虑,更多的细节可以参考飞桨官网教程,完整处理流程代码如图 7-25 所示。

load_data() 函数通过输入的数据集,处理数据并返回一个数据迭代器,当模式为"train"时还会打乱数据的顺序,当收集到 batchsize 大小的一批数据后,将以 yield 的方式返回。简单理解一下 yield 语句,它的作用是把一个函数变成一个生成器(generator),带有yield 的函数不再是一个普通函数,在程序的其他地方调用该函数并不会执行函数的任何代

```python
import random
def load_data(dataset=None, mode='train'):
    #定义数据迭代Batch大小
    BATCHSIZE = 256
    data_length = len(dataset)
    index_list = list(range(data_length))

    #定义数据迭代加载器
    def data_generator():
        #训练模式下，打乱训练数据
        if mode == 'train':
            random.shuffle(index_list)
        #声明每个特征的列表
        usr_id_list, usr_gender_list, usr_age_list, usr_job_list = [], [], [], []
        mov_id_list, mov_tit_list, mov_cat_list, mov_poster_list = [], [], [], []
        score_list = []
        #索引遍历输入数据集
        for idx, i in enumerate(index_list):
            #获得特征数据保存到对应特征列表中
            usr_id_list.append(dataset[i]['usr_info']['usr_id'])
            usr_gender_list.append(dataset[i]['usr_info']['gender'])
            usr_age_list.append(dataset[i]['usr_info']['age'])
            usr_job_list.append(dataset[i]['usr_info']['job'])
            mov_id_list.append(dataset[i]['mov_info']['mov_id'])
            mov_tit_list.append(dataset[i]['mov_info']['title'])
            mov_cat_list.append(dataset[i]['mov_info']['category'])
            mov_id = dataset[i]['mov_info']['mov_id']
            score_list.append(int(dataset[i]['scores']))
            #如果读取的数据量达到当前的batch大小，就返回当前批次
            if len(usr_id_list) == BATCHSIZE:
                #转换列表数据为数组形式，reshape到固定形状
                usr_id_arr = np.array(usr_id_list)
                usr_gender_arr = np.array(usr_gender_list)
                usr_age_arr = np.array(usr_age_list)
                usr_job_arr = np.array(usr_job_list)
                mov_id_arr = np.array(mov_id_list)
                mov_cat_arr = np.reshape(np.array(mov_cat_list), [BATCHSIZE, 6])\
                                        .astype(np.int64)
                mov_tit_arr = np.reshape(np.array(mov_tit_list), [BATCHSIZE, 1, 15]).\
                                        astype(np.int64)
                scores_arr = np.reshape(np.array(score_list), [-1, 1]).astype(np.float32)

                #返回当前批次数据
                yield [usr_id_arr, usr_gender_arr, usr_age_arr, usr_job_arr], \
                    [mov_id_arr, mov_cat_arr, mov_tit_arr], scores_arr
                #清空数据
                usr_id_list, usr_gender_list, usr_age_list, usr_job_list = [], [], [], []
                mov_id_list, mov_tit_list, mov_cat_list, score_list = [], [], [], []

    return data_generator
```

图 7-25　数据读取接口代码

码，而是返回一个可迭代的对象，通过循环语句或者手动调用 generator. next()方法来遍历地获得该可迭代对象的返回值。例如我们的构建的数据读取器，在外部调用 load_data()并不会使该代码执行，而是得到了一个可迭代的数据读取器对象，可以在外部通过循环的方式遍历对象中的所有值，每一轮循环都是从 yield 的后一句代码开始执行，也就是代码中"清空数据"处的代码，然后再回到"索引遍历输入数据集"处，又开始执行，等得到新的一批数据，又执行到 yield 处，返回给调用者，从而可以不断地得到新的训练数据。

我们可以将整合后的数据集按照 8∶2 的比例划分成训练集和验证集，可以分别得到训练数据迭代器和验证数据迭代器，对数据迭代器的简单使用方法如图 7-26 所示。

```python
dataset = get_dataset(usr_info, rating_info, movie_info)

trainset = dataset[:int(0.8*len(dataset))]
train_loader = load_data(trainset, mode="train")

validset = dataset[int(0.8*len(dataset)):]
valid_loader = load_data(validset, mode='valid')

for idx, data in enumerate(train_loader()):
    usr_data, mov_data, score = data

    usr_id_arr, usr_gender_arr, usr_age_arr, usr_job_arr = usr_data
    mov_id_arr, mov_cat_arr, mov_tit_arr = mov_data
    print("用户ID数据尺寸", usr_id_arr.shape)
    print("电影ID数据尺寸", mov_id_arr.shape,
        ", 电影类别genres数据的尺寸", mov_cat_arr.shape,
        ", 电影名字title的尺寸", mov_tit_arr.shape)
    break
```

图 7-26　数据读取器使用示例代码

至此,就完成了搭建推荐模型前的一切准备工作,7.3节会讲解如何基于PaddlePaddle实现推荐模型,并利用本节所定义的数据迭代器来训练模型,待模型训练完毕后,保存模型参数。

7.3 基于 PaddlePaddle 实现的神经网络推荐模型

在讲解具体的模型搭建细节之前,先来总体理解一下模型的设计方案。通过前面的数据处理步骤,我们知道 MovieLens 数据集中包含多种辅助数据,合理结合辅助信息和交互数据能够有效提升推荐模型的建模能力。我们知道,深度神经网络则能通过堆叠多个网络层从而达到拟合任意函数的效果,非常适合用来聚集多种向量形式的输入特征,它能够提取图像、文本或者语音等模态特征,利用这些特征完成分类、检测、文本分析等多项任务。本章中的电影推荐任务也将基于深度神经网络模型,提取用户数据、电影数据的特征向量,然后计算这些向量的相似度,利用相似度的大小去完成推荐。根据需求分析中对推荐过程的分析,神经网络推荐模型的设计包含如下步骤。

(1) 分别将用户、电影的多个特征数据转换成特征向量。

(2) 对这些特征向量,使用全连接层或者卷积层进一步提取特征。

(3) 将用户、电影多个数据的特征向量融合成一个向量表示,方便进行相似度计算。

(4) 计算特征之间的相似度。

依据这个思路,设计一个简单的电影推荐神经网络模型,如图 7-27 所示。

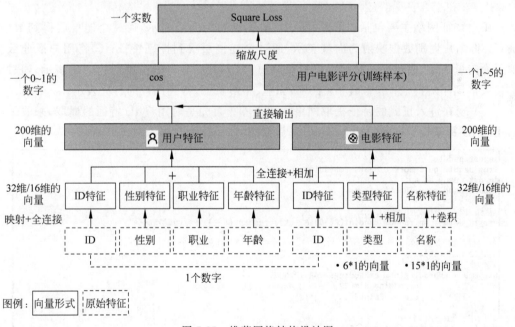

图 7-27 推荐网络结构设计图

该网络结构包含如下内容。

(1) 提取用户特征和电影特征作为神经网络的输入,其中,用户特征包含四个属性信息,分别是用户 ID、性别、职业和年龄;电影特征包含三个属性信息,分别是电影 ID、电影类型和电影名称。

（2）提取用户特征，使用 Embedding 层将用户 ID 映射为向量表示，输入全连接层，并对其他三个属性也做类似的处理。然后将四个属性的特征分别全连接并相加。

（3）提取电影特征，将电影 ID 和电影类型映射为向量表示，输入全连接层，电影名字用文本卷积神经网络得到其定长向量表示。然后将三个属性的特征表示分别全连接并相加。

（4）得到用户和电影的向量表示后，计算二者的余弦相似度。最后，用该相似度和用户真实评分的均方差作为该回归模型的损失函数。

7.3.1 用户特征向量构造

如图 7-28 所示，最终的用户特征是由四个不同的属性（用户 ID、性别、职业、年龄）综合得到的，因此我们的网络模型也需要先分别处理四种不同的属性，分别转换成具有一定维度的向量，再进行串接组合。

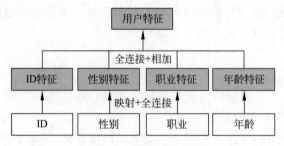

图 7-28 用户特征概念图

用户特征网络主要包括：①将用户 ID 数据映射为向量表示，通过全连接层得到 ID 特征；②将用户性别数据映射为向量表示，通过全连接层得到性别特征；③将用户职业数据映射为向量表示，通过全连接层得到职业特征；④将用户年龄数据映射为向量表示，通过全连接层得到年龄特征；⑤融合 ID、性别、职业、年龄特征，得到用户的特征表示。

（1）现在进入正式的特征提取网络构建步骤。首先是对用户 ID 特征的提取，来看一下对用户 ID 特征构造的 PaddlePaddle 代码，如图 7-29 所示。

```python
import paddle
from paddle.nn import Linear, Embedding, Conv2D
import numpy as np
import paddle.nn.functional as F

#随机生成了一个有效的用户ID
usr_id_data = np.random.randint(0, 6040, (1)).reshape((-1)).astype('int64')

#定义最大用户数量
USR_ID_NUM = 6040 + 1
#定义用户ID的embedding层
usr_emb = Embedding(num_embeddings=USR_ID_NUM,
                    embedding_dim=32,
                    sparse=False)

#用户ID的全连接层
usr_fc = Linear(in_features=32, out_features=32)

#将Python列表转换为Paddle可接受的tensor形式
usr_id_var = paddle.to_tensor(usr_id_data)

#得到当前用户的ID特征向量
usr_id_feat = usr_fc(usr_emb(usr_id_var))
usr_id_feat = F.relu(usr_id_feat)
```

图 7-29 用户 ID 特征构造代码

ID 特征的提取包括两个部分。首先,使用 Embedding 将用户 ID 映射为向量;然后,使用一层全连接层和 ReLU 激活函数进一步提取用户 ID 特征。这里需要先解释一下 PaddlePaddle 的 Embedding 函数,它表示定义一个嵌入层,通过给定的行和列维度,能够生成一个参数矩阵。常用的参数有以下三个:①num_embeddings(int),表示嵌入词表的大小;②embedding_dim,表示每个嵌入向量的维度;③sparse(bool),表示是否使用稀疏更新,在词嵌入权重较大的情况下,使用稀疏更新能够获得更快的训练速度及更小的内存/显存占用。

例如上面的代码中,以用户最大 ID+1 作为矩阵的行,32 作为矩阵的列,生成了一个 6041×32 维的用户嵌入矩阵,这里不直接使用最大 ID 作为行的原因是考虑到可能会存在 0 号 ID,因此多设置了一行。32 是指每个用户 ID 特征向量的维度,这里需要事先考虑将用户 ID 映射为多少维度的向量合适,使用维度过大的向量表示用户 ID 容易造成信息冗余,维度过低又不足以表示该用户的特征。理论上来说,如果使用二进制表示用户 ID,用户最大 ID 是 6040,小于 2 的 13 次方,因此,理论上使用 13 维度的向量已经足够了,为了让不同 ID 的向量更具区分性,我们选择将用户 ID 映射为维度为 32 维的向量。这样,就实现了把每一位用户 ID 特征都映射为一个 32 维的特征向量,从而可以直接根据 ID 索引到矩阵的某行向量,将其作为神经网络的输入。

(2)接下来构建用户性别的特征提取网络,它的步骤和用户 ID 特征提取过程类似,使用 Embedding 层和全连接层提取用户性别特征。用户性别不像用户 ID 数据那样有数千数万种不同数据,性别只有两种可能,不需要使用高维度的向量表示其特征,这里将用户性别用 16 维的向量表示。如图 7-30 所示是用户性别特征提取实现。

```python
import paddle
from paddle.nn import Linear, Embedding, Conv2D
import numpy as np
import paddle.nn.functional as F

#自定义一个用户性别数据
usr_gender_data = np.array((0, 1)).reshape(-1).astype('int64')

#用户的性别用0,1表示
#性别最大ID是1,所以Embedding层size的第一个参数设置为1+1=2

USR_GENDER_DICT_SIZE = 2

#对用户性别信息做映射,并紧接着一个FC层
usr_gender_emb = Embedding(num_embeddings=USR_GENDER_DICT_SIZE,
                           embedding_dim=16)
usr_gender_fc = Linear(in_features=16, out_features=16)

usr_gender_var = paddle.to_tensor(usr_gender_data)
usr_gender_feat = usr_gender_fc(usr_gender_emb(usr_gender_var))
usr_gender_feat = F.relu(usr_gender_feat)
```

图 7-30 用户性别特征构造代码

(3)现在构建用户年龄的特征提取网络,同样采用 Embedding 层和全连接层的方式提取特征。前面了解到年龄数据分布分为 7 个类别,它的映射关系如图 7-31 所示,一般来说,可以将年龄特征矩阵的行大小设置为 7,但是由于在前面的处理过程中,直接沿用了数据集原始的映射方法,一个年龄段的编号是使用其范围下限,而不是 1~7 的顺序数字,因此假如只设置行大小为 7,会出现除了 1 之外的编号都找不到对应的嵌入向量,发生空指针异常,因此为了方便起见并且和前面的处理步骤兼容,我们的年龄特征矩阵的

- 1: "Under 18"
- 18: "18-24"
- 25: "25-34"
- 35: "35-44"
- 45: "45-49"
- 50: "50-55"
- 56: "56+"

图 7-31 用户年龄映射
关系图

行大小设置为 56+1（还默认包含第 0 行向量），类似的职业特征矩阵的行大小设置为 20。代码如图 7-32 所示。

```python
import paddle
from paddle.nn import Linear, Embedding, Conv2D
import numpy as np
import paddle.nn.functional as F

#自定义一个用户年龄数据
usr_age_data = np.array((1, 18)).reshape(-1).astype('int64')

#年龄的最大ID是56,所以Embedding层size的第一个参数设置为56+1=57
USR_AGE_DICT_SIZE = 56 + 1

#对用户年龄信息做映射，并紧接着一个Linear层
usr_age_emb = Embedding(num_embeddings=USR_AGE_DICT_SIZE,
                        embedding_dim=16)
usr_age_fc = Linear(in_features=16, out_features=16)

usr_age = paddle.to_tensor(usr_age_data)
usr_age_feat = usr_age_emb(usr_age)
usr_age_feat = usr_age_fc(usr_age_feat)
usr_age_feat = F.relu(usr_age_feat)
```

图 7-32　用户年龄特征构造代码

（4）最后是对用户职业特征的提取，可以参考用户年龄的处理方式实现用户职业的特征提取，同样采用 Embedding 层和全连接层的方式提取特征，如图 7-33 所示。

```python
import paddle
from paddle.nn import Linear, Embedding, Conv2D
import numpy as np
import paddle.nn.functional as F

#自定义一个用户职业数据
usr_job_data = np.array((0, 20)).reshape(-1).astype('int64')
print("输入的用户职业是:", usr_job_data)

#用户职业的最大ID是20,所以Embedding层size的第一个参数设置为20+1=21
USR_JOB_DICT_SIZE = 20 + 1

#对用户职业信息做映射，并紧接着一个Linear层
usr_job_emb = Embedding(num_embeddings=USR_JOB_DICT_SIZE,embedding_dim=16)
usr_job_fc = Linear(in_features=16, out_features=16)

usr_job = paddle.to_tensor(usr_job_data)
usr_job_feat = usr_job_emb(usr_job)
usr_job_feat = usr_job_fc(usr_job_feat)
usr_job_feat = F.relu(usr_job_feat)
```

图 7-33　用户职业特征构造代码

至此，分四步完成了对用户所有特征的提取任务，接下来需要通过某种手段，将表示一位用户的四种不同特征的向量组合在一起，那么如何合并多个向量的信息？最简单的方式是先将不同的特征向量（ID 特征 32 维、性别特征 16 维、年龄特征 16 维、职业特征 16 维）通过 4 个全连接层映射到 4 个等长的向量（如 200 维），再将 4 个等长的向量按位相加即可得到 1 个包含全部信息的向量。这种方法需要对每个特征都使用一个全连接层，实现较为复杂。一种简单的替换方式是，先将每个用户特征沿着长度维度进行级联拼接，然后使用一个全连接层获得整个用户特征向量。两种方式的对比如图 7-34 所示，它们均可实现向量的合并，虽然两者的数学公式不同，但它们的表达方式是类似的，我们选择较为简洁的第二种方式，其代码示例如图 7-35 所示。

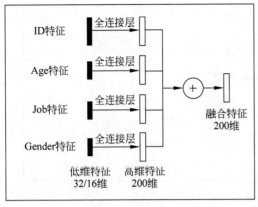
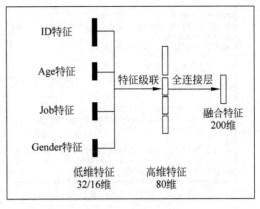

方案1　全连接+向量相加　　　　　　　　方案2　特征级联(向量拼接)+全连接

图 7-34　两种特征方式对比示意

```
usr_combined = Linear(in_features=80, out_features=200)

#收集所有的用户特征
_features = [usr_id_feat, usr_job_feat, usr_age_feat, usr_gender_feat]

_features = [k.numpy() for k in _features]
_features = [paddle.to_tensor(k) for k in _features]

#对特征沿着最后一个维度级联
usr_feat = paddle.concat(_features, axis=1)
usr_feat = F.tanh(usr_combined(usr_feat))
```

图 7-35　特征组合代码

7.3.2　电影特征向量构造

接下来再看电影特征向量的构造,电影特征包含三个:电影 ID、电影标题、电影类别。电影特征提取网络的结构如图 7-36 所示,在电影特征网络中,要完成以下三个子任务:①将电影 ID 数据映射为向量表示,通过全连接层得到 ID 特征;②将电影类别数据映射为向量表示,对电影类别的向量求和得到类别特征;③将电影名称数据映射为向量表示,通过卷积层计算得到名称特征。

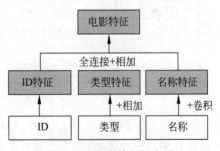

图 7-36　电影特征概念图

(1)首先来对电影 ID 特征进行提取。电影 ID 特征与用户 ID 特征的向量构造方法类似,我们会将电影 ID 数据映射为向量表示,通过一个全连接层得到 ID 特征,根据数据集处理部分的分析,我们得知电影 ID 的最大值是 3952,因此电影 ID 特征的嵌入矩阵行向量人小设置为 3953,列向量大小保持和用户 ID 一致,取 32。代码如图 7-37 所示。

(2)接下来提取电影的类别特征。与电影 ID 不同的是,每个电影都可能有多个类别,因此单部电影的类别特征不是一个数字记录,而是一组数字组合形成的列表记录,提取类别特征时,如果对每个类别数据都使用一个全连接层,电影最多的类别数是 6,会导致类别特征提取网络参数过多而不利于学习。因此我们对于电影类别特征提取的处理方式是通过 PaddlePaddle 中的 Embedding 网络层将电影类别(可以用 $1\sim N$ 的数字指代,其中 N 为电

```python
import paddle
from paddle.nn import Linear, Embedding, Conv2D
import numpy as np
import paddle.nn.functional as F

#自定义一个电影ID数据
mov_id_data = np.array((1, 2)).reshape(-1).astype('int64')
MOV_DICT_SIZE = 3952 + 1

#对电影ID信息做映射，并紧接着一个FC层
mov_emb = Embedding(num_embeddings=MOV_DICT_SIZE, embedding_dim=32)
mov_fc = Linear(32, 32)

mov_id_data = paddle.to_tensor(mov_id_data)
mov_id_feat = mov_fc(mov_emb(mov_id_data))
mov_id_feat = F.relu(mov_id_feat)
```

图 7-37　电影 ID 特征提取代码

影的类别数）映射为特征向量，再把一个电影所拥有的多个类别向量逐个分量求和，得到一个综合类别映射向量，最后再通过一个全连接层计算类别特征向量。图 7-38 是电影类别特征提取的实现方法。

```python
import paddle
from paddle.nn import Linear, Embedding, Conv2D
import numpy as np
import paddle.nn.functional as F

#自定义一个电影类别数据
mov_cat_data = np.array(((1, 2, 3, 0, 0, 0), (2, 3, 4, 0, 0, 0))).reshape(2, -1).astype('int64')

MOV_DICT_SIZE = 6 + 1

#对电影ID信息做映射，并紧接着一个Linear层
mov_emb = Embedding(num_embeddings=MOV_DICT_SIZE, embedding_dim=32)
mov_fc = Linear(in_features=32, out_features=32)

mov_cat_data = paddle.to_tensor(mov_cat_data)
# 1.通过Embedding映射电影类别数据
mov_cat_feat = mov_emb(mov_cat_data)
# 1.对Embedding后的向量沿着类别数量维度进行求和，得到一个类别映射向量
mov_cat_feat = paddle.sum(mov_cat_feat, axis=1, keepdim=False)

# 3.通过一个全连接层计算类别特征向量
mov_cat_feat = mov_fc(mov_cat_feat)
mov_cat_feat = F.relu(mov_cat_feat)
```

图 7-38　电影 ID 类别特征提取代码

与电影 ID 特征提取步骤相比，上面的代码多了一行求和步骤，由于待合并的 6 个类别向量具有相同的维度，直接按相应位置进行分量相加即可得到综合的类别特征的向量表示。当然，也可以采用向量级联的方式，将 6 个 32 维的向量级联成 192 维的向量，再通过全连接层压缩成 32 维，代码实现上要臃肿一些。

（3）最后来看一下电影标题特征是如何构造的。如果把所有电影名称对应的每个单词组成一个词库，每个电影名称将会对应词库中的多个单词，这个与一个电影对应多个类别有点类似。但是，与之前的电影类别的特征处理有所不同，我们在提取电影名称特征时使用了卷积层加全连接层的方式，这是因为电影名称单词较多（所有电影名称中单词数量最多达到了 15），如果采用和电影类别同样的处理方式，即沿着相应分量求和，显然会损失很多信息。考虑到 15 这个维度较高，可以使用卷积层进一步提取特征，同时通过控制卷积层的步长，降低电影名称特征的维度。如果只是简单地经过一层或二层卷积后，特征的维度依然很大，为了得到更低维度的特征向量，有两种方式，一种是利用求和降采样的方式，另一种是继续使

用神经网络层进行特征提取并逐渐降低特征维度。这里,采用"简单求和"的降采样方式压缩电影名称特征的维度,通过 PaddlePaddle 的代码实现,如图 7-39 所示。

```
#自定义两个电影名称数据
mov_title_data = np.array(((1, 2, 3, 4, 0, 0, 0, 0, 0, 0, 0, 0, 0, 0, 0),
                           (2, 3, 4, 5, 0, 0, 0, 0, 0, 0, 0, 0, 0, 0, 0)))\
                           .reshape(2, 1, 15).astype('int64')
MOV_TITLE_DICT_SIZE = 1000 + 1
#对电影名称做映射,紧接着FC层和pool层
mov_title_emb = Embedding(num_embeddings=MOV_TITLE_DICT_SIZE, embedding_dim=32)
mov_title_conv = Conv2D(in_channels=1, out_channels=1, kernel_size=(3, 1),
                        stride=(2, 1), padding=0)
#使用3*1卷积层代替全连接层
mov_title_conv2 = Conv2D(in_channels=1, out_channels=1, kernel_size=(3, 1),
                         stride=1, padding=0)

mov_title_data = paddle.to_tensor(mov_title_data)
# 1. 通过Embedding映射电影名称数据
mov_title_feat = mov_title_emb(mov_title_data)
# 2. 对Embedding后的向量使用卷积层进一步提取特征
mov_title_feat = F.relu(mov_title_conv(mov_title_feat))
mov_title_feat = F.relu(mov_title_conv2(mov_title_feat))

batch_size = mov_title_data.shape[0]
mov_title_feat = paddle.sum(mov_title_feat, axis=2, keepdim=False)

mov_title_feat = F.relu(mov_title_feat)
mov_title_feat = paddle.reshape(mov_title_feat, [batch_size, -1])
```

图 7-39　电影标题类别特征提取代码

上述代码中,通过 Embedding 层已经获得了维度是[batch_size,1,15,32]的电影名称特征向量。因此,该特征可以视为通道数量为 1 的特征图,很适合使用卷积层进一步提取特征。这里使用两个 3×1 大小的卷积核的卷积层提取特征,输出通道保持不变,仍然是 1,特征维度中 15 是电影名称中单词的数量(最大数量)。由于卷积感受野的原因,进行卷积操作时会综合多个单词的特征,同时设置卷积的步长参数 stride 为(2,1),即可对电影名称的维度降维,同时保持每个名称的向量长度不变,以防过度压缩每个名称特征的信息。由于第一个卷积层之后的输出特征维度依然较大,可以使用第二个卷积层进一步提取特征。获得第二个卷积的特征后,特征的维度已经从 7×32 降低到了 5×32,基本接近电影类别特征的维度了,因此可以直接使用求和(向量按相应分量位置相加)的方式降采样(5×32→1×32),得到最终的电影名称对应的特征向量。需要注意的是,降采样后的数据尺寸依然比下一层要求的输入向量多出一维[2,1,32],所以最终输出前需调整下形状。

在提取完电影的 ID、标题和类别特征后,需要将三个特征向量进行融合,与用户特征融合方式相同,电影特征融合也可以采用特征级联后再加一个全连接层的方式,输出一个 200 维的向量来作为电影的最终表示,如图 7-40 所示。

```
mov_combined = Linear(in_features=96, out_features=200)
#收集所有的电影特征
mov_features = [mov_id_feat, mov_cat_feat, mov_title_feat]
mov_features = [k.numpy() for k in mov_features]
mov_features = [paddle.to_tensor(k) for k in mov_features]

#对特征沿着最后一个维度级联
mov_feat = paddle.concat(mov_features, axis=1)
mov_feat = mov_combined(mov_feat)
mov_feat = F.tanh(mov_feat)
```

图 7-40　电影特征组合代码

7.3.3　模型训练和参数保存

至此,就完成了用户特征和电影特征的向量构造工作,每个用户和每部电影都被映射成了相同维度(200维)的隐语义向量,接下来可以使用向量的内积或者向量之间的相似度,也可以使用一个神经网络,将用户特征向量和电影特征向量的交互转换为一个标量,作为模型预测出的评分值。本章中使用余弦相似度的方式,作为预测评分,向量的余弦相似度的公式在前面有过介绍,只是当时计算的是两个物品或者两个用户之间基于统计得到的向量相似度。这里计算两种不同类别的向量(用户特征向量、电影特征向量)的相似度,可以理解为两个特征的匹配度(即用户画像特征与电影属性特征的匹配度),这种匹配度其实反映的就是用户对电影的偏好程度。由于向量相似度的数据范围是[0,1],还需要将其扩大到评分数据范围,评分分为1~5共5个档次,所以需要将相似度扩大5倍,使用PaddlePaddle的scale()方法,可以对输入数据进行缩放,具体代码如图7-41所示。

```python
def similarty(usr_feature, mov_feature):
    res = F.common.cosine_similarity(usr_feature, mov_feature)
    res = paddle.scale(res, scale=5)
    return usr_feat, mov_feat, res

#使用上文计算得到的用户特征和电影特征计算相似度
_sim = similarty(usr_feat, mov_feat)
print("相似度是: ", np.squeeze(_sim[-1].numpy()))
```

图 7-41　相似度计算代码

接下来需要设计一个合适的损失函数,我们使用上面两节准备好的特征来训练推荐模型。在选择损失函数之前,先来对整个推荐过程进行一个总结,回顾一下我们设计的这个推荐系统的需求:本章简易推荐系统以MovieLens公开数据集作为基础,目的是构建一个基础的电影推荐系统,并提供用户登录后的首页推荐和用户进入某个电影详情页后的相关推荐两种推荐服务,显然两种推荐服务都属于列表推荐任务的范畴。实际上,现在大多数的推荐服务也提供的是列表推荐功能。但是由于MovieLens数据集本身是显式反馈数据集,它的交互数据包含显式的评分数据,因而更适合使用Point-Wise损失函数,通过建模真实评分和预测评分之间的差距来训练整个模型,这就要求我们的模型输出是针对测试集中每一组用户-物品对的预测评分值,属于评分预测模型。为了能使用评分预测模型实现列表推荐的功能,需要将训练好的所有特征向量进行保存,并封装出一个快速推荐函数,当有推荐需求时,根据输入的用户ID或电影ID查找到对应的特征向量,再将该向量与所有其他的电影向量进行相似度运算,通过将相似度由高到低排序,得到一个可推荐给用户的列表。

而为了得到用户和电影的特征向量,在7.2节里,把用户数据集和物品数据集分别进行了处理,把编号形式的各种ID记录以及标题、类别等文本信息都转换成机器方便接收的数字记录,接着搭建了多层的神经网络模型,根据不同特征的特性分别设计了多种网络结构,分阶段地将原始特征转换为分别代表用户喜好和电影特性的特征向量,每一个用户以及每一部电影都被表示为200维的特征向量。通过定义一个余弦相似度函数,可以方便地根据用户向量和物品向量计算得到预测评分,至此便完成了模型训练前的所有准备工作。

现在就可以开始进行模型训练了。为了高效地训练模型,需要提前定义好训练的参数,包括是否使用GPU、设置损失函数、选择优化器以及学习率等。在本次任务中,由于数据较为简单,我们选择在 CPU 上训练,优化器使用 Adam,学习率设置为 0.01,一共训练 10 个 epoch。在电影推荐中,可以作为标签的只有评分数据,因此,我们用评分数据作为 label,神经网络的输出作为预测值,使用均方差(Mean Square Error)损失函数去训练网络模型。

在如图 7-42 所示的 train()函数中需要传入一个 model 参数,model 参数是一个 Python 对象,其中集成了模型优化需要用到的数据迭代器,并且在对象初始化的时候会调用前面的特征提取部分的代码。在这段代码中,会循环地从 data_loader()中获得一个 batchsize 大小的数据,根据 model 中定义的预测函数求得这一批训练数据的预测值,再计算出 MAE 损失函数。同时,利用定义好的 Adam 优化器进行模型迭代,当某一轮训练完成后,会把当前 epoch 的模型参数保存下来。后续可以根据在测试集上的测试结果,选择测试结果最优 epoch 对应的模型作为推荐模型。

```python
def train(model):
    #配置训练参数
    lr = 0.001
    Epoches = 10
    paddle.set_device('cpu')
    #启动训练
    model.train()
    #获得数据读取器
    data_loader = model.train_loader
    #使用adam优化器,学习率使用0.01
    opt = paddle.optimizer.Adam(learning_rate=lr, parameters=model.parameters())

    for epoch in range(0, Epoches):
        for idx, data in enumerate(data_loader()):
            #获得数据,并转为tensor格式
            usr, mov, score = data
            usr_v = [paddle.to_tensor(var) for var in usr]
            mov_v = [paddle.to_tensor(var) for var in mov]
            scores_label = paddle.to_tensor(score)
            #计算出算法的前向计算结果
            _, _, scores_predict = model(usr_v, mov_v)
            #计算loss
            loss = F.square_error_cost(scores_predict, scores_label)
            avg_loss = paddle.mean(loss)
            if idx % 500 == 0:
                print("epoch: {}, batch_id: {}, loss is: {}".format(epoch, idx, avg_loss.numpy()))
            #损失函数下降,并清除梯度
            avg_loss.backward()
            opt.step()
            opt.clear_grad()
        #每个epoch保存一次模型
        paddle.save(model.state_dict(), './checkpoint/epoch' + str(epoch) + '.pdparams')
```

图 7-42　模型训练代码

对训练过的模型在验证集上做评估,除了训练所使用的 Loss 之外,还有三个选择:①评分预测精度 ACC(Accuracy):将预测的 float 数字转成整数,计算预测评分和真实评分的匹配度。评分误差在 0.5 分以内的算正确,否则算错误。②评分预测误差(Mean Absolut Error,MAE):计算预测评分和真实评分之间的平均绝对误差。③均方根误差(Root Mean Squard Error,RMSE):计算预测评分和真实值之间的平均平方误差。图 7-43 中是使用训练集评估这两个指标的代码实现。

这里的验证函数需要传入定义的模型对象和某一轮迭代时保存的参数文件所在的路径,通过 paddle.load()函数可以加载模型的参数到内存中,然后调用测试集里的记录来计算当前模型的 ACC 和 RMSE。我们可以遍历传入每一轮 epoch 生成的参数文件,从而判断哪一轮训练中得到的模型效果最佳,从而将该次训练得到的用户特征矩阵和电影特征矩阵单独保存下来,作为后续在线推荐时快速查找用户画像和物品特征的备份。这里矩阵保存

```python
def evaluation(model, params_file_path):
    model_state_dict = paddle.load(params_file_path)
    model.load_dict(model_state_dict)
    model.eval()
    acc_set = []
    avg_loss_set = []
    squaredError =[]
    for idx, data in enumerate(model.valid_loader()):
        usr, mov, score_label = data
        usr_v = [paddle.to_tensor(var) for var in usr]
        mov_v = [paddle.to_tensor(var) for var in mov]
        _, _, scores_predict = model(usr_v, mov_v)

        pred_scores = scores_predict.numpy()

        avg_loss_set.append(np.mean(np.abs(pred_scores - score_label)))
        squaredError.extend(np.abs(pred_scores - score_label )**2)

        diff = np.abs(pred_scores - score_label)
        diff[diff >0.5] = 1
        acc = 1 - np.mean(diff)
        acc_set.append(acc)
    RMSE =sqrt(np.sum(squaredError) / len(squaredError))
    return np.mean(acc_set), np.mean(avg_loss_set) ,RMSE
```

图 7-43　模型评估代码

需要用到 Pickle 库，它为 Python 提供了一个简单的持久化功能，可以很容易地将 Python 对象保存到本地，但缺点是保存的文件可读性较差，具体实现代码如图 7-44 所示。

```python
from PIL import Image
import pickle
#定义特征保存函数
def get_usr_mov_features(model, params_file_path):
    paddle.set_device('cpu')
    usr_pkl = {}
    mov_pkl = {}
    #定义将list中每个元素转成tensor的函数
    def list2tensor(inputs, shape):
        inputs = np.reshape(np.array(inputs).astype(np.int64), shape)
        return paddle.to_tensor(inputs)
    #加载模型参数到模型中，设置为验证模式eval()
    model_state_dict = paddle.load(params_file_path)
    model.load_dict(model_state_dict)
    model.eval()
    #获得整个数据集的数据
    dataset = model.Dataset.dataset
    for i in range(len(dataset)):
        #获得用户数据，电影数据，评分数据
        #本案例只转换所有在样本中出现过的user和movie，实际中可以使用业务系统中的全量数据
        usr_info, mov_info, score = \
            dataset[i]['usr_info'], dataset[i]['mov_info'], dataset[i]['scores']
        usrid = str(usr_info['usr_id'])
        movid = str(mov_info['mov_id'])
        #获得用户数据，计算得到用户特征，保存在usr_pkl字典中
        if usrid not in usr_pkl.keys():
            usr_id_v = list2tensor(usr_info['usr_id'], [1])
            usr_age_v = list2tensor(usr_info['age'], [1])
            usr_gender_v = list2tensor(usr_info['gender'], [1])
            usr_job_v = list2tensor(usr_info['job'], [1])
            usr_in = [usr_id_v, usr_gender_v, usr_age_v, usr_job_v]
            usr_feat = model.get_usr_feat(usr_in)
            usr_pkl[usrid] = usr_feat.numpy()
        #获得电影数据，计算得到电影特征，保存在mov_pkl字典中
        if movid not in mov_pkl.keys():
            mov_id_v = list2tensor(mov_info['mov_id'], [1])
            mov_tit_v = list2tensor(mov_info['title'], [1, 1, 15])
            mov_cat_v = list2tensor(mov_info['category'], [1, 6])
            mov_in = [mov_id_v, mov_cat_v, mov_tit_v, None]
            mov_feat = model.get_mov_feat(mov_in)
            mov_pkl[movid] = mov_feat.numpy()
    pickle.dump(usr_pkl, open('./usr_feat.pkl', 'wb'))
    pickle.dump(mov_pkl, open('./mov_feat.pkl', 'wb'))
```

图 7-44　模型参数保存代码

这里特征矩阵保存函数的整体流程分为三步：①加载预训练好的模型参数，因此也需要输入某一个 epoch 保存的全部模型参数；②输入数据集的数据，提取整个数据集的用户特征和电影特征，需要注意数据输入到模型前，要先转成内置的 tensor 类型并保证尺寸正确；③分别得到用户特征向量和电影特征向量，使用 Pickle 库保存字典形式的特征向量，使用用户和电影 ID 为索引，以字典格式存储数据，可以通过用户或者电影的 ID 索引到用户特征和电影特征。保存好有效代表用户和电影的特征向量后，在 7.4 节将讨论如何基于这两个向量构建推荐系统。

7.4 模拟在线电影推荐

在本章前面的内容里，已经完成了神经网络的设计，并根据用户对电影的喜好作为训练指标完成了推荐模型的训练。神经网络有两个输入：用户数据和电影数据。通过神经网络提取用户特征和电影特征，并计算特征之间的相似度，相似度的大小和用户对该电影的评分存在对应关系。即如果用户对这个电影感兴趣，那么对这个电影的评分也是偏高的，最终神经网络输出的相似度就更大一些。

完成训练后，我们就可以开始给用户推荐电影了。根据 7.4 节中的需求分析，我们有两个具体的推荐场景，一个是首页推荐，一个是相关推荐。首页推荐可以抽象为输入一个用户 ID，我们根据用户的喜好推荐一个电影列表作为返回值，这可以通过计算用户特征和电影特征之间的相似性，并排序选取相似度最大的结果来进行推荐，整个流程如图 7-45 所示。它的具体步骤为：读取保存的特征，根据给定的用户 ID，可以索引到对应的特征向量，再通过计算用户特征和全部他没看过的电影特征向量的相似度，构建相似度列表，对这些相似度排序后，选取相似度最大的几个特征向量，找到对应的电影 ID，即得到推荐清单。

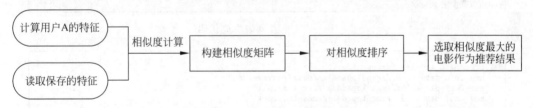

图 7-45 首页推荐思路流程图

（1）首先来看如何读取特征向量，在 7.3 节中，使用 Pickle 库将训练好的用户向量和物品向量以字典的形式存储到磁盘上，现在需要生成在线推荐时，必须先把保存的向量加载到内存中，同样使用 Pickle 库提供的接口，如图 7-46 所示。

（2）在加载完特征向量后，就可以根据设计好的推荐思路，来生成推荐列表，针对首页推荐，我们是根据登录用户的喜好生成推荐结果，因此需要将当前登录用户的特征向量与库中全部物品向量进行相似度计算，求得所有相似度后，对其进行由高到低排序，我们模拟为 4 号用户进行推荐，如图 7-47 所示。

（3）最后，将根据用户 ID 推荐电影的实现封装成一个函数，方便直接调用，由于不同的场景下可能需要得到不同数量的推荐列表，因此额外地将 top_k 设置为参数，函数实现如图 7-48 所示。

这里将根据用户 ID 推荐电影的实现封装成一个函数，需要调用首页推荐时，只需要传

```python
import pickle
import numpy as np

mov_feat_dir = 'mov_feat.pkl'
usr_feat_dir = 'usr_feat.pkl'

usr_feats = pickle.load(open(usr_feat_dir, 'rb'))
mov_feats = pickle.load(open(mov_feat_dir, 'rb'))

#模拟的用户ID
usr_id = 2
#通过用户ID索引到对应的特征向量
usr_feat = usr_feats[str(usr_id)]


mov_id = 1
mov_feat = mov_feats[str(mov_id)]
```

图 7-46   模型参数加载代码

```python
import paddle

#根据用户ID获得该用户的特征
usr_ID = 4

#根据用户ID索引到该用户的特征
usr_ID_feat = usr_feats[str(usr_ID)]
#记录计算的相似度
cos_sims = []
paddle.disable_static()
#索引电影特征，计算和输入用户ID的特征的相似度
for idx, key in enumerate(mov_feats.keys()):
    mov_feat = mov_feats[key]
    usr_feat = paddle.to_tensor(usr_ID_feat)
    mov_feat = paddle.to_tensor(mov_feat)

    #计算余弦相似度
    sim = paddle.nn.functional.common.cosine_similarity(usr_feat, mov_feat)
    #从形状为(1,1)的相似度sim中获得相似度值sim.numpy()[0]，并添加到相似度列表cos_sims中
    cos_sims.append(sim.numpy()[0])

#对相似度排序，获得最大相似度在cos_sims中的位置
index = np.argsort(cos_sims)
```

图 7-47   推荐列表生成代码

```python
#定义根据用户兴趣推荐电影
def recommend_mov_for_usr(usr_id, top_k):
    mov_info_path = "G://paddlapaddle//data//movies.dat"
    usr_feat_dir = 'G://paddlapaddle//usr_feat.pkl'
    mov_feat_dir = 'G://paddlapaddle//mov_feat.pkl'
    #读取电影和用户的特征
    usr_feats = pickle.load(open(usr_feat_dir, 'rb'))
    mov_feats = pickle.load(open(mov_feat_dir, 'rb'))
    usr_feat = usr_feats[str(usr_id)]
    cos_sims = []
    paddle.disable_static()
    #索引电影特征，计算和输入用户ID的特征的相似度
    for idx, key in enumerate(mov_feats.keys()):
        mov_feat = mov_feats[key]
        usr_feat = paddle.to_tensor(usr_feat)
        mov_feat = paddle.to_tensor(mov_feat)
        #计算余弦相似度
        sim = paddle.nn.functional.common.cosine_similarity(usr_feat, mov_feat)
        cos_sims.append(sim.numpy()[0])
    #对相似度排序
    index = np.argsort(cos_sims)[-top_k:]
    return index
```

图 7-48   首页推荐封装接口示意图

入用户的 ID 和需要推荐的物品个数，返回值是前 top_k 个预测评分最高的物品 ID，在真实应用场景中，我们不会直接把 ID 呈现给用户，当然用户也不理解这些 ID 具体指代了什么，

通常这段代码还会被再次封装,我们需要搭建一个能与用户交互的系统,用户进入系统客户端的界面,就会向系统服务器发送一个调用请求,请求中处理一些必要的业务逻辑,再调用封装过的推荐函数。

这里使用 Django 框架搭建了一个简单的网页系统,这是一个开源的 Python Web 框架,我们可以利用它快速开发一个简单的推荐服务器,在 PyCharm 集成开发环境可以快速创建出一个初始的 Django 项目,新构建的项目结构如图 7-49 所示。

这里对项目结构做一个简单的介绍,manage. py 是启动系统的地方,也是项目的管理文件,一般情况下不需要修改;templates 文件夹用来存放一些页面文件,后续会把编写好的前端页面文件放在这里;在 movie_rec 目录下,_init_. py 和 wsgi. py 一般情况下不需

图 7-49　Django 项目
结构图

要改动;settings. py 用来保存项目的所有配置信息,在开发过程中的一些配置会在这里改动;urls. py 是用来做请求映射的,客户端的浏览器会发出请求,系统会从这个文件中寻找对应的控制器或视图函数。

我们可以在 urls. py 中编写处理首页推荐请求的函数,如图 7-50 所示。这个函数主要分成以下四部分。

（1）获取请求中携带的用户 ID 和需要推荐的电影数量,调用前文中编写的首页推荐接口,得到电影 ID 组成的列表。

（2）将列表中包含的电影全部数据从数据库中取出。

（3）将数据库查询结果按照所需的格式进行处理。

（4）携带数据返回页面。

```python
def rec(request):
    #调用首页推荐接口，这里自定义为向4号用户推荐18部电影
    index = recommend_mov_for_usr(4, 18)
    ids = []
    for i in index:
        ids.append(i)
    #从数据库中查出电影ID对应的各种信息
    sql = "select * from movie where id in %s"
    db = pymysql.connect(host='127.0.0.1', user='root', password='123456', database='rec')
    cursor = db.cursor()
    cursor.execute(sql,(ids,))
    #业务处理
    select_res = cursor.fetchall()
    list = []
    i = 0
    while i < len(select_res):
        temp = select_res[i]
        list.append({"id":temp[0],"title":temp[1],"category":temp[2],
                    "imgsrc":temp[3],"year":temp[4],"description":temp[5]})
        i+=1
    context = {}
    context["list"] = list
    context["userid"] = 4
    #携带数据并返回页面
    return render(request,'movies.html',context)
```

图 7-50　首页推荐请求处理代码

由于缺少真实的登录环境,这里模拟为 4 号用户进行首页推荐,并把所需展示的电影数量设置为 18。在得到需要推荐的 ID 列表后,会从数据库中取得这些电影的额外信息,为了具备一定的展示效果,我们把 MovieLens 中的每部电影都存入了 MySQL 数据库,并额外搜

集了电影的海报和摘要,在得到这些待推荐的电影数据后,便可以将其打包封装到请求的响应里,返回给页面,这里把数据封装在 context 变量中,并返回到 movies.html 页面里,最终呈现在用户眼前的效果如图 7-51 所示。

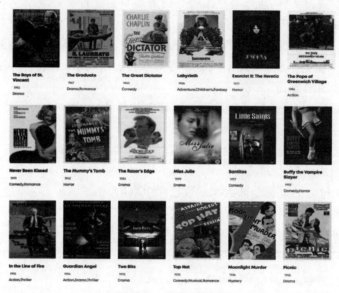

图 7-51　首页推荐页面

我们默认在用户登录首页后为其推荐了 18 部他可能最感兴趣的电影,这是通过计算该用户的特征向量与全部物品特征向量的相似度后排序所得,当用户单击进入某部电影的详细页面后,可以看到该电影的全部信息,同时,还需要根据当前电影的特性,为用户生成一些相关推荐,假设用户 4 单击了首页为其推荐的第一部电影 *The Boys of St.Vincent*,他将看到如图 7-52 所示的画面。

除了当前电影的详细信息外,还额外为其推荐了六部相关的电影,从结果中可以看到,推荐的六部电影都具有 Drama 的分类,与当前用户访问的电影类别一致,说明相关推荐的设计是有一定效果的。得益于特征向量的保存,相关推荐也可以通过计算相似度再排序的方式实现,我们可以计算当前电影与全部其他电影之间向量的相似度判断它们是否具有一定关联,这种实现思路和上述首页推荐类似,只不过不需要传入用户 ID,传入的是当前用户访问的具体电影 ID,通过将该电影与数据集中全部电影进行相似度计算,再排序即可得到待推荐的相关电影列表。相关推荐函数代码如图 7-53 所示。

同样,为了接受用户进入某电影详情页的请求,在 Django 框架中也需要添加一个函数用于处理相关推荐的业务,这部分逻辑与前面的首页推荐一致,需要得到用户进入的详情页

‹ BACK

Santitos

1999　1080 HD　**Drama**

When St. Jude appears to her to tell her that her daughter is still alive, Esperanza goes on a search to find her daughter.

  👍 👎

+ ADD YOUR LIST

Related Movies

Murder in the First
1995
Drama,Thriller

A Christmas Story
1983
Comedy,Drama

The Minus Man
1999
Drama,Mystery

White Boys
1999
Drama

The Falcon and the Snowman
1984
Drama

The Piano
1993
Drama,Romance

图 7-52　电影详情页面

```
#根据物品ID推荐与其相似的电影
def recommend_mov_for_item(item_id, top_k):
    mov_info_path = "G://paddlapaddle//data//movies.dat"
    mov_feat_dir = 'G://paddlapaddle//mov_feat.pkl'
    #读取电影和用户的特征
    mov_feats = pickle.load(open(mov_feat_dir, 'rb'))
    cur_mov_feat = mov_feats[str(item_id)]
    cos_sims = []
    #with dygraph.guard():
    paddle.disable_static()
    #索引电影特征，计算和输入用户ID的特征的相似度
    for idx, key in enumerate(mov_feats.keys()):
        mov_feat = mov_feats[key]
        mov_feat = paddle.to_tensor(mov_feat)
        cur_mov_feat = paddle.to_tensor(cur_mov_feat)
        #计算余弦相似度
        sim = paddle.nn.functional.common.cosine_similarity(cur_mov_feat, mov_feat)
        cos_sims.append(sim.numpy()[0])
    #对相似度排序
    index = np.argsort(cos_sims)[-top_k:]
    return index
```

图 7-53　相关推荐功能代码

所属的电影 ID，并根据这个 ID 调用设计好的相关推荐接口，得到一个电影列表并进行业务处理，最后携带着数据返回给前端页面，完整代码如图 7-54 所示。

至此，一个简易的电影推荐系统就完成了。回顾一下本章的内容，我们是利用 MovieLens 电影数据集来进行推荐计算的，在真实推荐应用开发中不会使用这样的方式。应用开发者需要收集自己系统的用户交互信息，为了能提供个性化推荐的计算所需，一般会先不提供推荐服务或者只提供简单的非个性化推荐，先将系统部署上线，等到系统运行一段

```python
def onemovie(request):
    #得到用户进入详情页的电影ID
    id = request.GET.get('id')
    index = recommend_mov_for_item(id, 6)
    ids = [id]
    for i in index:
        ids.append(i)
    #查询相关电影的附加信息
    sql = "select * from movie where id in %s"
    db = pymysql.connect(host='127.0.0.1', user='root', password='123456', database='rec')
    cursor = db.cursor()
    cursor.execute(sql, (ids,))
    select_res = cursor.fetchall()
    list = []
    i = 1
    while i < len(select_res):
        temp = select_res[i]
        list.append({"id": temp[0], "title": temp[1], "category": temp[2],
                     "imgsrc": temp[3], "year": temp[4], "description": temp[5]})
        i += 1
    context = {}
    context["list"] = list
    context["curmovie"] = {"id": select_res[0][0], "title": select_res[0][1],
                           "category": select_res[0][2], "imgsrc": select_res[0][3],
                           "year": select_res[0][4], "description": select_res[0][5]}
    return render(request,'movie-single.html',context=context)
```

图 7-54 相关推荐请求处理代码

时间,获得了相当数量的交互数据后,才可以训练推荐模型,在主业务中加入推荐功能。针对我们所选用的数据集,我们设计了一个神经网络模型,分别处理用户和物品的多个特征,最终生成了每个用户及物品各 200 维的特征向量,通过两个向量之间的余弦相似度作为预测的评分值,使用均方差损失函数训练模型,最终收敛的模型参数被保存到磁盘上,再通过本节所述的在线推荐接口提供了首页推荐和相关推荐两种场景的推荐服务。

第8章

推荐系统中的问题与挑战

"推荐系统"一词,从1995年在美国人工智能协会上第一次被正式提出直到今天已经二十多年,从基础的基于统计的推荐,到前沿的基于深度学习的推荐,推荐的方法层出不穷,研究人员们从推荐的准确性、多样性、实时性、可解释性等各个角度对推荐算法都进行了优化与改进。

然而事物总具有两面性,虽然推荐系统已经被成功运用于很多大型互联网应用,但是在它的发展过程中,仍会存在各种各样的问题。除了传统的推荐冷启动、数据稀疏等问题,还有随着数据体量增长带来的推荐效率、推荐准确性等各种问题。本章会对推荐系统发展过程中遇到的一些典型问题和挑战进行介绍,并对缓解对应问题的方法进行探讨。

8.1 冷启动问题

8.1.1 冷启动问题定义

冷启动问题是推荐系统中最原始、最经典的挑战性问题。我们知道,推荐系统最主要的目标是要将合适的物品推荐给合适的用户,一般的推荐系统流程图如图8-1所示。①数据信息采集,例如,用户的注册信息、用户的上下文信息、用户评分信息及用户其他行为信息等;②属性特征提取,通过多种方法对这些数据进行处理,获取用户的喜好特点或者物品的属性特征;③用户兴趣分析,根据相似用户的喜好特征、外部的上下文情景信息、目标用户的社会网络信息等,分析出目标用户可能感兴趣的属性特征;④相关物品推荐,根据这些特征信息去匹配符合用户喜好的物品,并通过一定的方式展现给用户。

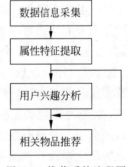

图 8-1 推荐系统流程图

从图8-1可以看出,若要实现高效准确的推荐效果,除了学术界研究得热火朝天的推荐算法之外,更基础的就是需要足够丰富的数据集作为算法计算的输入,没有这些基础数据(用户数据、物品数据、用户对物品的交互数据),推荐算法就是"无米之炊"。而在某些情况下,这些基础数据是缺失的,或者数据量太少无法支持我们完成上述推荐的某个步骤,从而导致无法为目标用户生成合适的推荐结果——这就是典型的推荐系统中的冷启动问题。

我们来看一个例子:有如图8-2所示的交互矩阵,在使用基于用户的协同过滤算法时,首先需要计算用户之间的交互相似度,再根据相似度矩阵,寻找与目标用户最相似的用户群,统计用户群中交互过的高分物品作为目标用户的推荐候选。如果此时要针对用户 C 进行推荐,会发现无法为其寻找相似用户,因为他是一名新用户,没有历史交互记录,通过交互向量计算出的与其他用户之间的相似度皆为零,这时便是发生了冷启动问题而导致推荐失败。

用户 \ 物品	a	b	c	d	e
A	?	2	3	?	1
B	4	2	?	5	4
C	?	?	?	?	?
D	4	1	2	3	?
E	?	3	?	3	1

图 8-2 用户物品交互矩阵

历史交互数据是个性化推荐系统的先决条件,个性化推荐算法都需要历史交互数据进行建模分析,并以此来预测用户未来的行为和兴趣。一个互联网产品的生命周期中包含系统部署和用户快速增长的阶段。在系统刚刚部署上线时,数据库中完全没有交互数据和用户数据,只有自带的存于数据库中的物品数据,而在系统不断运行过程中,又会有新物品的上线以及新用户的注册,会不断地面临如何为新用户、新物品进行推荐的问题。在这种情况下,由于历史交互记录的缺乏,需要依靠交互作为标签来训练模型的协同过滤等算法便无法正常工作。[①] 怎样在缺少历史行为数据的前提下(新的用户、新的物品或者是一个新的系统)对用户进行推荐,并取得用户较好的满意程度——这就是冷启动问题。针对不同的新事物,可以具体把冷启动问题分为以下三类[1]。

(1)用户冷启动:这种情况主要发生在登录系统的账号为新注册用户时,由于推荐系统中完全没有当前账号的交互历史,使得系统背后的推荐算法无法根据交互来建模用户画像,自然也就无法生成个性化的推荐。更宽泛来看,当一个用户与系统的交互记录非常少时,也会发生用户冷启动的问题,由于该用户不完善的个人信息和交互行为信息,导致推荐算法无法正常工作,这种现象被称为用户冷启动问题。

(2)物品冷启动:在基于物品的协同过滤算法里,需要根据两个物品之间的被用户交互的相似程度来判断两个物品是否关系密切,然而如果推荐系统中上架了一个新的物品,此时该物品完全没有被交互过,与其他物品之间的相似度均为零,也就无法利用推荐算法将该物品进行推广。简言之,当一个物品评分数据很稀少时,系统无法收集物品的交互特征,从而不能将其与用户进行关联,导致新物品能够被推荐的概率降低,我们认为此时便发生了物品冷启动问题。

(3)系统冷启动:系统冷启动问题可以看成用户冷启动和物品冷启动的组合问题。由于新的系统刚刚上线,自带的物品没有被交互过,所有访问系统的流量也完全来自新注册的

---

① 推荐系统冷启动。https://www.toutiao.com/i6787733402805076491/? wid=1628815831777。

用户,相当于同时发生了上述两种问题,这时候称为系统冷启动问题。

8.1.2 冷启动解决方法

一直以来,冷启动问题是推荐系统必须要面对的问题,也是一个很棘手的问题。随着5G时代的到来,特别是现在智能手机的更新换代迎来了移动互联网的发展,短视频、咨询等应用的发展使得个性化推荐逐渐被更多人所熟知,推荐模块已经从很多产品的标配模块升级到最核心的首页模块,用户一打开软件,首先体验到的就是产品给他推荐的产品是否精准,也会影响用户对整个软件平台是否喜欢,是否会继续留存为软件的铁杆用户。因此,个性化推荐服务已经是必需品,而想要获得新用户的使用依赖,提高使用各种手段带来的新用户向留存用户的转换率,就必须要面对推荐冷启动这个问题。

既然冷启动问题对于推荐系统如此重要,那么应该如何解决呢?针对不同的冷启动类型,通常会有不同的解决策略,下面按照类型的顺序依次进行讨论。

1. 用户冷启动解决方案

首先来看用户冷启动。解决用户冷启动就是解决如何给新注册的用户做个性化推荐的问题。为什么对新用户进行推荐会比较困难呢,这是因为我们对新用户掌握的信息较少,系统无法从用户的使用记录中挖掘他的兴趣偏好,所以基本不知道用户的真实兴趣,从而很难为用户推荐他喜欢的物品,因此解决的关键是要尽可能地多获得用户的各类信息。通常有以下几种方法。

(1)提供非个性化的推荐。这是最简单的一种方法,也会有一些效果,可以利用一些非个性化推荐方法,例如,基于流行度的推荐、基于关联规则的推荐等。实践中,可以先用这些非个性化推荐方法粗略地给用户产生一个结果列表,从他对这些推荐结果的不断交互中积累用户的行为记录,并慢慢从中挖掘用户兴趣,等到足以支撑个性化推荐算法的需求时,再切换到基于行为记录分析的个性化推荐策略。

(2)采用用户的注册信息。当用户在软件系统中注册时,一般会被要求提供一定的基本信息,例如,用户的年龄、性别、职业、学历,甚至爱好等信息,这些信息也称为用户的人口统计学信息。例如,在短视频应用中,我们如果知道用户是一位男性学生,可以按照大部分同类型用户的喜好,推荐篮球比赛、网游剪辑等大多男性学生感兴趣的内容,虽然这种个性化的粒度很粗糙,因为所有刚注册的男性学生看到的可能都是同样的结果,但相比较于非个性化的方式(如全网用户的流行度统计),这种推荐的精度已经大大提高了。当然,基于用户的统计学信息来做推荐,要求软件平台事先知道用户的部分信息,但是随着互联网的发展,用户在更容易获取信息的同时,也更加关注个人资料的安全和隐私等问题,对于需要填写个人信息的场景,用户可能会抵触,或者只在少数必要情况下才愿意配合填写,因此想要通过收集各个方面的用户注册信息来构建比较完善的用户特征是不太容易的。实践中,可以在用户注册时,对用户提一些包含其对不同类型物品兴趣的问题,通过用户的回答获取用户潜在的兴趣特征,通过该方法可以在一开始就得到新用户比较精准的兴趣偏好,也是一个较好的冷启动方案。但是要注意用户都是偷懒的,倾向于简单直接的界面操作,不能让用户填写太多内容,避免用户还没开始正式使用软件之前就产生抵制情绪,甚至直接放弃、卸载软件。除此以外,还可以与其他平台进行合作,从其他外部系统导入一些数据记录,例如,导入一些社交平台的社交网络信息,或者请求用户开放授予手机的一些应用权限(如位置服务)等,这样来增加推荐服务的输入信息,缓解用户冷启动问题。

(3) Bandit 策略。这是一种经典的方法,类似于"摇臂机"思想,所以也称为"摇臂策略"。首先,将所有产品分成多个类别,再针对每个类别选择一些物品,使得每个类别中的物品得到相等相近的曝光机会,将它们试探性地推荐给新用户。这种方法一般会试探出用户的一些喜好,然后快速地统计这些物品,然后将其作为"种子物品"使用类似于物品相似度的方法扩散用户的推荐列表。对于那些在多次试探中表现不好的物品,则要及时止损,终止推荐并更换其他物品,毕竟在用户界面前的物品曝光机会非常宝贵。这种方法对实际操作的要求是被选择的类别需要具有比较明显的特征,并且在每个类别中挑选出的这些物品也要明显地体现出类别所具有的特点,让用户在做选择时感受到的兴趣方向与方案设计人所思考的一致,防止对后续更精细的推荐产生负面影响。

(4) 拉长用户交互时长。在实际电商平台中,出于用户偏好迁移以及计算量的考虑,通常将一段时间内(如 3 个月)的交互数据作为一个计算周期,如果在这个周期内用户的活跃度很低,交互记录很少的话,则可以适当拉长交互时长(至 6 个月),再进行兴趣分析和相关的推荐。虽然,太过久远的交互记录对用户偏好建模没有那么准确,但是也是远远好过没有用户的历史交互数据的。

2. 物品冷启动解决方案

针对物品冷启动,同样存在类似于用户冷启动的问题。对于新物品,我们也不知道什么用户会喜欢它,只能根据用户历史行为了解用户的真实喜好,如果新物品与数据库中存在的旧物品可以建立相似性联系的话,我们就可以根据这个相似性将新物品推荐给喜欢与它相似物品的用户。因此针对物品冷启动问题,一个关键步骤是:想办法将新物品与旧物品建立联系。与新用户主要来源于用户注册不同,新物品的上线一般来源于内容(物)提供商的主动操作,因此为了给这些物品更多的曝光机会,内容(物品)提供商一般都会给予新物品比较详细的属性信息。因此,一个好办法是充分利用物品的内容、标签等属性特征,对于新加入的物品将其与旧物品进行关联,进而将其推荐给喜欢过和它们类似的物品的用户。

对于前面用户冷启动中提到的 Bandit 策略,也同样可以用于解决物品冷启动问题。对于新物品,按照一定的规则给予其曝光机会,并及时收集用户对其的点击率、转化率,如果用户反馈良好,将其加入待推荐物品池,如果反馈不好及时止损。这样既可以解决新物品的冷启动问题,也在一定程度上提高了新物品的曝光量,减少新物品永远不被用户所接触的可能。除此以外,为避免新物品得不到被推荐的机会,也可以将新物品和其他物品组合打包,保证新的物品不会太过于被"冷落"。

3. 系统冷启动解决方案

最后来看一看系统冷启动的解决,针对刚部署上线的软件平台(或者移动应用 App),所有访问系统的流量都来自新用户,也就是冷启动用户,每个物品都只有很少的交互,在这种情况下应该如何进行推荐呢?实际上,在一个产品诞生初期,个性化的推荐并不是最重要的,我们知道推荐系统往往依托于一个具体的产品(例如电商软件、新闻资讯类软件),在系统刚上线时,思考如何生成高质量的推荐之前,更重要的是提高用户使用产品时的体验,让用户有继续使用的可能,要确保产品的核心功能完备准确,并具有一定竞争力,只要这些核心功能是用户想要的,并且满足用户对操作简易性等的要求,那么系统便能持续运行并不断积累用户交互。在收集到一定程度的用户反馈后,再引入个性化的推荐也是个不错的选择,如果实在要一开始就进行推荐,可以尝试一些非个性化推荐或者简单的基于内容的相关物品推荐,方便用户对某个物品感兴趣时可以快速关联到相似内容。[①] 这时也可以借助于领域专家的知识,利用专家的先验知识对系统中的物品进行分析,作为后面的个性化推荐的前提和基础条件。例如,邀请一些对相关物品相当了解的专家进行商品特征标注(主要是标记物品的类型、风格、产地、功能、成分等),以方便对物品的特征分析,并建立相应的相似度表,将用户对物品的兴趣程度细化到用户对不同的物品特征的兴趣。此外,在专家先标记一部分物品之后,使用自然语言处理和机器学习技术,通过分析物品自身的相关属性来进行自我标记,实现半自动的特征标记,从而节约相当的人力。

8.2　数据稀疏性问题

8.2.1　数据稀疏问题定义

基于协同过滤的个性化推荐是当前使用最为广泛,也是使用最为成功的个性化推荐技术,当用户交互数据比较丰富的时候,协同过滤能够给出较高的推荐质量。但是协同过滤推荐方法面临的另一个重要的问题(还有一个是8.1节中介绍的冷启动问题)就是用户交互数据的稀疏性问题,数据稀疏性严重地制约着协同过滤推荐方法的推荐质量和系统性能。在8.1节中讲解了推荐系统中的冷启动问题,实际上冷启动问题可以理解为数据稀疏问题的一种特例——对于冷启动用户和冷启动物品来说,是一种极端情况下的数据稀疏性问题。

在基于协同过滤的个性化推荐系统中,会通过系统的评价组件或者收集页面来采集用户的评价或者反馈信息,在此基础上,可以构造出一个"用户-物品"交互矩阵。假设矩阵有 m 行 n 列,分别表示数据库中一共采集了 m 个用户和 n 个物品的信息,则该矩阵的稀疏度定义如下:

$$S = \frac{\sum_{i=1,j=1}^{n,m} R_{i,j}}{n \times m} \tag{8.1}$$

其中, $R_{i,j}$ 表示用户 i 对物品 j 有过交互, S 的值越小,表示用户-物品交互矩阵的稀疏程度越高。表 8-1 列出了推荐算法常用的数据集的稀疏度。

表 8-1　推荐算法常用的数据集稀疏度

数　据　集	用 户 数 量	物 品 数 量	评 分 数 量	稀　疏　度
MovieLens-1M	6040	3883	1 000 209	4.26%
MovieLens-10M	69 878	10 681	10 000 054	1.33%
MovieLens-20M	138 493	27 278	20 000 263	0.52%
Netflix	480 189	17 770	102 395 502	1.20%
Book-Crossing	92 107	271 379	1 031 175	0.0041%
Last. fm	1892	17 632	92 834	0.28%
Jester	124 113	150	5 865 235	31.50%

在一个典型的电子商务网站中,其提供的物品数量可以达到千万级别,其用户数量甚至可以达到亿级别,在类似于这样物品和用户规模的网站中,基于协同过滤构建的个性化推荐

---

① 深度|推荐系统如何冷启动. https://blog. csdn. net/dqcfkyqdxym3f8rb0/article/details/89077884.

服务根据用户对访问的资源或者购买的商品所形成的评价矩阵就会变得异常稀疏。以淘宝为例,《2021年3月电商App月活数据报告》显示2021年3月份淘宝的活跃人数达到4500万人,在线商品数量达到8亿。在构建用户-物品评价矩阵时,正常一个用户每天可以浏览20个商品,一个月也就可以浏览600个商品,按照公式S的定义,在用户-物品评价矩阵中只有4500万×600个数据是有值的,则该系统的稀疏度达到了0.000 075%。

用户规模以及资源规模所造成的数据稀疏问题是无法避免并且广泛存在的,一方面是由于用户反馈行为的不确定性,例如,在电商平台中,很多人在收到物品后嫌麻烦,不想再去花费时间评价自己购买的商品,会进一步地加剧推荐系统中数据的稀疏程度;另一方面收集用户反馈数据只是建立交互数据的第一步,接下来就需要对收集的数据进行分析和处理,若收集的数据是以数值形式表达的,则推荐系统可以很方便地建立起用户-资源评价矩阵,但很多时候推荐系统收集的用户反馈并不是纯数值形式的,例如文字评价,此时推荐系统需要对这些文本类型的反馈值进行文本处理,处理过程依赖于语义分析和文本挖掘,而语义分析本身就难以达到高准确度,最终也会导致数据稀疏。

缺少了足够的交互数据,会直接影响推荐的效果和质量,前面介绍的很多算法(Item-KNN、矩阵分解方法等)都是基于用户对物品的历史交互记录,数据越多模型的训练效果就越好,对用户的偏好的预测效果也就越好,而数据越稀疏(用户交互缺失值过多)对模型的训练以及未知的预测推荐都带来了很大的难度。

8.2.2　数据稀疏问题解决方法

数据稀疏性问题是无法完全解决的,只能通过一些办法在一定程度上缓解它。

1. 数据补填

最简单的一种方法是对交互矩阵中的缺失值进行填充,一般可以有两种方法:直接填充、建模填充。**直接填充**直接利用矩阵中已有元素的一些统计值进行填充,例如,每一列的平均值或者全局平均值等,也可以使用零值填充的方法,这种思路虽然简单,但是填充的数据因为没有考虑到用户或物品的特殊属性可能存在较大误差从而对推荐效果产生一定的负面影响。**建模填充**通过观察缺失值和其他已有记录之间的联系,建立一个统计模型或者回归模型,然后预测缺失的值应该是什么,这种方法需要在进行推荐之前先构建缺失值预测模型,一定程度上增加了算法的复杂程度。

2. 基于聚类的交互关系扩散[2]

"基于聚类的交互关系扩散"也是缓解数据稀疏问题的一种方法,也是一种很直白的办法,分成以下两个步骤。

(1) 聚类过程。通过聚类技术(如简单的KNN技术),可以有效地将大规模的、性质类似的用户或者产品聚集成一个类别。

(2) 交互关系扩散过程。将原本系数的交互关系扩展到类别之间的交互上。具体来说,如图8-3所示,对于某一类用户集合A中的一个用户u_1,我们收集到它对某一类物品集合B中的一个物品i_1有过交互,为了扩大交互数量,可以把i_1所在类别B的其他物品也视为u_1交互过的物品,类似也可以认为u_1所在类别A的其他用户也都交互过i_1这个物品,从而扩大了用户和物品之间的共同交互记录,这也相当于人为增加了有用的数据量。

为了更大化地扩展交互关系数据,甚至可以将已有交互记录构建为图结构的数据,通过

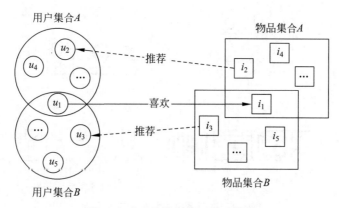

图 8-3　基于聚类的交互关系扩散

"用户-物品-用户-物品"这样的关系进行多层(多跳)扩散,从而将原来的一跳类别间扩散提高到二跳甚至更多跳的关联。

总结一下,基于聚类的技术可以很好地将性质类似的用户或者资源聚集成为小的类,从而将同类别中的交互记录互相扩展,或者直接在小的聚类的基础上进行推荐,以有效地压缩推荐空间,能够在一定程度上缓解评价数据稀疏问题,并且该技术通常不会丢失用户或者资源的信息。

3. 利用辅助信息

除了在原有的交互记录上想办法动脑筋之外,数据稀疏问题有时也可以通过引入辅助信息(Side Information)来缓解。在推荐系统领域,除了用户物品交互记录之外的数据都可以看成辅助信息,通过引入辅助信息,可以在原始的交互特征之外,为用户、物品的表达额外引入更丰富的信号量,让特征向量的建模更加健壮,从而在侧面补偿因为交互信息的稀疏引起的推荐性能下降问题。

图 8-4 展示了推荐系统中常见的一些辅助信息。

(1) 社交网络。通过图结构的数据展示了用户与用户之间显式的好友关系,当交互记录稀疏时,通过显式建模两两用户之间的亲密度关系,依靠目标用户的好友曾交互过的物品进行推荐。目前,有很多的研究证明社交网络对于个性化推荐是一个很好的补充,特别是在数据稀疏的情况下[3]。

(2) 用户或商品属性特征。这有点类似前面说过的基于内容的推荐,但它可以与协同过滤方法进行混合,分别建模物品的内容特征和交互特征,从多角度考察用户的兴趣偏好,从而缓解数据稀疏带来的推荐效果下降问题。

(3) 多媒体信息。例如,电影的海报,文本信息,商品用户评论等,这类数据通常也被称为多模态数据,要将其引入推荐系统,需要首先进行一些特殊处理,例如,海报这种图像数据,可以通过卷积神经网络来提取图像特征,文本信息可以通过词嵌入等方法转换成特征向量[4]。

(4) 上下文信息。假设一个用户购买了一个商品,购买记录的一些其他信息(时间、地点、当前用户购物车的其他物品信息)也可以作为辅助线索来催化出更多、更准的推荐结果。

引入辅助信息的目的大多数可以看作增加用户或者物品在交互之外的可建模数据,通过对引入的不同类别、不同来源、不同模态的数据进行处理和分析,配合协同过滤方法生成

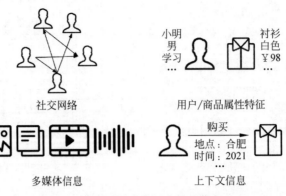

图 8-4 推荐系统中常见的辅助信息

混合交互特征向量,来提高推荐算法对用户兴趣和物品属性进行建模的能力,从而缓解协同过滤算法对交互数据的唯一性依赖,从而也可以缓解数据稀疏带来的推荐效果下降问题。针对不同的辅助信息,也衍生出一系列更加细分的推荐领域,例如,融入社交网络的社会化推荐研究,基于购物车上下文信息的会话式推荐,还有基于物品属性生成的知识图谱进行推荐等。

8.3 推荐可解释性问题

8.3.1 可解释问题定义

推荐系统的作用可以理解成充当用户和物品之间的一个中介,把物品介绍给用户,从这个角度来看很类似于现实生活中的销售人员,他们会联系各种客户来介绍自己的产品,表明产品的优点,以此打动客户购买产品。实际上,销售人员在推销商品时,总会找各种理由说服客户购买商品,这些理由可能是这个商品质量很好,可能是在充分了解目标客户的需求后有针对性地推销等。总之,这些推销的手段、理由就是一种类似于推荐系统中的可解释性问题。所谓推荐解释,就是在为用户提供推荐的同时,也给出合理推荐的理由,在现实生活中,我们也经常会给家人或朋友进行推荐,在推荐一家餐馆时,可能会说这家餐馆的食品卫生、服务质量高;推荐一个旅游景点时会给出这里风景优美、环境良好的原因;推荐一部电影可能是因为它的豪华明星阵容、剧情跌宕起伏。通过这些生活中的例子,想必我们可以形象地理解推荐解释,推荐系统不仅要向用户提供推荐结果,而且还提供一定的解释来表明此次推荐的原因,有科学研究表明,有一定解释的推荐有助于提高推荐系统的说服力、可信度和用户满意度等[5]。

在移动互联网这种信息爆炸的背景下,用户面临的选择太多,如果不能给出自己推荐物品的合理解释,往往难以使这个推荐物品脱颖而出,吸引用户的眼球。例如,在某电商网站中浏览一本推荐系统相关的书籍,如图 8-5 所示,系统会同时给出一些相关书籍的推荐,并给出推荐的原因"浏览此商品的顾客也同时浏览过以下物品"或"经常被一起购买的物品"。尤其在一些特殊行业,例如金融、医学、风控等,是必须要对算法模型具备解释能力的,否则出于后果重要性的角度,用户通常难以轻易接受系统给出的推荐结果。①

---

① 构建可解释的推荐系统. https://zhuanlan.zhihu.com/p/80067412.

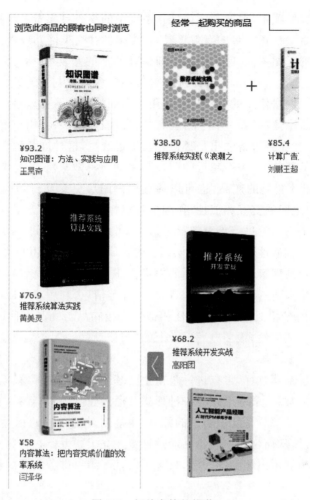

图 8-5　相关书籍的推荐

8.3.2　推荐解释方法

推荐解释可以是推荐模型的某一具体组成结构，也可以是在推荐模型之外的一种额外步骤。模型内在方法是要直接建立具有可解释性的推荐模型，通过提供透明化的算法计算和决策机制，来自然地给算法结果做出解释。另一类是模型无关的方法，也可以称为事后解释方法，它允许我们推荐算法的决策机制是不透明的，另外再单独开发了一个解释模型，根据推荐模型做出的决策，来相应地生成一定的解释，最后再同步地提供给用户。这两种方法的思路都源于对人类认知心理学的理解——有时候，我们是通过先仔细、理性的推理后再做出决定，这种情况下可以解释出为什么会做出这些决定；另外一些时候，我们是凭借直觉先做出决定，然后再回过头为这些决定寻找合适的理由来支持或证明我们自己。然后，有时候推荐的可解释性和推荐的准确性之间并不总是一致的，有时候甚至二者之间会存在一定程度的冲突，使用可解释性高的推荐模型可能会使得模型本身的推荐精确性下降，而现在比较常用的隐语义模型甚至基于深度学习的模型，虽然推荐效果卓越，但由于其对于特征不具备可解释性，因此想直接在算法中生成可解释的推荐原因也比较困难。因此，推荐系统设计者需要根据业务场景在两者之间进行权衡。

在可解释的推荐实践中,要紧紧围绕推荐系统中的核心对象做出解释,最基本的就是用户和物品。用户关系是推荐解释的有效工具,在很多的社交类网站或者应用中,会提供好友功能,例如,微博中的互相关注,QQ、微信等通信软件中的好友等。学术界也有很多数据集中包含社交信息,例如,Last.fm音乐评价数据集中包含用户与用户之间的朋友关系,因此该数据集是具有社交网络信息的数据集。利用真实的社交关系可以对推荐结果做出用户关系维度的解释,例如,微信的"看一看"中,就有"朋友在看"板块,将用户的微信好友曾经看过的内容推荐给用户,并在旁边备注出是哪位好友最近看过,这种推荐解释直接利用好友关系来增加用户对结果的置信度,关系越近的朋友带来的解释效果往往也越好。而除了这种真实社交关系,对于非社交类的产品,也可以通过用户的历史交互行为构建出隐式的社交关系,得到用户与用户之间的交互相似性,作为推荐解释的一种备用方案。

与从用户社交关系出发进行推荐解释类似,还可以从物品之间的相似关系来为推荐结果寻求解释。物品的相似性主要有两个层面:内容属性相似性、用户交互属性相似性。内容属性相似性比较容易理解,即按照物品的内容特征计算相似度,例如,在图书推荐场景下,可以根据用户历史感兴趣的图书类别、作者、出版社等信息,利用逻辑回归、主题模型等算法构建出物品之间的内容相似性;交互属性相似性是指物品与物品之间的交互记录相似度,直观上看这属于外部相似性,很多电商平台上的"与该商品一起被购买过的商品"属于典型的这类推荐解释。

从基于物品内容推荐解释,可以进一步衍生到基于标签的推荐解释,因为标签也可以看成是物品内容属性最常见、最易实现的一种形式。通过建立一整套的完善的标签系统,我们能知道用户喜欢的物品都具备什么类型的标签,也能从其他用户的标签中得到待推荐物品所应具有的标签属性,从而将用户与物品通过标签建立了联系。在将物品推荐给用户时,我们只需要在物品旁边展示出相关的标签,就起到对推荐结果进行解释的作用,提高用户的接受度。

8.4　大数据处理与增量计算问题

8.4.1　大数据问题定义

推荐系统是以数据为支撑的计算机科学研究,在获益于数据带来的有价值的信息同时,也需要应对数据带来的问题。传统的推荐系统,在解决信息过载问题中发挥了重要的作用,然而一旦推荐应用成功部署,就必须面临动态的数据增长,从而不得不面对大数据条件下的推荐问题。

大数据环境下的推荐系统是传统推荐系统的延伸,在算法模型结构上二者却不同。但是,推荐系统在大数据环境下也会遇到新的问题,如图8-6所示。首先,在大数据环境下,用户数量和物品数量远非传统推荐算法所能接触的,并且随着用户和物品的不断扩增,推荐系统采集交互数据的速率也会不断提高,极度频繁的用户单击,对于系统前端埋点的数据采集和数据验证也是更大的考验;其次,目前的推荐系统所要处理的数据已经不单单是交互数据,音频、视频等流式数据以及文字评论等非结构化数据占据了待处理数据的很大比例,随着这些可建模内容的形式扩张,多模态的数据在融合时也要考虑到各自的积极、消极作用,防止引入更多噪声和计算冗余。由于大数据环境比传统环境面临更加复杂的环境和要求，从而对推荐系统的计算性能、稳定性以及实时性等方面都带来了更加严峻的考验[6]，只有在充分、准确提取和预测用户在大数据环境下产生的各种数据中蕴含的用户偏好后，才能有效生成准确度更高的推荐。与传统推荐系统相比，大数据环境下的推荐应用研究，需要处理好以下几个问题。

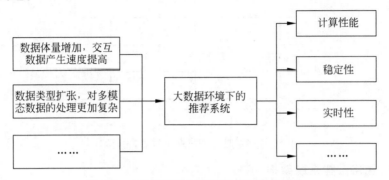

图 8-6 大数据环境下推荐系统面临的挑战

（1）推荐模型需要处理的数据体量更大，形式更多。多源异构数据的结合同时也带来了高维稀疏性数据，通常也会带来更多的噪声数据、冗余数据、不一致数据，对推荐系统的数据处理能力要求更高。

（2）在大数据环境下，用户通常难以对所有物品给出显式反馈，或者说用户有限的显式反馈数据在海量的大数据作为分母的情况下，显得更为稀疏。相反，隐式反馈数据更容易采集，所占比重也远远大于显式反馈数据，因此，大数据推荐系统应该更聚焦隐式反馈推荐算法，以海量的隐式反馈数据来缓解传统推荐系统中评分数据的稀疏性问题。

（3）数据更新速度更快，并且通常是增量更新的，这就要求大数据环境下的推荐系统具有一定的增量计算处理能力，在保留原有的服务基础上更有效地处理新数据。

（4）对推荐结果的准确性要求更高。大数据的作用也是有其两面性的，在大数据环境下，越来越多的数据虽然有利于为推荐算法提供更多的信息输入，提高推荐质量，但是另一方面，更多的数据会带来更加严峻的信息过载问题，使得用户对更精准地推荐服务的需求更迫切，期待更高。

（5）对推荐的实时性要求更高。大数据环境下，数据更新速度更快，信息能够维持有效性的时间更短，可能原本新颖的内容，一个小时之后就已经迅速扩散开来，失去了被推荐的价值，只有提高推荐系统的实时性，才能在有效时间内为用户提供服务。

8.4.2 大数据问题解决方法

为了满足大数据条件下的推荐，首要问题就是先解决庞大的数据量带来的推荐效率下降问题。

1. 基于增量算法和定期全量计算相结合的方法

如图 8-7 所示，在不改变原有推荐系统架构的情况下，使用"增量算法＋定期全量计算"的方式，在推荐的准确度和计算效率上取一个折中。在生产环境实践中，在系统不断的运行过程中产生了新的用户或者物品，不一定需要马上在整个更新的数据集上重新进行计算推荐列表,这样计算代价太大,只考虑针对增加的数据信息部分,在对原先的推荐结果基础上进行小程度的改进,以保证在一定的推荐效果的基础上更快速地得到更新后的结果。但为了避免造成的误差累积变大从而严重影响推荐的效果,每隔一段时间之后还要利用全局数据重新进行计算。

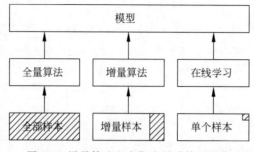

图 8-7　增量算法和定期全量计算相结合

2. 改进、优化推荐系统架构

然而仅使用增量计算的方法并不能从根本上应对大数据带来的挑战,为了更灵活、更长远地适应数据增长,对推荐系统架构的改进是少不了的,可将推荐系统的数据存储、推荐计算等步骤解耦,再逐渐分层扩展为分布式体系结构。

传统的推荐系统所需处理的数据量较少,采用单机存储方式来维护系统数据,并将应用部署在单台服务器上,依靠单机计算能力进行数据运算,由唯一一台服务器同时负责数据收集、数据处理以及推荐运算。当数据规模增加,逐渐涉及"大数据"的范畴时,参与推荐计算所需要加载的交互数据可能无法一次性全部读入内存,便会发生需要持续地请求 IO 资源,分批加载硬盘数据的情况,使得计算效率下降,在离线模型训练时尚可使用批量训练的方式解决,但在线推荐时,如果计算时间过长,可能导致用户进入页面后不能得到返回的推荐结果,降低使用体验。

在工业界,大数据推荐系统一般需要搭建分布式环境,利用集群技术对系统里的各个部件进行升级,提高每个模块的容错能力和计算效率,从而建立高并发、高可用、高性能并可扩展的系统架构,为海量用户物品交互数据的处理提供强有力的支撑[7]。

然而,对于一些中小型特别是创业型企业,想要单独构建高性能分布式推荐系统架构可能会耗费巨大的精力和财力,甚至无法承受扩展失败带来的风险。此时,为了应对大数据处理问题,也可以借助于一些大型云计算平台,通过应用上云来实现算力提升。比较典型的有百度 AI 推出的 AI Studio 一站式开发平台,它提供了在线编程环境、免费 GPU 算力、海量开源算法和开放数据,帮助开发者快速创建和部署模型。与之相配合的,还有百度研发的PaddlePaddle 深度学习框架,是国内首个开源开放、技术领先、功能完备的产业级深度学习平台,集深度学习核心训练和推理框架、基础模型库、端到端开发套件和丰富的工具组件于一体。此外,特别针对推荐系统领域,推出了 PaddleRec 项目,基于 PaddlePaddle 实现的一款搜索推荐模型,是一种适合初学者、开发者、研究者的推荐系统全流程解决方案,其中开源了召回、排序、融合、多任务等多种类型的业内经典模型,能够快速进行模型效果验证并提升模型的迭代效率,如图 8-8 所示。同时,针对大数据处理与增量计算问题,PaddleRec 具有性能极佳的分布式训练能力,针对大规模、稀疏场景极限优化,具有良好的水平扩展能力。

图 8-8 PaddlePaddle 的长处

8.5 数据偏差问题

8.5.1 数据偏差问题定义

基于学习的智能系统大多对数据的依赖程度很高,推荐系统也不例外,以机器学习为基础的推荐模型需要用户行为数据作为支撑,通过建模单击、评分等能体现用户偏好的数据来挖掘出用户的潜在兴趣,建立用户画像,从而生成推荐结果。然而,构建推荐系统所需要的数据都是通过收集得到的观测数据,而非理想情况下的实验数据,这就可能导致数据中可能存在各种偏差。盲目地拟合这些数据而不考虑固有的偏差将导致许多严重的问题,产生离线评估和在线服务时的效果差异,进而降低用户对推荐系统的满意度和推荐服务的信任感。

推荐系统中的数据偏差有多种形式,在构建推荐系统的不同阶段,例如,数据收集、构建模型、产生结果等,需要考虑的数据偏差也各有不同[8]。这篇论文对推荐系统中存在的数据偏差进行了归纳,并按照推荐系统构建的生命周期进行了分类。

1. 收集数据时的偏差

推荐系统中的数据,通常指的是用户交互数据,需要从线上系统中收集得到,由于各种不确定性因素,偏差很容易就被引入到数据中。收集数据时可能产生的偏差有:选择性偏差、一致性偏差、曝光偏差和位置偏差。其中,选择性偏差和一致性偏差发生在收集显式反馈数据的过程中,而曝光偏差和位置偏差一般和隐式反馈数据相关联,下面分别介绍这四种偏差。

(1)选择性偏差。选择性偏差的产生是由于用户评分的自由性,用户能够随意选择对哪些物品进行评分,即使是他自己交互过的两个物品,他也可以只选择其中的某一个进行评价,这就导致推荐系统收集到的评分数据集并不能很好地代表全部物品评分,观测到的评分数据与理想情况下全部用户对全部物品的评分集合之间存在数据分布的差异。一些研究表明,用户倾向于选择和评价那些他们喜欢的,以及用户更可能对某些特别好或者特别差的物品进行评分,而忽略那些“中庸”的物品,这些是导致选择性偏差可能存在的原因。

(2)一致性偏差。普通人往往都具有从众心理,这一点也会影响反馈数据的收集。用户对某一个物品的评分受到了其他用户评分的影响,甚至严重违背了他自己的判断,这种情况被称为评分数据产生了一致性偏差。例如,在一个公众评论平台中,用户可能会看到某一个热门畅销物品已有的评价,绝大多数人都对该物品评分很高,假设这名用户并不对这件物品很感兴趣,但他也很可能给出不错的评价,以避免在众多评价中显得格格不入或者被别的用户不满。也有研究表明,用户对同一组物品评分的数据分布会根据用户是否阅览过公众意见而产生差异,甚至由于社会关系原因,用户对于某些物品的评分可能会和他的朋友们一致,从而可以维护朋友间的共同话题等,这都可能导致一致性偏差的产生,而发生一致性偏差时,系统采集到的评分数据将无法真实反映用户的兴趣偏好,那么根据有偏数据训练得到的推荐模型自然无法得出优异的推荐效果。

(3) 曝光偏差。曝光偏差发生在用户只能接触到一部分特殊物品的情况下,由于另外一大部分物品是他无法接触到的,自然也就无法产生交互,从而导致未观测到交互的用户-物品对并不能完整地代替负反馈数据。在利用负反馈数据训练推荐模型时,负样本通常需要采样得到,然而这些采样得到的负反馈数据实际上包含两种情况,第一种是那些不匹配用户兴趣的物品,这种可以称为真负样本,而第二种是用户可能感兴趣的却没有曝光给用户的物品,这种称为假负样本。如果无法区分真负样本和假负样本,便会给数据引入严重的偏差问题。

(4) 位置偏差。在现在的推荐系统应用中,大部分软件会以一个物品列表的形式为用户提供推荐服务,而列表必然是有序的,某些用户可能更倾向于仔细查看列表中位置靠前的物品,对于某些相关性更高但却被放在排序列表末尾位置的物品,却可能直接被用户忽略了,这种情况对应了位置偏差问题。

2. 构建模型时的偏差

偏差并不一定是有害的,如果能在构建推荐模型时考虑到可能会产生的一些问题并事先对其进行建模,那么便能更精准地捕获用户潜在兴趣。在某些情况下,模型为了更好地学习目标函数或者更利于进行数据泛化而做出了一些假设,被称为归纳性偏差,这便是一种有益的偏差。

4.5.2节介绍了Bias-SVD算法,它便是在普通矩阵分解模型中融入了对用户偏好和物品偏差的建模,从而提高了算法的效果,这便是归纳性偏差的一种情况。将预测推广到无法捕获的数据上的这种能力,便是机器学习方法的核心,如果不对数据或模型进行假设,便无法实现泛化。类似地,在构建推荐系统时也需要对目标函数的性质添加一些合理的假设。

3. 推荐结果中的偏差

除了上述数据收集、模型构建时的数据偏差问题,在推荐结果中也存在偏差,被称为流行度偏差。流行度偏差指的是热度高的物品被推荐的频率甚至超过了它们的受欢迎程度。在推荐系统中,长尾现象是很常见的,在大多数情况下,一小部分热门物品占据了交互数据的大部分比重。当在这种具有长尾分布的数据上训练推荐模型时,如果对比非热门商品,算法通常会倾向于给热门商品比它们实际值更高的预测分数,从而使得这些热门物品被推荐的频率已经超过了他们原本的热度。忽略流行度偏差会导致比较严重的问题,它损害了推荐算法的个性化程度,当遇到那些偏爱稀奇商品的用户时,会降低他们的使用体验,最重要的一点是,忽略流行度偏差会使得热门物品越来越热门,导致以后收集到的交互数据更加的不平衡。

8.5.2 缓解数据偏差的方法

实际推荐系统的应用,在用户、数据、模型三者之间构建了一个循环。当用户与推荐系统进行交互时,系统也在不断地收集用户反馈,表现为用户到数据之间的信息传递过程;当系统收集到更多数据后,便可以训练出更优质的推荐模型,提高推荐的效果,这体现了数据到模型的有向性;当用户再次进行推荐系统时,改进的推荐系统又为用户提供推荐服务,表现为模型到用户的指向过程。以用户、数据、模型为节点,可以构建出一个有向循环图,8.5.1节所述的各种数据偏差也都可以融入循环图中,如图8-9所示。也正是由于存在这样的循环关系,如果无法对偏差进行处理,忽略各种数据偏差对推荐效果的影响,那么随着循环的进行,偏差的影响会被不断放大,最终损害到用户的使用体验。

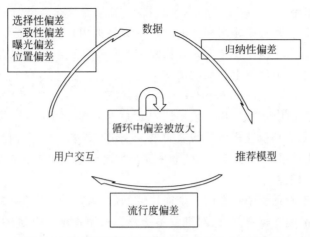

图 8-9　偏差循环图(图片来源于本章参考文献[8])

由于不同的数据偏差起因不同,有针对性地处理各种偏差才能取得更好的效果,下面简单介绍现有的一些处理上述各种偏差问题的方法。

1. 缓解选择性偏差

选择性偏差产生的主要原因是用户可以自由地选择自己想要给出评分的物品,导致采集到的显式反馈数据与全部用户物品对之间理想情况下的评分数据存在数据分布的差异。一个比较直接地缓解选择性偏差的方法是在进行评分预测任务的同时,额外考虑对用户选择的建模,推荐模型不光预测用户对未交互物品的评分,也会预测哪些物品是用户可能选择要评价的。这种方法背后的基本假设是,用户选择物品的概率一定程度上取决于用户对该物品的评分,通过预测出一些可能缺失的用户-物品对,来补充交互数据,使得它的数据分布尽可能接近真实情况。

2. 缓解一致性偏差

一致性偏差来源于社会化影响,用户对于一个物品的评价可能会受到其他用户的影响,甚至偏离了这位用户的本意。一些研究认为,用户的评分是用户偏好和社会影响的共同结果,因此在构建推荐模型时,可以引入社会化影响因子,作为推荐模型中的一个参数,在训练模型时通过影响因子控制一致性偏差的作用大小。

3. 缓解曝光偏差

曝光偏差的存在是由于用户通常只能接触到系统中的一小部分物品,从而使得大部分未发生交互的用户-物品对都不能表示负反馈信号。一种传统应对曝光偏差的方法是将全部未观测到的交互视为负反馈,但是需要给每一个负反馈加上置信度,用来判断相应反馈的真实性。在 4.5.4 节里介绍了专门针对隐式反馈数据的 WR-MF 算法,这个算法就引入了对交互数据置信度的建模:

$$\min_{x_*, y_*} \sum_{u,i} c_{ui}(p_{ui} - x_u^{\mathrm{T}} y_i)^2 + \lambda \left(\sum_u \parallel x_u \parallel^2 + \sum_i \parallel y_i \parallel^2 \right)$$

上式中,c_{ui} 表示当前用户 u 对物品 i 发生交互的置信度,它的计算是根据交互次数的多少,交互次数越多表示当前样本的可信度越高,更详细的介绍可以参考 4.5.4 节。除了交互次数外,物品流行度也可以作为一种置信度的建模思路,因为越流行的物品被曝光的可能性越大,则对于流行物品的负反馈数据应具有较高的可信度。

4. 缓解位置偏差

位置偏差表示推荐列表中排序靠前的物品更容易被用户选择,通常这种选择忽略了物品与用户的相关性。为了纠正位置偏差并恢复用户的真实偏好,一些方法显式地计算用户可能单击推荐列表中某个位置上物品的概率:

$$P(C=1 \mid u,i,p) = P(C=1 \mid u,i,E=1) \cdot P(E=1 \mid p)$$

式中,E 是一个隐藏的随机变量,用于表示用户 u 是否考察过物品 i,p 代表物品 i 在推荐列表中的位置。这种方法基于这样的假设:如果一个用户单击了一个物品,这个物品一定是被用户考察过的,此时用户单击该物品的概率完全取决于用户兴趣和物品与用户的相关度。

5. 缓解流行度偏差

流行度偏差是推荐系统中存在的一个通用性问题,大部分推荐算法在处理热门物品时往往都使得热门物品越来越热门,这对推荐系统发掘长尾肯定是有害的。一个简单的应对流行度偏差的方法是在传统推荐模型的损失函数中加入考虑流行度因素的正则项,通过构建合适的正则项推动模型朝着更平衡的方向发展。

除了正则化方法外,现在逐渐兴起的因果推理方法也可以用于缓解流行度偏差在推荐系统中的影响。因果推理的目的是挖掘数据之间的因果性,获得高于普通机器学习方法挖掘的关联关系的因果关系,因果推理是根据一个结果发生的条件对因果关系得出结论的过程,其核心在于反事实推理。将其运用到推荐系统流行度偏差问题的核心就是要弄清楚流行度具体是如何影响用户交互的。本章参考文献[9]这篇论文从因果效应的角度来探索流行度偏差,得到了如图 8-10 所示的因果图。

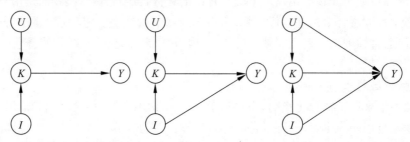

图 8-10   因果图(左:只考虑用户物品匹配性;中:考虑物品流行度;右:考虑用户从众心理)

图 8-10 中,U 表示用户,I 表示物品,K 表示用户和物品之间相互匹配的特征,Y 表示交互概率。论文的作者认为,一共有三个因素影响了交互发生的概率:用户物品之间的匹配性、物品的流行度以及用户的从众心理。大部分的推荐系统考虑的都是用户和物品之间的特征匹配度,如图 8-10 最左边部分所示,从用户和物品节点分别有关联指向了匹配特征,再根据特征的匹配程度计算物品被交互的概率。然而这种思路忽略了物品流行度对交互概率的影响,如图 8-10 中间部分所示,假设两个物品对于一个用户来说具有相同的匹配度,其中一个非常流行,另一个比较冷门,则热门物品有更大的可能被用户发现从而被购买。然而对流行度的追求程度也是因人而异的,可能有些用户倾向于购买热门商品,而另外一些可能更喜欢收藏比较冷门稀奇的物品,因此就有了图 8-10 最右边部分从 U 到 K 的有向关系,表明用户从众心理的范围。为了有效地消除流行度偏差,探索从物品节点 I 到交互概率节点

Y 的直接作用是非常有必要的,根据反事实推理的思想,从 I 到 Y 的直接作用可以通过想象出一个交互完全由物品流行度和用户从众心理影响的虚拟世界中的推荐场景,此时用户和物品之间的匹配特征完全被忽略,这种条件下得到的推荐结果可以认为是反事实结果,再计算真实结果与反事实结果之间的差值,便可得到从 I 到 Y 的直接作用,更详细的推理过程可以阅读本章参考文献[9]。

8.6　其他问题

本章前面的内容主要介绍了一些与推荐系统的效果直接关联的准确性、及时性问题,这些问题的存在通常会影响到推荐模型的效果发挥,通常对于这些问题的处理优先级较高。而在推荐结果的准确性之外,也有一些其他的定性指标会影响到用户对于推荐服务的使用体验,本节将对这些问题进行阐述。

8.6.1　时效性问题

传统的推荐算法,往往只考虑用户对于物品的兴趣偏好,直接对用户和物品进行建模,并且依据兴趣匹配高低进行排序,认为与用户兴趣最匹配的物品对用户来说就是最有价值的。但是在推荐系统中,因为物品自身属性的原因,可能存在信息过时的情况。例如,新闻资讯类的推荐,某条新闻所属的类别是用户以前感兴趣的,与用户画像比较匹配,如果根据传统的推荐算法,这条新闻大概率会被推荐给该用户,但是一条三天甚至更早以前的新闻往往对于用户来说是没有意义的,持续生成这种过时的、无意义的推荐将影响用户对推荐系统的满意度,降低用户黏性。在这种情况下,我们认为该推荐结果陷入了时效性问题,时效性问题一般只存在于某些特殊的物品推荐中,如新闻、时事、热门的帖子等[10]。

在推荐系统中,时效性内容和普通物品之间最大的区别在于:对于用户的吸引度或者说其生命周期是有时间限制的。在高时效性信息的推荐应用中,时间是影响推荐结果的重要因素,甚至用户对时效性的追求要高于推荐的准确度。

针对具有高时效性物品的推荐,将物品(新闻、时事等)产生时间因素纳入推荐模型可以从以下两个角度进行考虑。

(1) 先按照传统思路进行推荐,在得到推荐结果后加入一个过滤的步骤,将结果集合中已经明显“过时”的某些物品去除后再推荐给用户,这种方法虽然能起到一定的效果,但是不排除会遇到某种极端情况下,传统推荐方法生成的结果全都不满足时效性的要求,导致最终的推荐列表中物品数量为 0。

(2) 直接在推荐算法中融合时间特征,在生成推荐结果的过程中就综合考虑用户的兴趣和物品的时效性,例如,在基于物品的协同过滤中,除了物品之间的相似度外,把物品的诞生时间也作为一种加权因子,使得新颖的物品被推荐的概率更大,或者按照不同的时间段来分别建模用户的历史交互,得到用户短期内的兴趣。

8.6.2　多样性问题

与推荐系统的时效性问题一样,多样性也是推荐系统里一种难以定量描述的指标,传统的推荐算法有这么一个倾向:把其最感兴趣(即精确性高)的物品推荐给他,但是一味地追求推荐准确度这一指标,推荐给用户的物品就会局限在一个相对"狭窄"的类别集合里面,这样由于推荐结果缺乏了多样性,而用户的兴趣往往是广泛的、多样的,这样小范围的高精确度的物品推荐并不能使用户满意。例如,给用户推荐电影,如果用户看过《指环王》《哈利波特》等电影,此时为了保证推荐结果的精确性,会推荐同系列电影,或者《霍比特人》等同类型电影。但是用户在喜欢看奇幻类型电影的同时,也许想找一些喜剧类型的电影看,在用户有多样的需求时,这种推荐方式并不能使用户满意。

多样性较高的推荐系统有助于缓解推荐类别太过聚集的现象,从而提高那些流行度不高类别物品的曝光度,这与 4.2.1 节里提过的长尾推荐有关,如一些视频网站可以通过向用户推荐多样性的视频,鼓励用户去看长尾视频,这样由于成本等原因反而能提高视频网站的收益。一般来讲,少部分需求(20%)可能是共性,这些少部分需求由于用户量较大,价值相对较高,很多业务或服务都会设法来满足这类需求;但对于有些需求,虽然喜欢这类需求的个体用户数量不多,也就是满足单个需求的价值不太高,但如果设法满足各种个性化的需求,也会积少成多,集腋成裘,创造可观的市场价值。这近似百分之零的零散需求,就是长尾,如图 8-11 所示,长尾效应价值的发掘是推荐系统发展的另一个目标。

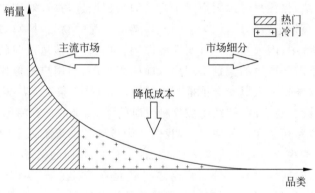

图 8-11　长尾效应价值

多样性和精确性结合的推荐结果才更可能让用户感到满意,让其在享受自己喜欢的商品的同时又有惊奇的感觉。但是,这两者之间往往存在一个矛盾——对于大多数普通用户来说,因为"从众心理"的存在,推荐最流行的某些商品往往就能得到不错的精确性,因为这种商品之所以会流行,一定存在其固有的优势,或许是因为产品的创意独特又或许是使用寿命很长,总之将流行的商品作为推荐结果,对于提高推荐系统的精确性来说是一个比较"稳妥"的方法;然而,如果推荐系统只会推荐流行的商品,那么大部分用户的交互历史中都会持续地增加这些对流行商品的交互,使得冷门商品在交互记录中出现的比例越来越少,不断削弱了推荐系统发现"长尾"兴趣的能力,降低推荐结果的多样性。在这种情况下,一味地追求提高推荐系统的精确性,往往会对用户满意度起到负作用,用户可能认为这些流行的东西对自己的价值较低,就算没有推荐系统,自己也能很快地找到这些信息。

保证推荐结果的多样性很有必要,但是推荐的多样性和推荐的精确性之间存在着天然的矛盾,一种解决方法是直接对推荐得到的前若干个物品进行组合优化等一系列操作,得到一组数量更少且相互之间相似度最小的物品,再进行推荐。设计更为有效的算法,利用一定的规则混合精确性高和多样性好的两种算法,使系统在对用户进行推荐时同时考虑到多样性和精确性的要求。但是目前针对推荐多样性的研究还不多,系统的解决方案也不是很成熟,很多时候也只能通过适当的牺牲,来一定程度地提高精确性。总之,多样性和精确性之间错综复杂的关系和隐匿其后的竞争博弈,到目前为止还是一个较为棘手的难题。①

8.6.3　用户意图检测问题

推荐系统的效果依赖于训练算法所使用的交互数据,交互数据的真实性直接影响了对用户兴趣偏好的建模水平。以电商场景为例,用户在电商平台的交互行为中可能会蕴含不同的意图,用户可能只是简单地在网站闲逛,浏览一些物品,甚至是误单击到了某个物品,也可能是他对该物品很感兴趣,会更深入地了解物品信息等,最终会下单。

用户在不同意图之下所进行交互的物品对他的吸引度是不一样的,在系统收集交互行为时有意识地对其交互意图进行区分并加以筛选,会有助于提高推荐系统的效果。那么如何判断用户意图就成为要解决的问题。此外,在实际的电商平台的推荐系统中,对用户的一些误操作也要有一定的过滤功能,不能把这些误操作收集为用户的交互行为记录。

通常可以根据用户在发生交互行为时伴随的一些其他动作来辨识用户单击该物品的意图,具体如下。

(1)例如,根据用户浏览物品的时间来判断,系统可以记录用户进入二级界面的停留时间,并将它加入相应的机器学习模型中,若其停留时间过短,则可以认为该用户的这个操作是误击或者并不感兴趣,只是随意浏览了一下,不能视为他的正常交互操作,这一点对于移动端的用户尤为明显也更为有效。

(2)也可以根据用户浏览物品的程度进行考虑,通过在页面的不同位置设置触发器,当用户上下滑动页面,甚至来回翻阅时,可以认为用户对该物品非常有兴趣,在仔细地研究该物品的价格、特色等,此时就可以把该条交互记录的权重设置得更高一些,有更大的概率能代表用户当前的兴趣偏好。

(3)最后,也可以根据用户是否将物品加入购物车来判断,这是最明显的表达用户兴趣的操作了。

参考文献

[1]　乔雨,李玲娟.推荐系统冷启动问题解决策略研究[J].计算机技术与发展,2018,28(002):83-87.

[2]　Xue Gui R,Lin,Chenxi,Yang,Qiang,et al. Scalable collaborative filtering using cluster-based smoothing. 2005,114-121. 10. 1145/1076034. 1076056.

[3]　Guandong X,et al. Social networking meets recommender systems: survey. International Journal of Social Network Mining 2. 1 (2015): 64.

[4]　Wei Y, X Wang,Nie L,et al. MMGCN: Multi-modal Graph Convolution Network for Personalized Recommendation of Micro-video[C]//the 27th ACM International Conference. ACM,2019.

[5]　W Ma†,Min Z,Yue C,et al. Jointly Learning Explainable Rules for Recommendation with Knowledge Graph[C]//World Wide Web Conference. 2019.

①　个性化推荐的十大挑战。http://blog. sciencenet. cn/home. php? mod = space&uid = 3075&do = blog&id = 554630.

[6]　孟祥武,纪威宇,张玉洁.大数据环境下的推荐系统[J].北京邮电大学学报,2015,38(2):1-15.

[7]　李翠平,蓝梦微,邹本友,等.大数据与推荐系统[J].大数据,2015,001(003):16-28.

[8]　Chen J,Dong H,Wang X,et al. Bias and Debias in Recommender System:A Survey and Future Directions[J]. 2020.

[9]　Wei T,Feng F,Chen J,et al. Model-agnostic counterfactual reasoning for eliminating popularity bias in recommender system[C]//Proceedings of the 27th ACM SIGKDD Conference on Knowledge Discovery & Data Mining. 2021:1791-1800.

[10]　王玉斌.基于信息内容时效性改进推荐算法的策略研究与实现[D].北京邮电大学,2013.